服装高等教育“十二五”部委级规划教材（高职高专）

实用服装立体裁剪

（第2版）

罗琴　徐丽丽　编著

中国纺织出版社

内 容 提 要

本书着重从与平面裁剪相统一的角度介绍服装立体裁剪技法及其应用。从立体裁剪到平面结构分析，把服装结构设计的两种方法密切结合起来。全书共分四章，第一章是对服装立体裁剪基础知识的讲解。第二章介绍衣身原型及原型省道的变化设计等立体裁剪操作方法和步骤，了解放松量的加放原理，奠定服装基本型立体裁剪基础。第三章着重从上衣、裙子、袖子、领子到整体成衣、文胸和泳装等实用性服装款式的立体裁剪操作方法及其应用进行讲解分析。第四章深入地阐述和解析现代服装立体造型的艺术手法（褶饰、缝饰、编饰、缀饰等），并包含有造型设计实践与训练。

本书所举实例均配以详细的照片进行讲解，操作性强。既可作为服装高等院校教材，也可作为高职院校教材及广大服装爱好者的参考书。

图书在版编目（CIP）数据

实用服装立体裁剪 / 罗琴，徐丽丽编著．--2 版．--北京：中国纺织出版社，2014.4

服装高等教育“十二五”部委级规划教材．高职高专

ISBN 978-7-5180-0250-4

I. ①实… II. ①罗… ②徐… III. ①服装量裁—高等职业教育—教材 IV. ① TS941.631

中国版本图书馆 CIP 数据核字（2013）第 301389 号

策划编辑：张 程　　责任编辑：杨 勇　　责任校对：楼旭红

责任设计：何 建　　责任印制：储志伟

中国纺织出版社出版发行

地址：北京市朝阳区百子湾东里A407号楼　邮政编码：100124

销售电话：010—87155894　传真：010—87155801

http://www.c-textilep.com

E-mail:faxing@c-textilep.com

官方微博 http://weibo.com/2119887771

北京通天印刷有限责任公司印刷　　各地新华书店经销

2014年4月第2版第3次印刷

开本：787×1092　1/16　印张：15.25

字数：145千字　定价：36.00元（附赠网络教学资源）

出版者的话

《国家中长期教育改革和发展规划纲要》（简称《纲要》）中提出“要大力发展职业教育”。职业教育要“把提高质量作为重点。以服务为宗旨，以就业为导向，推进教育教学改革。实行工学结合、校企合作、顶岗实习的人才培养模式”。为全面贯彻落实《纲要》，中国纺织服装教育协会协同中国纺织出版社，认真组织制订“十二五”部委级教材规划，组织专家对各院校上报的“十二五”规划教材选题进行认真评选，力求使教材出版与教学改革和课程建设发展相适应，并对项目式教学模式的配套教材进行了探索，充分体现职业技能培养的特点。在教材的编写上重视实践和实训环节内容，使教材内容具有以下三个特点：

（1）围绕一个核心——育人目标。根据教育规律和课程设置特点，从培养学生学习兴趣和提高职业技能入手，教材内容围绕生产实际和教学需要展开，形式上力求突出重点，强调实践。附有课程设置指导，并于章首介绍本章知识点、重点、难点及专业技能，章后附形成多样的思考题等，提高教材的可读性，增加学生学习兴趣和自学能力。

（2）突出一个环节——实践环节。教材出版突出高职教育和应用性学科的特点，注重理论与生产实践的结合，有针对性地设置教材内容，增加实践、实验内容，并通过多媒体等形式，直观反映生产实践的最新成果。

（3）实现一个立体——开发立体化教材体系。充分利用现代教育技术手段，构建数字教育资源平台，开发教学课件、音像制品、素材库、试题库等多种立体化的配套教材，以直观的形式和丰富的表达充分展现教学内容。

教材出版是教育发展中的重要组成部分，为出版高质量的教材，出版社严格甄选作者，组织专家评审，并对出版全过程进行跟踪，及时了解教材编写进度、编写质量，力求做到作者权威、编辑专业、审读严格、精品出版。我们愿与院校一起，共同探讨、完善教材出版，不断推出精品教材，以适应我国职业教育的发展要求。

中国纺织出版社

教材出版中心

第2版前言

《实用服装立体裁剪》自2009年问世以来，得到了服装专业广大师生和行业人士的认可。现作为服装高等教育“十二五” 部委级规划教材（高职高专）系列的一本继续出版，结合教学实践中的反馈意见，在基本保持原有编写特色，突出立裁与平裁学习相结合的同时，更注重系统性和创新性，将原版教材进行了适当修改，尤其是弥补了第一版教材在立体裁剪艺术手法方面叙述的不足。

本书第一章为服装立体裁剪基础知识篇，是将第一版的第一、二章合并，并调整了某些节的叙述顺序，增强了对服装立裁基础知识的掌握能力。

本书第二章为服装基本型立体裁剪篇，是在第一版的第三章第一、二节内容的基础上做了细节的分解叙述，介绍了衣身原型及原型省道的变化设计等立体裁剪操作方法和步骤，奠定了服装立体裁剪技法基础。

本书第三章为服装立体裁剪实用篇，是将第一版的第三章第三、四节的内容调整为第一节上衣立体裁剪，第二节到第六节则是将第一版的第四、五、六、七、九章内容进行对应，即对裙子、袖子、领子到整体结构成衣、文胸和泳装实用性服装款式的立体裁剪操作方法进行了讲解分析。

本书第四章为造型设计训练篇，大范围地更新了第一版的第八章内容，重在训练立体裁剪艺术技法及造型设计。本章对立体造型设计的艺术手法（褶饰、缝饰、编饰、缀饰等）进行翔实的、具有启发性和创造性的阐述，对深刻理解立体裁剪的本质，更好地运用并发展立体裁剪技术起到抛砖引玉的作用。

另外，第一版各章中样板调整方法节内容因应用不济则在本次修订过程中已全部删去。本书还配有光盘，光盘内有部分学生的优秀立体裁剪作品，供读者欣赏。

本书由罗琴副教授负责修订和统稿工作。其中第一章和第三章第三节由徐丽丽编著，第二章、第四章和第三章第一、二、四、五、六节由罗琴编著。陈俊林参与了部分新增图片的处理。

由于编著者水平有限，教材中难免有疏漏和不足之处，敬请专家、读者指正。

编著者

2013年11月

第1版前言

立体裁剪是在模特或人台上立体获取衣片样板的方法，是对服装造型中构成与组合关系的研究，把握人体与穿着的服装之间的放松量，找出服装造型结构与空间尺度之间的变化规律以及涉及如何将样板经过假缝成样衣由真人进行试穿的过程。

服装结构设计的方法分为平面裁剪和立体裁剪两种，两者的关系是统一的，不能简单地说哪种方法更好，因此需要将两者结合起来进行学习。纵观已出版的立体裁剪相关书籍，虽然各自编写的形式不一样，但都重在说明立体裁剪的操作过程。而编者认为，立体裁剪书不仅仅是让读者学会一种裁剪技术，更重要的是能将立体裁剪和平面裁剪知识结合起来，这就是编著《实用服装立体裁剪》一书的主要意图。该书对每一类服装款式的介绍，除了能图文并茂地详细说明立体裁剪过程以外，还重点结合立体裁剪知识进行平面结构分析，从而使读者更好地理解服装结构设计的原理和掌握结构制图的技术。本书适合初学者和有一定专业基础的服装爱好者参考使用。

全书共分九章，从零部件款式结构设计到整体服装结构设计，把可涉及的常见款式进行结构分类，并在基本款式的基础上，结合服装的流行趋势进行立体裁剪。另外，还增加了样板调整方法和部分立体裁剪作品欣赏。第一、第二、第五章由徐丽丽编写，第三、第四、第六、第七、第八、第九章由罗琴编写，全书由罗琴统稿。陈俊林、邱衍钦、吴奕清、李珣、周静敏、陈法、曾永生、张慧兰、谢以昇、郭淑萍为本书做了许多图片拍摄和图片处理的工作，在此一并表示感谢。

因编著者的理论水平与实践经验有限，不足之处在所难免，敬请广大读者批评指正。

编著者

2009年6月

教学内容及课时安排

章/课时	课程性质/课时	节	课程内容
第一章 （6课时）	基础理论 （12课时）		•服装立体裁剪基础
		一	立体裁剪基础认识
		二	服装立体裁剪的准备
第二章 （6课时）			•服装基本型立体裁剪
		一	衣身原型立体裁剪
		二	衣身原型省道的变化设计
第三章 （20课时）	基础训练 （20课时）		•服装立体裁剪实用篇
		一	上衣立体裁剪
		二	裙子立体裁剪
		三	袖子立体裁剪
		四	领子立体裁剪
		五	成衣立体裁剪
		六	文胸及泳装立体裁剪
第四章 （24课时）	专业训练 （24课时）		•造型设计训练篇
		一	立体裁剪艺术表现
		二	造型设计训练
		三	立体裁剪作品赏析

注　各院校可根据自身的教学特色和教学计划对课程时数进行调整。

目录

第一章　服装立体裁剪基础 ………… 002
第一节　立体裁剪基础认识 ………… 002
一、立体裁剪的由来 ………… 002
二、立体裁剪的应用范围 ………… 002
三、立体裁剪与平面裁剪的关系 ………… 005
四、立体裁剪的技术原理 ………… 007
第二节　服装立体裁剪的准备 ………… 008
一、材料与工具 ………… 008
二、坯布及人台的准备 ………… 012
三、制作假手臂 ………… 018
四、插针的方法 ………… 020

第二章　服装基本型立体裁剪 ………… 024
第一节　衣身原型立体裁剪 ………… 024
一、衣身原型的种类 ………… 024
二、衣身原型立体裁剪操作 ………… 024
第二节　衣身原型省道的变化设计 ………… 032
一、省道的概念及设计 ………… 032
二、省道的立体裁剪操作 ………… 033
三、衣身省道转移平面结构分析 ………… 042

第三章　服装立体裁剪实用篇 ………… 046
第一节　上衣立体裁剪 ………… 046
一、公主线上衣 ………… 046
二、抽褶上衣 ………… 052
第二节　裙子立体裁剪 ………… 057
一、直身裙 ………… 057
二、波浪裙 ………… 061
三、拼片裙 ………… 066

四、育克褶裥裙 …… 070
五、抽褶裙 …… 075
第三节 袖子立体裁剪 …… 079
一、原型一片袖 …… 079
二、喇叭袖 …… 082
三、袖山抽褶袖 …… 084
四、袖口抽褶袖 …… 087
五、插肩袖 …… 089
六、合体型两片袖 …… 092
第四节 领子立体裁剪 …… 098
一、旗袍领 …… 098
二、两用领 …… 101
三、校服领 …… 105
四、十字型驳头西装领 …… 109
五、连身领 …… 115
六、荷叶领 …… 119
第五节 成衣立体裁剪 …… 123
一、公主线分割连衣裙 …… 123
二、腰部分割垂褶领连衣裙 …… 130
三、基本型女衬衫 …… 139
四、女普通西短裤 …… 147
五、女式牛仔短裤 …… 154
六、女正装马甲 …… 157
七、女戗驳领双排扣西服 …… 165
八、女直线型大衣 …… 175
第六节 文胸及泳装立体裁剪 …… 184
一、T杯文胸 …… 184
二、连身泳装 …… 187

第四章 造型设计训练篇 …… 196
第一节 立体裁剪艺术表现 …… 196
一、褶饰设计与表现技法 …… 196
二、缝饰设计与表现技法 …… 199
三、编饰设计与表现技法 …… 202
四、缀饰设计与表现技法 …… 205

五、其他装饰设计与表现技法 …… 206
第二节 造型设计训练 …… 207
一、连身收腰式礼服 …… 207
二、低胸鱼尾礼服 …… 214
三、腰部花饰婚礼服 …… 218
四、褶饰夜礼服 …… 222
第三节 立体裁剪作品赏析 …… 227

参考文献 …… 233

基础理论——

服装立体裁剪基础

课题名称：服装立体裁剪基础

课题内容：1.服装立体裁剪的由来

2.立体裁剪的应用范围

3.立体裁剪与平面裁剪的关系

4.立体裁剪的技术原理

5.立体裁剪的材料与工具

6.人台及坯布的准备

7.制作假手臂

8.插针的方法

上课时数：6课时

教学提示：重点讲解人台基础线标识、假手臂的制作和插针的方法。

教学要求：1.使学生了解服装立体裁剪的产生、发展及作用。

2.使学生正确理解服装立体裁剪的基本构成原理。

3.使学生了解服装立体裁剪的基本工具和材料的使用方法。

4.使学生能在立体人台上准确地标定基准线。

5.使学生了解假手臂的制作方法。

6.使学生熟练掌握几种常见的插针方法并能规范使用。

课前准备：立体裁剪课程所需要的坯布和工具以及插针方法示范作品。

第一章　服装立体裁剪基础

第一节　立体裁剪基础认识

一、立体裁剪的由来

纸样设计是一个由立体到平面，又从平面到立体的纸样创作过程。立体裁剪和平面裁剪是实现这种过程的两种基本方法。

立体裁剪是指直接将面料披覆在人体或人体模型（人台）上，借用辅助工具，在三维空间中直接感受面料的特性，运用边观察、边造型、边裁剪的方法，通过分割、折叠、抽缩、拉展等技术手法制成预先构思好的服装造型，再从人体或人体模型（人台）上取下布样在平台上进行修正，裁制出服装款式的布样或衣片纸样的技术手段。服装立体裁剪在法国被称之为“抄近裁剪（Cauge）”，在美国和英国被称为“覆盖裁剪（Dyapiag）”，在日本则被称为“立体裁断”。

从技术角度来看，把立体裁剪所获得的裁片在排料图上进行平面展开，将其形状和相关细节记录下来，就可以获得服装款式平面纸样的详细资料，进而作为研究和提高平面裁剪技术的依据。从具体的操作方式来看，立体裁剪不像平面裁剪那样运用公式来确定服装各部位的尺寸，而是直接根据具体的人体部位特点确定造型，借此表达款式各部位的设计线条。从艺术设计角度看，立体裁剪不仅是一种操作技术，还是设计者灵感和工艺技巧的结合，其作品是一件件活生生的流动艺术品，所以立体裁剪也被称为“软雕塑”。

由于立体裁剪造型能力非常强，并且十分直观，所以结构造型设计也就更准确，更易于满足随心所欲的服装款式变化要求。掌握立体裁剪的操作方法和操作技巧，对服装设计师来说，不仅多了一条实现自己绝妙构思的快捷途径，而且还非常有助于启发灵感，大大开阔设计思路。结构设计师掌握了立体裁剪技术后，不仅多了一种结构设计方法，而且可以通过立体裁剪的实践，更加深刻地理解平面裁剪的技术原理，丰富自己的裁剪技术。

二、立体裁剪的应用范围

（一）用于服装生产的立体裁剪

服装生产按照产品的数量和品种分为三种不同的形式，即大量生产、成批生产、单件生产，因此立体裁剪在服装生产中也常常因生产性质的不同而采用不同的技术方式。一种为立体裁剪与平面裁剪相结合，利用平面结构制图获得基本板型，再利用立体裁剪进行试样、修正；另一种为直接在标准人台上获得款式造型和纸样，如图1–1所示。

一件服装能否被消费者接受，不仅看款式设计是否新颖，样板设计也十分关键，因为只有优秀的样板才能将外观造型形态表达得恰到好处，并且让着装者在视觉和舒适度方面均感到满意。

高级成衣、时装和高级时装的款式变化多样（图1–2），仅靠平面裁剪不能满足款式设计的要求，无法体现出最佳穿着效果。而立体裁剪能在三维空间里使服装始终处在着装状态之下，效果直观，从轮廓造型到局部结构都可以进行精雕细刻，使服装设计的实用性和艺术性完美地结合在一起，因此立体裁剪是高级时装制作常用的方法。另外，立体裁剪在量身定做和特体服装的制作方面也有着明显的优势。

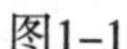

图1–1

图1–2

立体裁剪在服装制作过程中具有较大的随意性，但是用于服装生产的立体裁剪操作则要求具有严谨性和规范性。操作时要求严格按照款式要求，结构要准确，记号和标记线要准确、全面、清晰，衣片要修剪整齐。规范性具体表现为操作步骤的程序化和运用结果的确定性。立体裁剪操作上的规范性保证了结果的准确性与可复制性，从而使其成为服装设计的核心技术，在国外品牌服装设计与生产中被高度重视并得以广泛应用。

（二）用于服装展示的立体裁剪

立体裁剪在造型上的表现能力极强。因此，立体裁剪不仅可以用于服装生产，还被用于产品展示，如店铺销售的橱窗设计（图1–3）、家纺产品的面料展示、大型的展销会和博览会的会场布置（图1–4）等，用其夸张、个性化的造型在灯光、道具和配饰的衬托下，将产品的时尚感和独特个性直接呈现给消费者，具有强烈的视觉冲击力，不仅体现了商业与艺术的结合，还将该品牌的文化和时尚品位表现得淋漓尽致，极大程度地刺激消费，从而提升销售额。

图1–3

图1–4

（三）用于服装教学的立体裁剪

在教学过程中，通过设计、材料改造、裁剪和制作等环节的研究，逐步掌握立体裁剪的思维方式和操作技巧，能熟练地表达创作构想，注重造型能力和材料运用能力的开发；鼓励学生拓展思维，多方面寻找设计灵感，注重创新性和流行性；强调实践环节，提高动手能力，熟练掌握各种款式变化的方法和原理；训练学生对面、辅料特性的了解和掌控能力，如图1–5、图1–6所示。

图1–5

图1–6

三、立体裁剪与平面裁剪的关系

立体裁剪和平面裁剪是服装结构设计的两大方法，它们构成了服装结构设计方法的理论与实践体系，两种方法都有各自的优势和不足，不能简单、笼统地说进行款式造型时只用某一种方法，或者说哪一种方法更好。

（一）平面裁剪的优势和不足

平面裁剪的优势是对实践经验的总结和升华，比例分配相对合理，具有一定的理论性和较强的稳定性、可操作性，因此适用于生产一些大众产品，如西装、夹克、衬衫等。平面裁剪在放松量的控制上有据可依，裁剪过程一步到位，便于初学者掌握与应用。

平面裁剪的缺点也是比较明显的。首先，平面裁剪在人体的某些部位处理尺度不好掌握，如不同款式要使用不同的胸围量、前后身的平衡量、肩斜度等；其次，不能准确地感受面料对设计效果的影响，如面料纹路变化、垂感、光泽变化、弹力程度等；再次，对于某些特殊设计造型，仅使用平面裁剪法是不能直观或准确地做到，如具有多褶裥或非常飘逸、垂荡、随意、自然的款式等。因此，平面裁剪虽然比较容易掌握，但是要绘制出一套完美的纸样，打板师必须具有很丰富的实践经验，经过多次修正和调整才能使样板逐步趋于完美，达到设计效果。

（二）立体裁剪的优势与不足

立体裁剪的优势在于：立体裁剪是以人体或人体模型为操作对象，是一种具象操作，所以具有较高的适体性和科学性；立体裁剪是直接对面料进行的一种操作方式，所以对面料的性能有更强的感受，从而使造型更加多样化；立体裁剪的整个过程可以边摸索、边改进，及时观察效果并纠正，实际上是二次构思设计、结构设计以及裁剪的集合体。因此，立体裁剪为创作设计提供新的思路，引发设计灵感，从而有助于设计的完善。

在进行立体裁剪设计的过程中可以随时观察设计效果，及时发现问题并纠正，而且还可以解决平面裁剪中解决不了的问题，如对于一些质地柔软易造成不规则下垂纹路的面料，采用平面裁剪的方法往往难以准确达到要求的效果，而利用立体裁剪的方法，把面料直接披覆在人体或人体模型上，使面料自然下垂，边观察、边裁剪，就能使服装款式达到较好的效果，避免下摆出现高低、歪斜、松动、不吻合等现象，从而准确、快捷地完成款式裁剪工作。

在特殊体型的服装裁剪中，用立体裁剪能够取得较理想的效果。将人体模型用棉花和布包裹成特殊体型的形状再进行裁剪，可以直观地反映服装的款式造型，修正不合理的部分，最终达到满意的效果。因为平面裁剪在裁制服装的时候，各部位的缩放尺寸只能凭经验，与具体的人体之间出现误差的可能性增大，而立体裁剪是根据具体的人体形状进行裁剪，制作出来的服装就能较好地符合人体。

立体裁剪是直接将面料裁剪成裁片的设计过程，得到的裁片准确程度比较高。根据这个优点，可以复制出平面的纸样作为基础纸样，用于后期放码、款式变化等，服装厂也可以用立体裁剪的方法来制作样衣，有利于提高大批量生产的产品质量。

立体裁剪的不足体现在：一般意义的立体裁剪是依据人体模型进行的，由于人体模型是静止的，虽然能直观地看到造型，但是在活动量控制上还是要参照实际人体状态加以充分考虑；在制作过程中要用到大量的面、辅料，因此生产成本较大；立体裁剪的制作过程较为复杂，时间较长。

（三）立体裁剪与平面裁剪的关系

立体裁剪与平面裁剪是相辅相成、互为补充。平面裁剪的理论可以用来指导立体裁剪，而立体裁剪则用于充分理解和说明平面裁剪。立体裁剪可以帮助理解服装各部位的省、褶、裥以及归、拔、推等工艺的处理，还可以用来检验平面裁剪的准确性，对服装的弊病分析和纠正都很有效。立体裁剪可以解决平面裁剪中难以解决的问题，如面料厚薄的估算、悬垂程度、褶皱量的大小等，也有助于加深对平面裁剪的理解，是确定各种平面裁剪方法的依据。

无论是平面裁剪还是立体裁剪，都是以人体为依据产生并发展起来的，是人们长期探求的结果。它们各具特点，各有所长。在实际应用时，可以将这两种方法结合起来，灵活运用。

四、立体裁剪的技术原理

（一）立体裁剪坯布丝缕的处理

1. 纱线织物的弓纬与歪斜。弓纬和歪斜通常叫做纬斜疵，指纬纱与经纱没有在合适的角度上，通常发生在织造和后整理的过程中。如果织物发生弓纬或歪斜，就应该撕开织物布边，进行经纬纱调整。

2. 校正经纬纱向。立体裁剪所用坯布的纱向必须归正，许多坯布存在经纬纱歪斜的问题，因此在操作之前要将坯布用熨斗归烫，使纱向归正、坯布平整，同时也要求坯布衣片与正式的面料衣片复合时，应保持两者的纱向一致，这样才能保证成品服装造型与人台上的服装造型一致。

（二）立体裁剪的缝道处理技术

缝道是指衣片之间的连接形式。整件服装是由缝道将各个衣片连接起来所形成的造型，由于立体裁剪具有很强的直观性，缝道的处理直接影响着服装的操作与整体造型，所以缝道的处理技术至关重要。

1. 缝道的设置。缝道应尽可能地设计在人体曲面的各个块面的结合处，使服装的外形线条更清晰，也可与人体形态相吻合。例如，女性胸点左、右曲面的结合处——公主线；胸部曲面与腋下曲面的结合处——前胸宽下侧的分割线；前、后上体曲面的结合处——肩线；腋下曲面与背部曲面的结合处——后背宽下侧的分割线；背部中心线两侧曲面的结合处——背缝线；腰部上部曲面与下部曲面的结合处——腰围线等。

2. 缝道的形状。缝道的形状从设计角度而言具有很强的创造性，即设计领域较宽泛。然而结合结构设计的合理性与工艺制作的可行性，则会受到一定的制约，因此缝道处理时要注意尽可能将缝道两侧的形状设计成直线，或与人体形状相符的略带弧线的线条形状，同时两侧的形状尽量做到相同或相近，便于缝制。

（三）服装廓型的处理技术

服装廓型即是服装的外轮廓造型，是服装穿在人体上产生的视觉轮廓。服装廓型包括平视廓型和俯视廓型两种。

平视廓型包括A型、H型、O型、Y型、V型和X型等造型，各造型的差异主要体现在胸围、腰围和臀围之间的数值关系上：A型是胸围<腰围<臀围；H型是胸围=腰围=臀围；O型是胸围<腰围、腰围>臀围；Y型是胸围>腰围、腰围≈臀围；V型是胸围>腰围>臀围；X型是胸围>腰围、腰围<臀围（图1–7）。在立体裁剪过程中要正确把握这些部位的相互关系，才能准确塑造各种服装廓型。

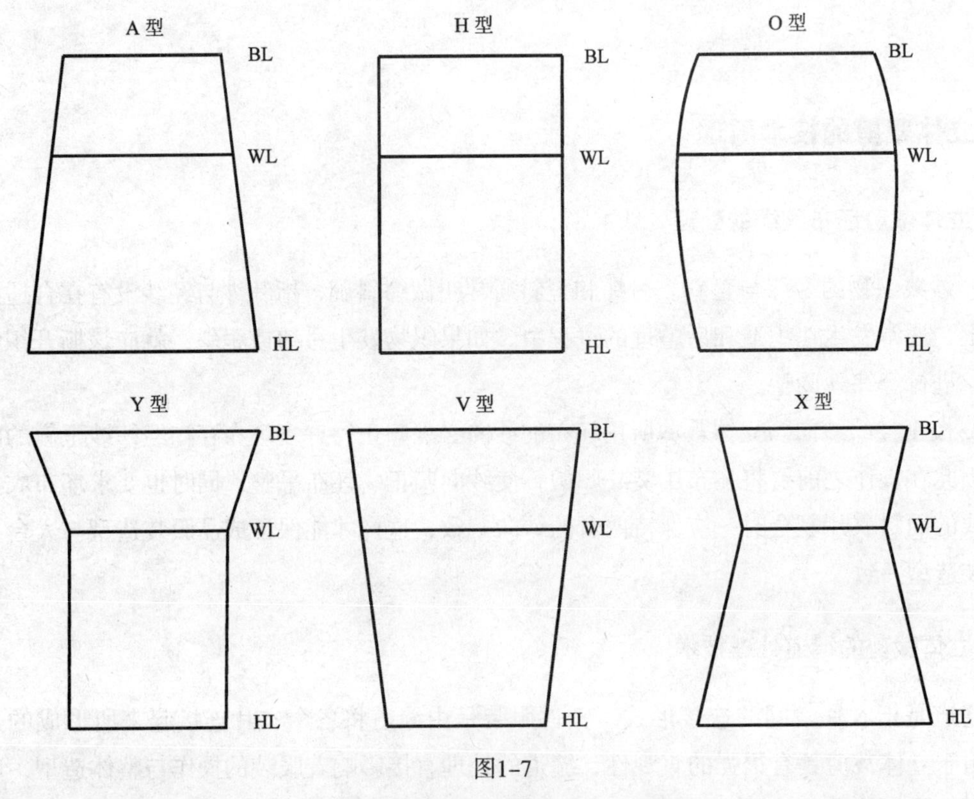

图1-7

BL—胸围线　WL—腰围线　HL—臀围线

俯视廓型包括方型、正梯型和倒梯型三种。各廓型的差异主要体现在胸宽和背宽的数值关系上：方型是胸宽≈背宽；正梯型是胸宽>背宽；倒梯型是胸宽<背宽（图1-8）。

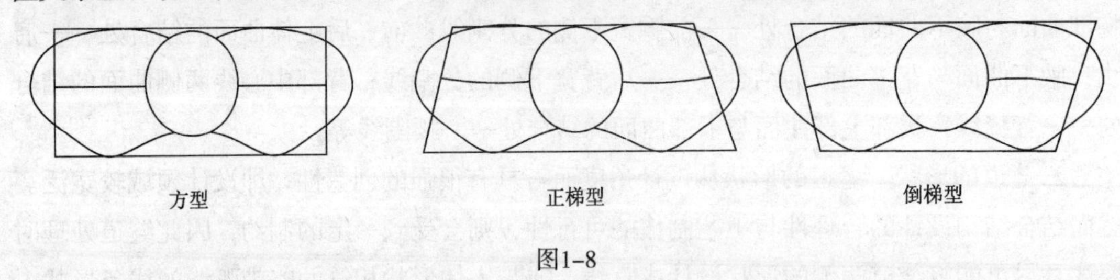

图1-8

第二节　服装立体裁剪的准备

一、材料与工具

（一）人台

人台又叫人体模型（图1-9），在进行立体裁剪时用来代替真实人体，因此选择具有标准人体尺寸和比例的人台才能保证立体裁剪的准确性。用于立体裁剪的人台分男性人台和女性人台，主要是由钢架支持的塑料泡沫组成，外面均匀覆盖一层组织紧密的海绵或其他能被针刺入的材料，最外层用质地优良、柔韧的棉麻织物包裹。颜色主要有白色、黑色和棉麻本色。

根据不同的设计要求可选用不同类型的人台，如全身人台、半身人台、有臂人台、无臂人台、半臂人台和吊挂人台等。

（二）手臂模型

在进行立体裁剪时通常不选择有臂人台，因为有臂人台容易妨碍设计及制作，且使用无臂人台进行立体裁剪时又较难确定袖型，同时对整体造型和舒适程度也有一定的影响。因此，通常用与人台色泽相同或相近、质地优良的棉麻织物来包裹组织紧密的海绵或棉花制成可装卸的手臂模型，如图1–10所示。

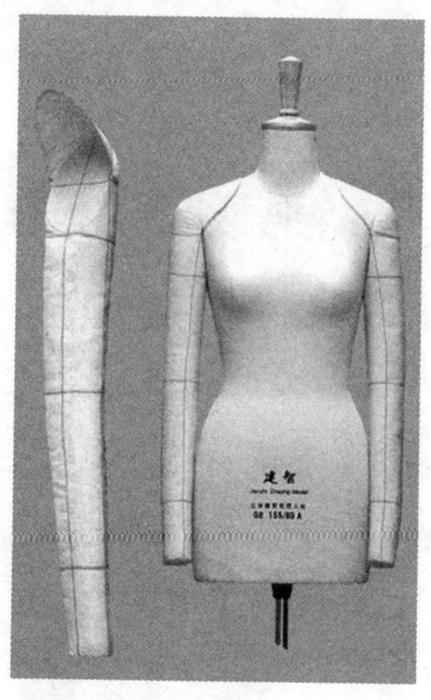

图1–9

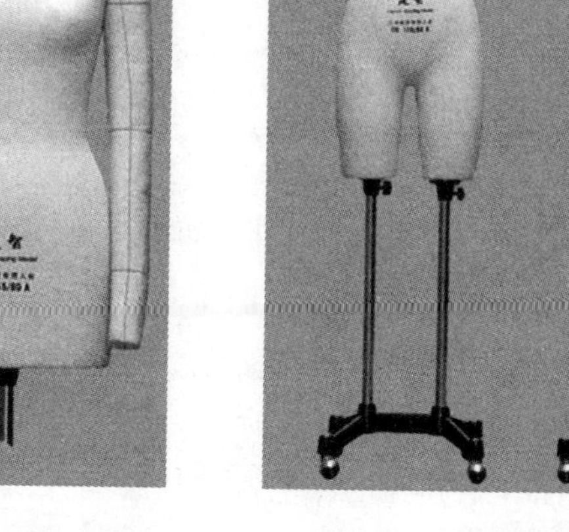

图1–10

（三）面料

立体裁剪通常不直接使用真实的服装面料，而是使用白坯布或宽幅的平纹棉布（图1–11），可以大大降低制作成本。根据组织密度和厚度的不同，坯布有很多种类。如果条件允许，可选用与面料材质相近或相同的坯布，以保证在制作过程中能充分发挥面料的特点，保证最终造型的完整性与稳定性。

（四）修正棉

服装定制时通常使用的人台会和实际人体有所不同，为了使人台与具体的人体形状和尺寸一致，需要对人台的某些部位进行修正，如胸部、肩部、腰部和臀部等。一般选择棉花作为填充物，如果条件允许，可选用锦纶棉、双面厚绒棉等，效果会更好（图1–12）。

图1–11

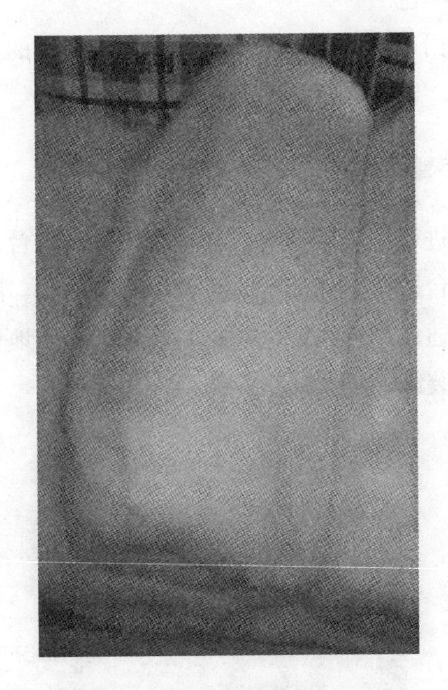

图1–12

（五）胶带

在立体裁剪的操作过程中，经常要借助一些标示线，因此需要在人台上标记出这些基准线和设计过程中因款式需要临时在人台上确定的结构造型线。胶带分为有黏性和没有黏性两种，宽度通常为0.2~0.5cm。选择使用时，胶带的颜色要求能在坯布下看得见的深色为好（图1–13）。

图1–13

（六）针

立体裁剪使用的针通常有珠针和普通大头针两种，前者多用于固定面积或受力较大的面料，后者用于一般缝份的固定（图1–14）。针因使用位置的不同，其插针的方式也有所不同，但插针的方向要一致，使所形成的缝份尽量与款式要求相同，避免因插针的方向不同引起款式变形。操作时，要选择针尖比较锋利又不易生锈的针，以保证操作顺利进行。

（七）针插

在进行立体裁剪操作时，尤其是较为复杂的款式时经常用到很多珠针，为了拿取方便和安全，需要有针插。一般的针插是用薄棉布包裹棉花缝制而成，里侧缝有松紧带，可以套在手腕上（图1–15）。

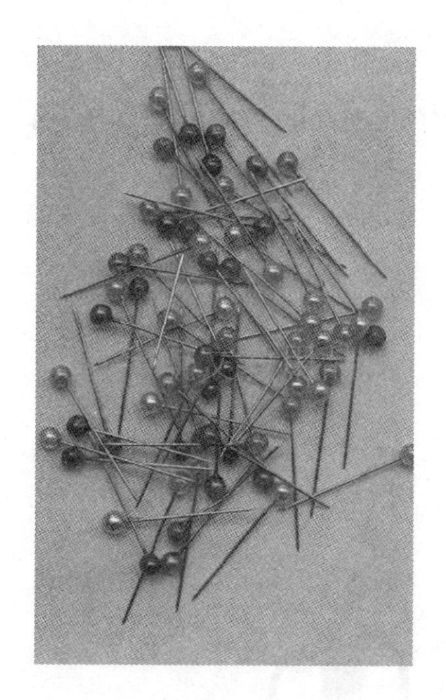

图1–14

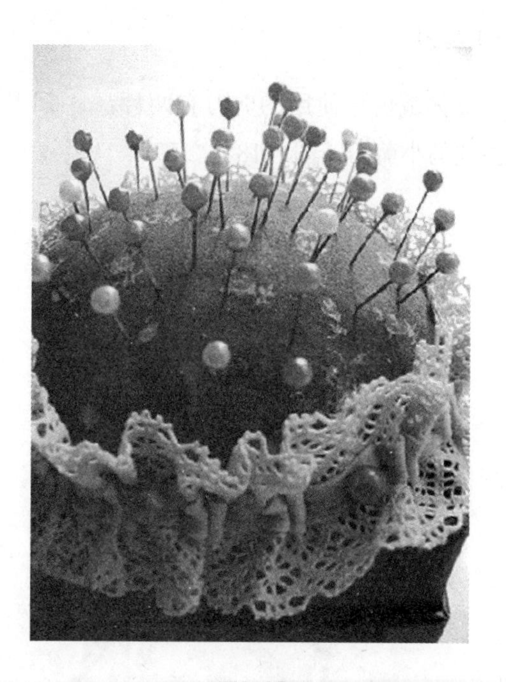

图1–15

（八）手针和缝纫线

在立体裁剪的操作过程中经常要临时固定或缝合面料，需要用到手针和缝纫线。针和线的粗细要与面料相适应，薄一点的面料选用细一点的针和线，根据面料的颜色准备多种颜色的线。

（九）尺

在进行立体裁剪时为了使裁剪出来的衣片更加精确，可以选择不同形状的尺来辅助操作。例如，透明直尺用来画平行线和直角线；曲线尺用来画光滑、平缓的曲线；丁字尺用来确定下摆到地面的长度；六字尺用来画领口、袖窿等较弯的曲线；自由曲线尺可以随意弯曲成各种曲线，并测量出该曲线的长度（图1–16）。

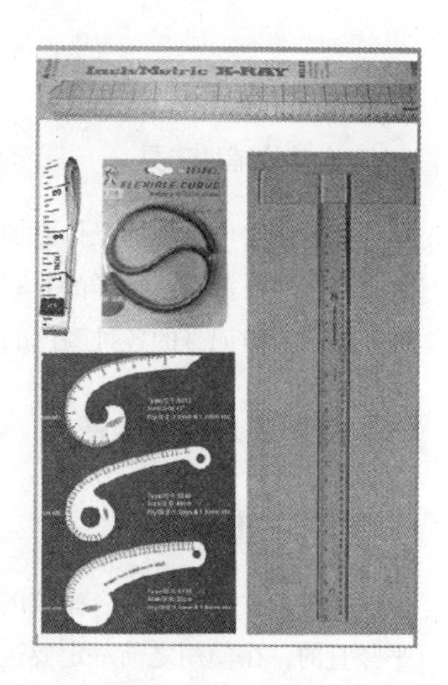

图1–16

（十）熨烫工具

在进行立体裁剪的过程中，经常要用到熨烫工具，如整理坯布的布纹方向、清理布面皱褶、固定褶裥和省位等。熨烫工具包括熨斗和烫板（烫台），熨斗最好选择蒸汽熨斗，并注意底面的清洁，烫板以不掉色并软硬适度为好（图1–17）。

（十一）剪刀

在立体裁剪中使用的剪刀有两种：一种是专门用来剪开面料的裁布剪刀，另一种是用于剪线的小剪刀（图1–18）。

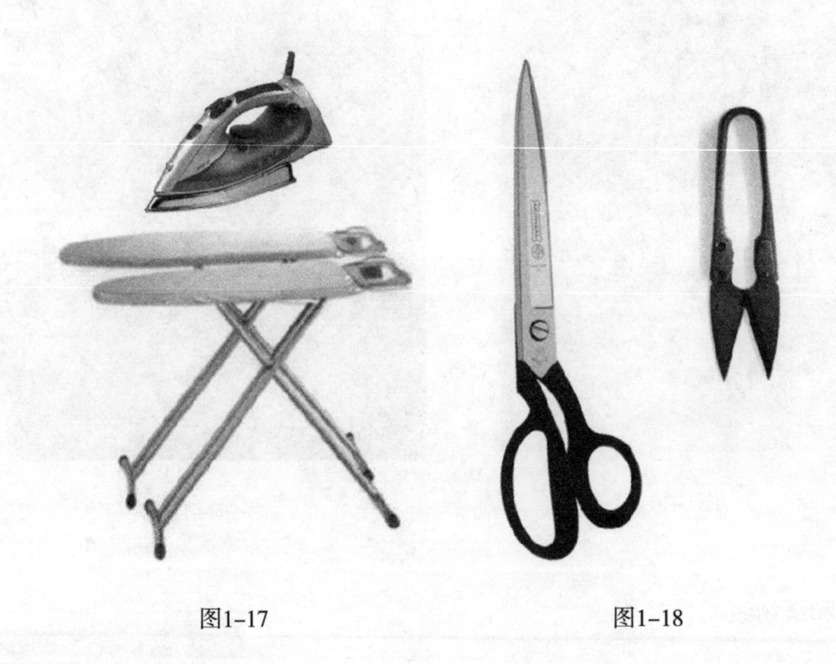

图1–17　　图1–18

（十二）其他辅助工具

为了使立体裁剪的操作更加容易，还可以使用一些辅助工具，如用来确定垂直线的铅坠、用来拷贝裁片或纸样的复写纸和滚轮、复制时用来固定裁片或纸样的按钉或镇纸、用来在面料上做记号的各种颜色的记号笔等（图1–19）。

二、坯布及人台的准备

（一）坯布的准备

在进行立体裁剪时，布纹的方向是非常重要的。立体裁剪时，坯布的经纬纱必须是横平竖直的，在使用之前一定要进行预整理。方法：先将坯布两端的布边（宽度为1~2cm）撕掉，之后用熨斗烫平布面并烫正布纹，保证经纱和纬纱相互垂直。

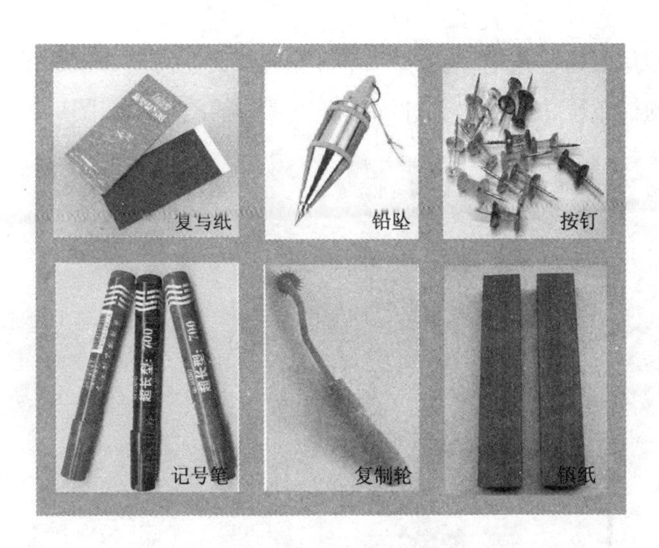

图1-19

坯布经常会出现纬斜现象，通常发生在织造和后整理的过程中。如果织物丝缕出现弓纬、歪斜或者两者混合的情况（图1-20），就需要调整。具体的操作方法有两种：一种是先用针挑出一根纱线，将其从一个布边一直抽到另一个布边，然后缝上一根线去取代被抽出的纱线，这种方法操作难度较大；另一种是握住织物两端，将织物沿对角线方向拉伸，直到经纬线处在一个合适的角度上，此种方法较常用（图1-21）。

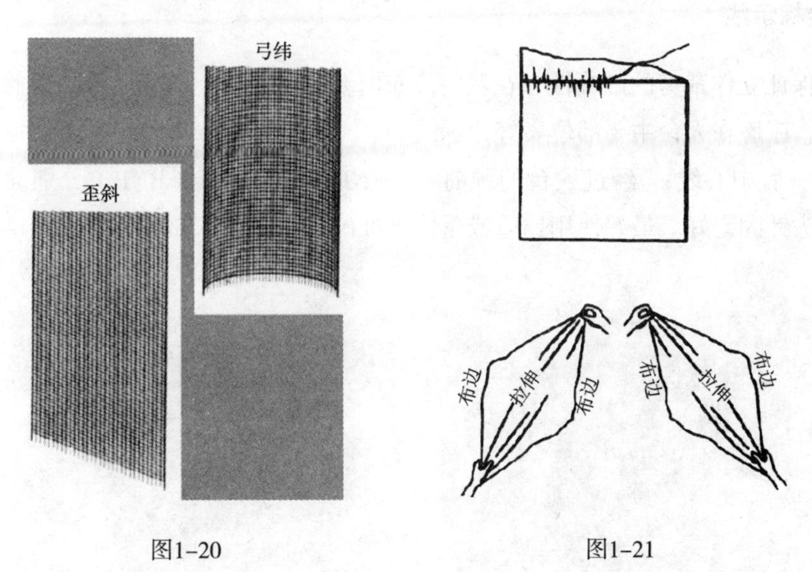

图1-20　　图1-21

（二）人台的补正

立体裁剪采用的大多数人台都是用于工业生产的标准化人台，是按照标准尺寸制作出来的，适用于成衣生产的立体裁剪。如果是单件定做，可能会因为个人的体型特征、胖瘦程度或者款式需求等原因需要对人台进行补正，如补正胸围的大小、肩的高低、背部的厚度、腹部与臀部的丰满度等。

人台补正多使用棉花、垫肩、衬垫、坯布等材料，在需要补正的部位逐层、细致地叠放，之后用较厚的棉布压住并用大头针固定好边缘，如图1–22、图1–23所示。

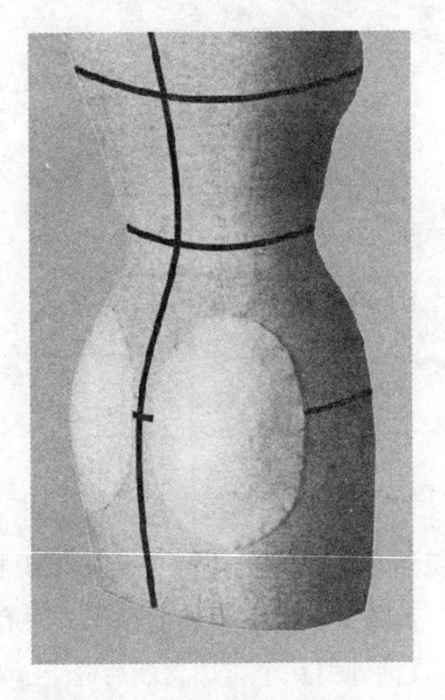

图1–22

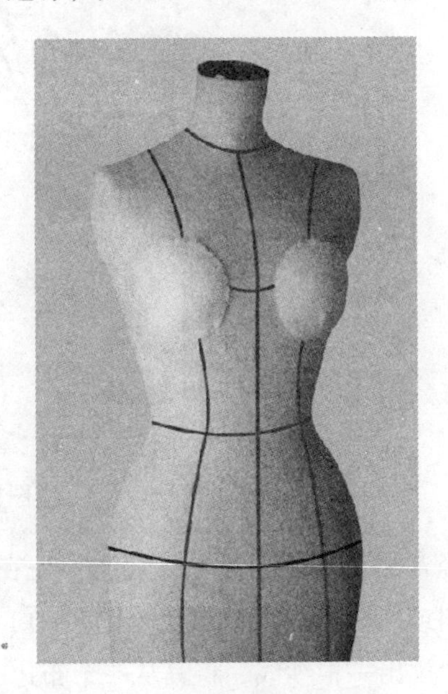

图1–23

（三）人台标示线

为了保证立体裁剪的准确性，在裁剪坯布时要参考人台上的标示线，因此在进行立体裁剪之前，应该在人台主要部位做好标示线。

1. 前、后中心线：经过人台的颈前点（FNP）和颈后点（BNP）分别确定一条垂直线，用大头针固定好。最好使用铅坠或重物，准确性会更高，如图1–24、图1–25所示。

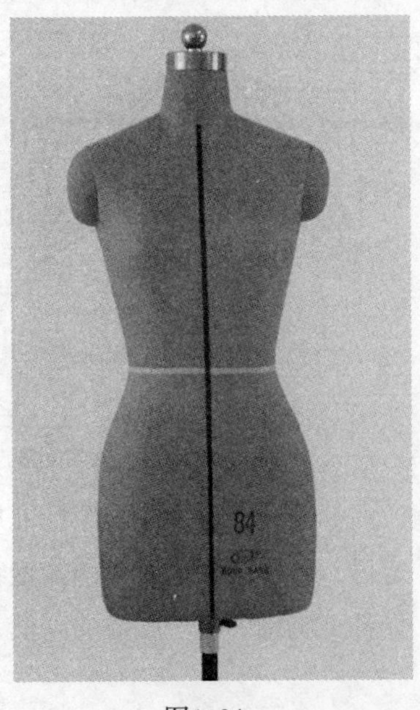

图1–24

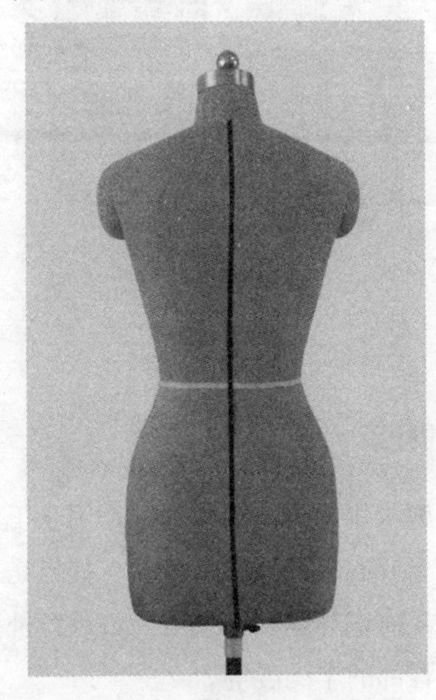

图1–25

2. 胸围线：在人台上确定胸高点（BP），经过胸高点水平围绕人台一周确定胸围线；也可以用测高仪确定和胸高点在同一水平高度的各个点，并用大头针固定，如图1-26、图1-27所示。

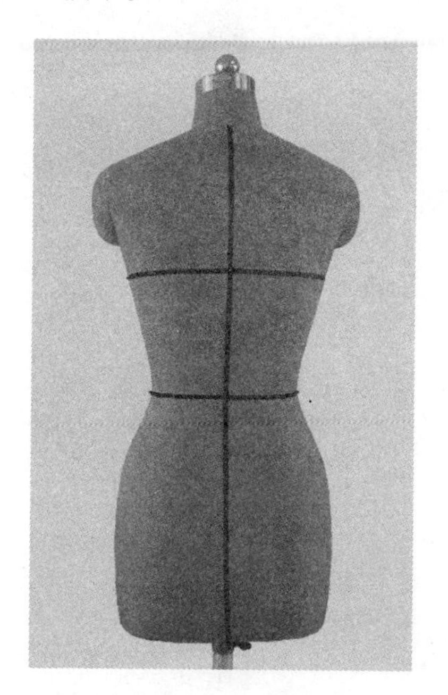

图1-26

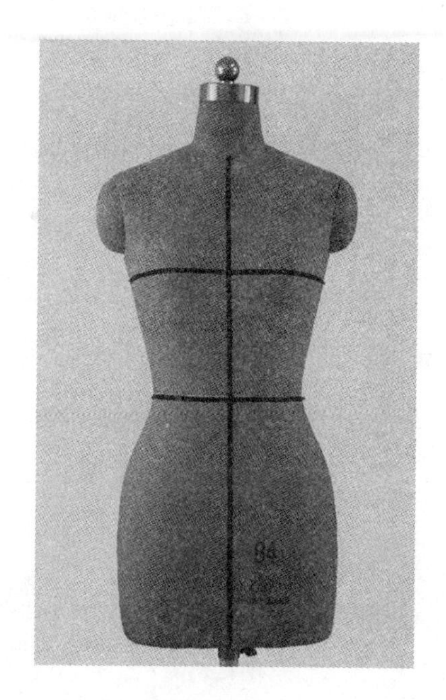

图1-27

3. 腰围线：由颈后点开始，沿后中线量出背长尺寸确定后腰中心点，经过后腰中心点水平围绕人台一周确定腰围线；也可以用测高仪，做法同胸围线的确定，如图1-28、图1-29所示。

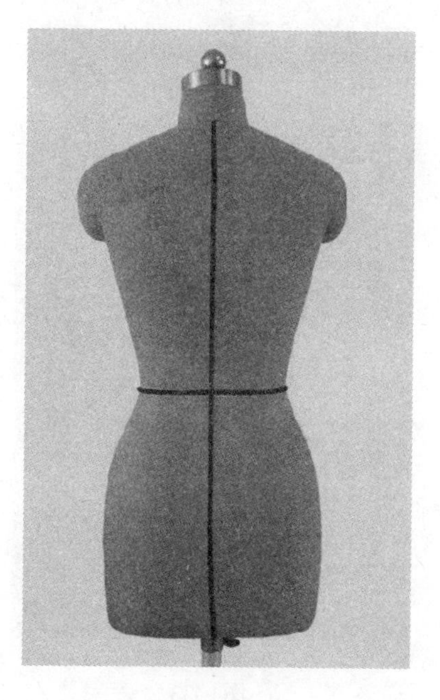

图1-28

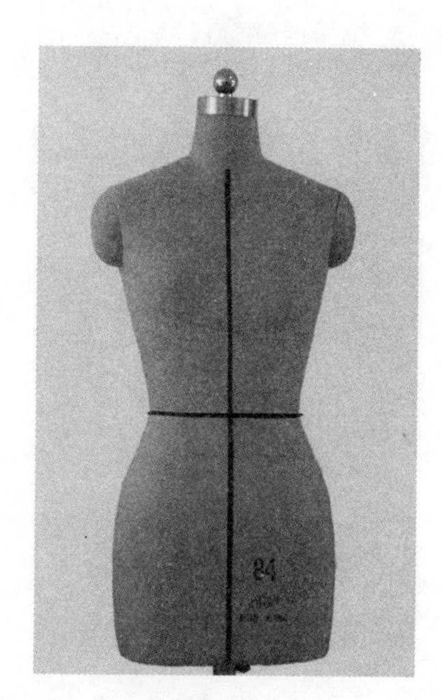

图1-29

4. 臀围线：由腰围线前中心点向下量取18~20cm确定一点，经过此点水平围绕人台一周确定臀围线，从侧面观察并调整臀围线是否水平，如图1-30、图1-31所示。

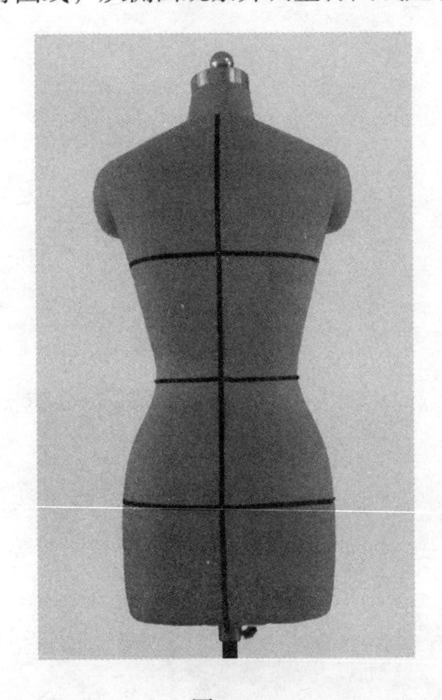

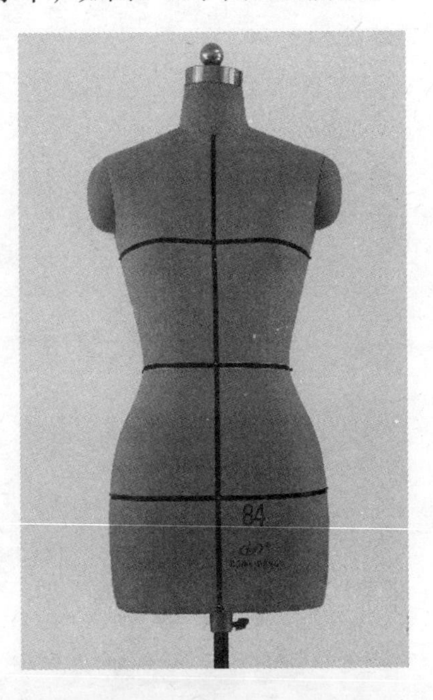

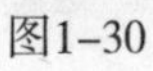

图1-30

图1-31

5. 领围线：在人台上确定左、右颈肩端点（SNP），从颈后点开始边观察颈部的弧度变化，边确定领围线，直至颈前点。固定领围线时要确保领围弧线的顺滑，如图1-32、图1-33所示。

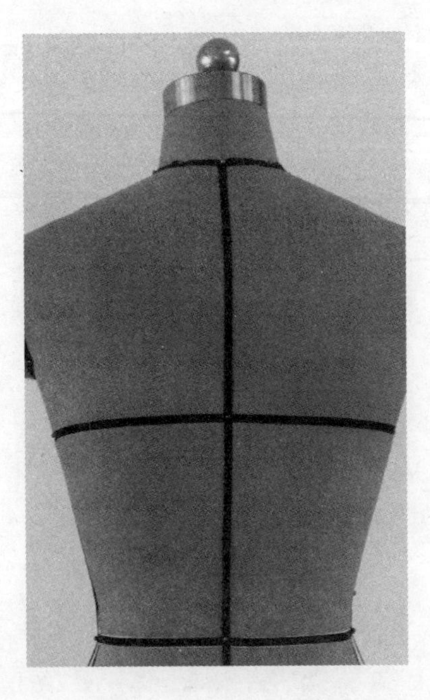

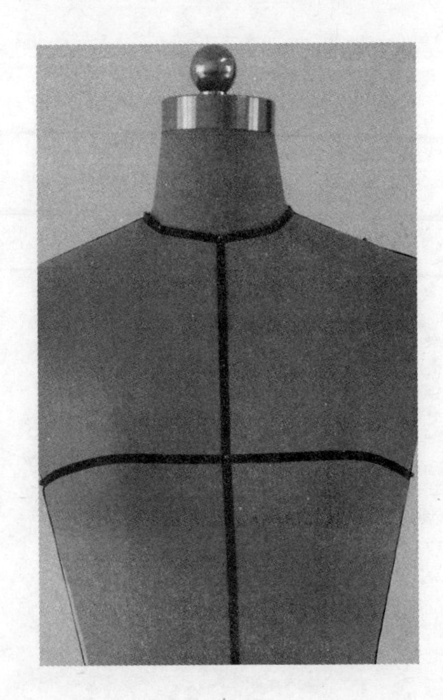

图1-32

图1-33

6. 肩线：在人台上确定左右肩端点（SP），用标示线将颈肩点和肩端点相连，确定肩线的位置，如图1–34所示。

7. 臂根围线：沿人台的臂根形状标示出臂根围线，如图1–35、图1–36所示。

8. 侧缝线：侧缝线的位置可根据视觉和款式的要求自行设定，也可参考文化式女装原型的确定方法，如图1–37所示。

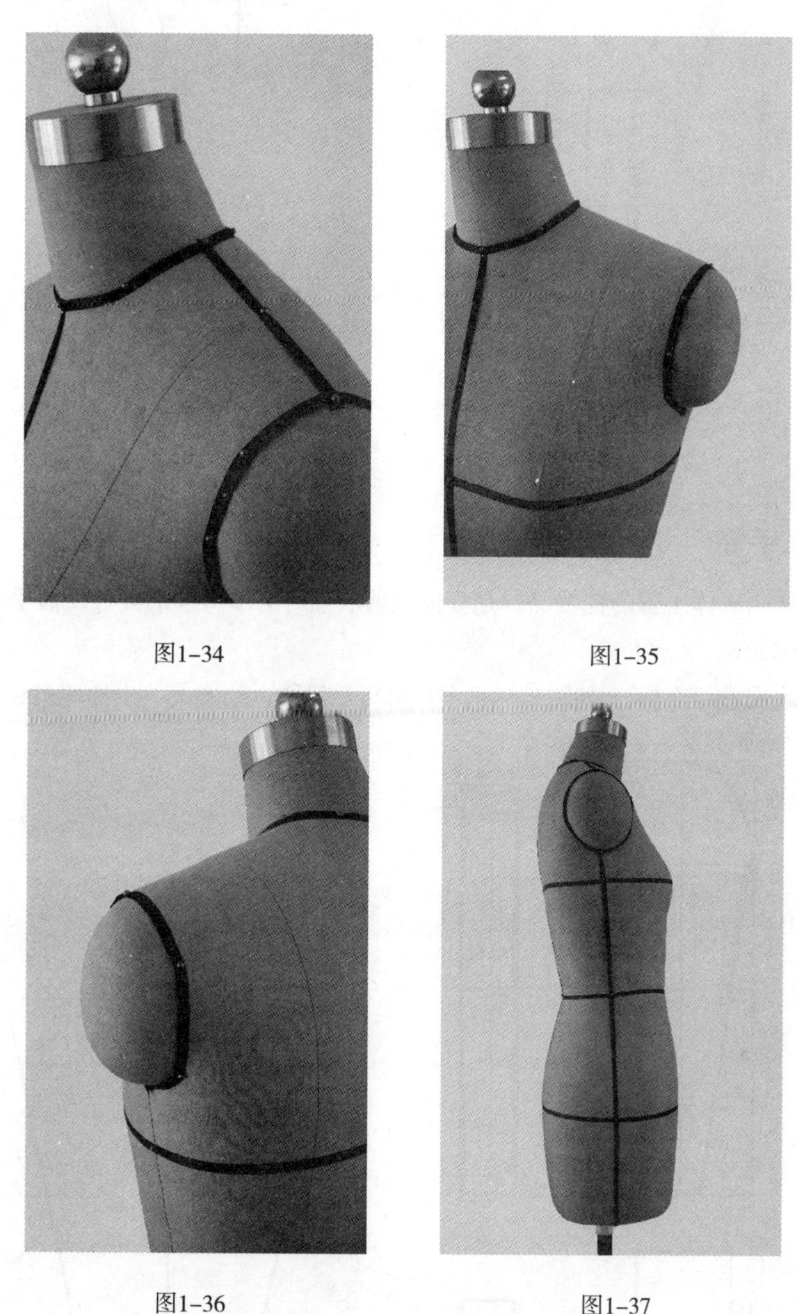

图1–34　图1–35

图1–36　图1–37

9. 前、后公主线：由肩线中点开始向下经过胸高点、腰围线的时候考虑收腰的效果，以确定落在腰围线上的位置，之后向下，在臀围外凸的地方找到落在臀围线上的位置，垂直向下直至底摆确定前公主线。由肩线中点开始向下经过肩胛骨凸点，同确定前公主线一样的做法确定后公主线，如图1-38、图1-39所示。

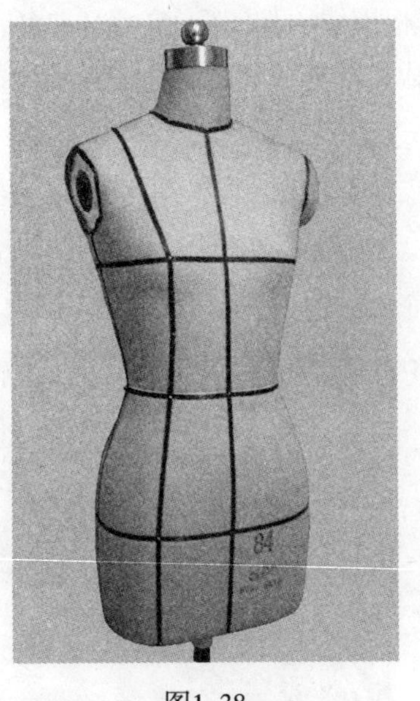

图1-38

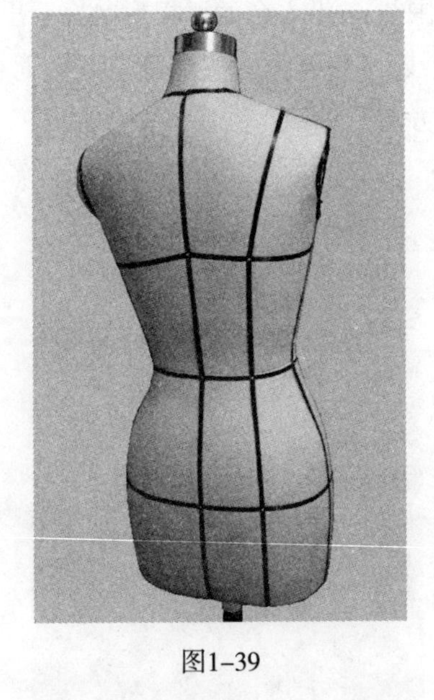

图1-39

三、制作假手臂

假手臂作为人体手臂的代替品，是立体裁剪衣袖时必不可少的配件。假手臂由坯布包裹填充棉制作而成。

1. 准备坯布和填充棉：如图1-40、图1-41所示尺寸，绘制大、小袖坯布和填充棉的纸

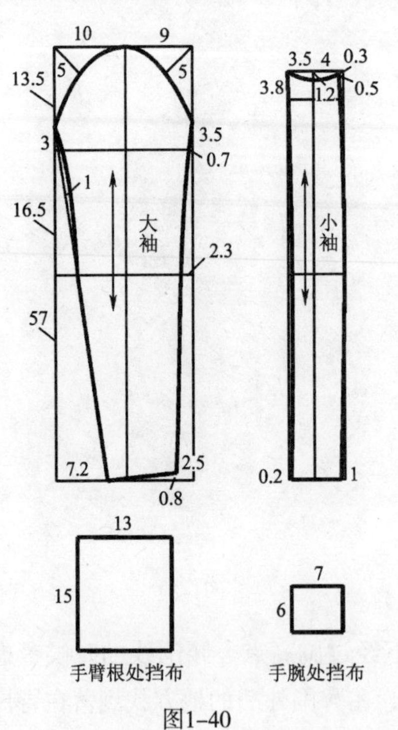

图1-40

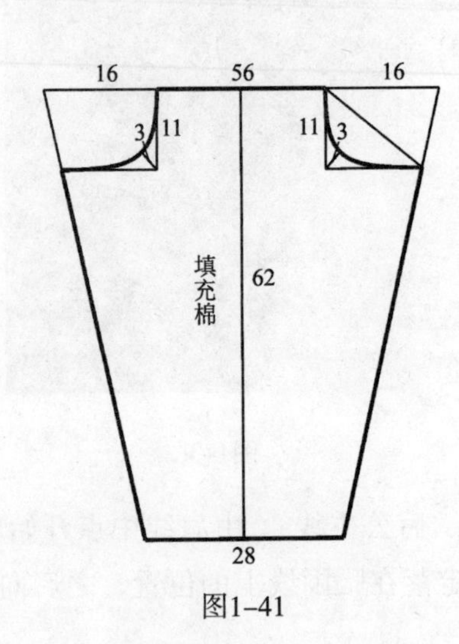

图1-41

样，裁坯布时在袖山处加放2.5cm缝份、袖口处加放1.5cm缝份、袖侧缝处加放1cm缝份。

2. 缝合坯布和填充棉：大、小袖侧缝对齐缝合，注意手臂向前弯曲的程度，缝合时不要形成明显的褶皱，填充棉对折后在袖缝处固定，如图1–42所示。

3. 组装：将缝合好的坯布套在填充棉外面，使坯布和填充棉光滑、平整、无褶皱地套在一起。根据假手臂的臂根和袖口形状剪两个厚纸片，分别包在臂根和袖口挡布内，用针线固定好，如图1–43所示。

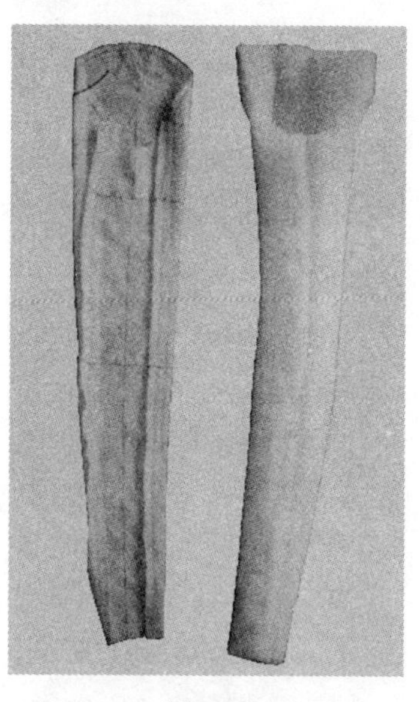

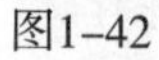
图1–42

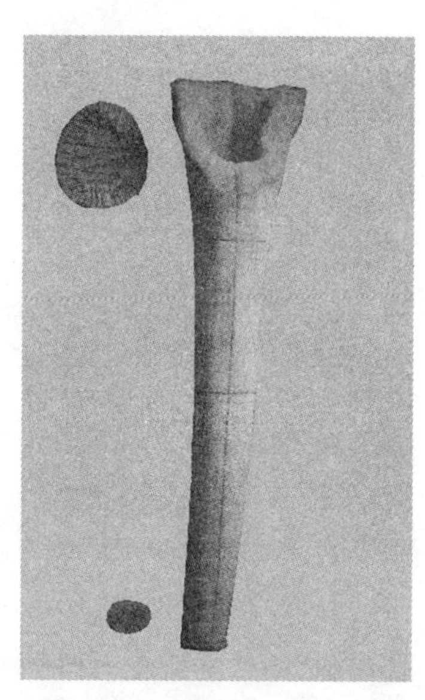

图1–43

4. 缝合袖口和臂根：将假手臂袖口处和臂根处的填充棉交叉缝合并整理好，并将这两处的坯布和挡布紧密地缝合在一起，如图1–44所示。

5. 调整：将缝好的假手臂固定在人台上进行调整和修正，如图1–45所示。

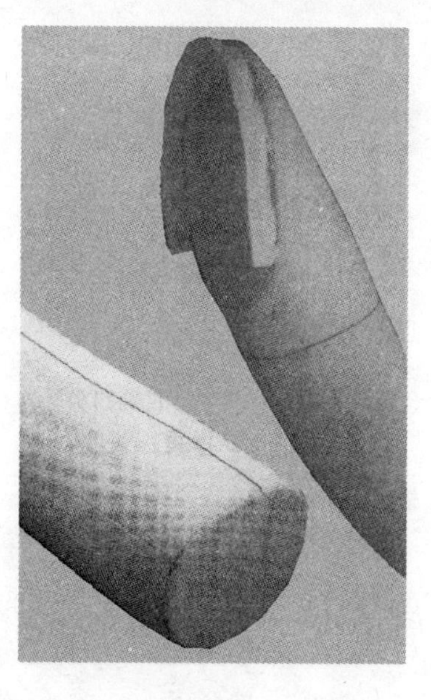

图1–44

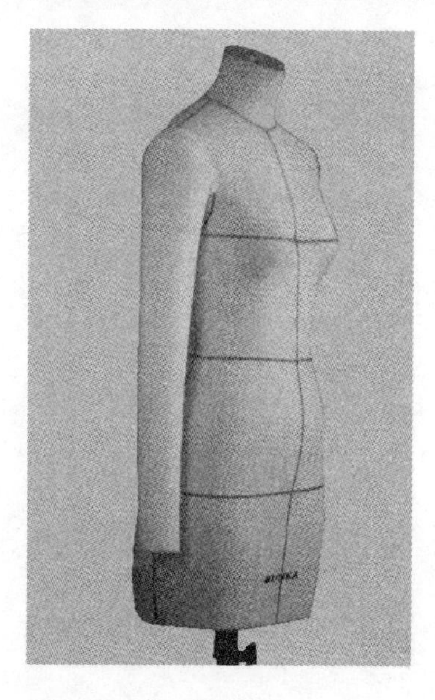

图1–45

四、插针的方法

立体裁剪过程中插针的方法很多，但是为了使操作更方便、效果更好，根据用途和目的的不同要选择适当的插针方法。

1. 固定用针法：固定用针法是将坯布固定在人台上用得最多的针法之一，如图1–46、图1–47所示。要强调的是，针的倾斜方向与坯布受力方向应相反，这样才能固定住布。

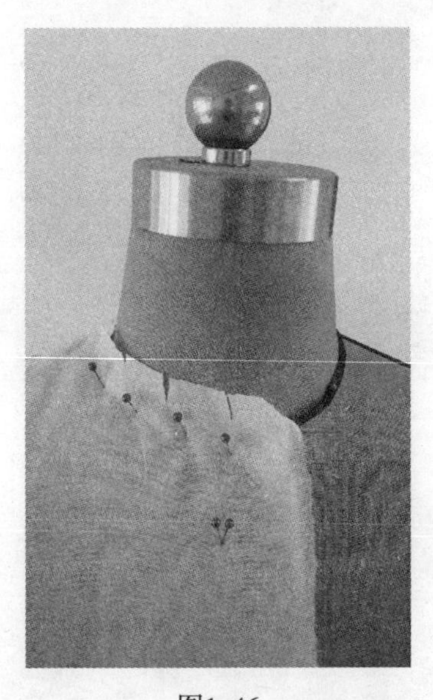

图1–46

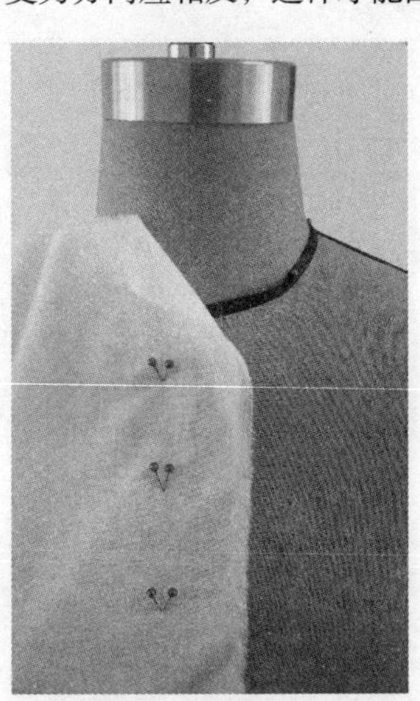

图1–47

2. 扣折固定针法：扣折固定针法是把两块平摊的坯布固定在一起，将上面一层坯布的缝份向里面折进，针别在净缝线处。一般用于肩缝、育克等处，也可以用来固定下摆和袖口。别针的方向有水平插法、垂直插法和斜向插法三种，如图1–48、图1–49所示。

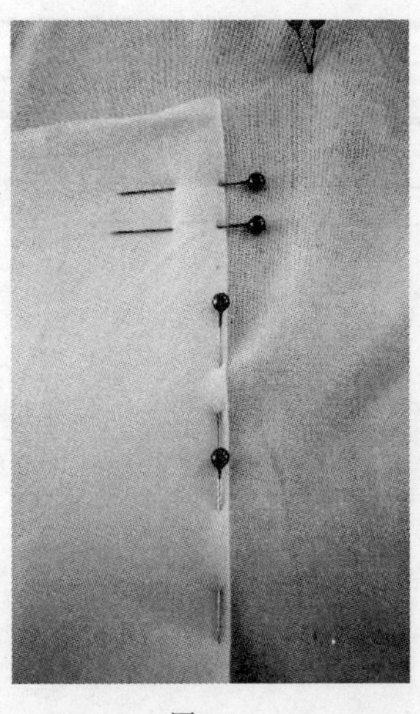

图1–48

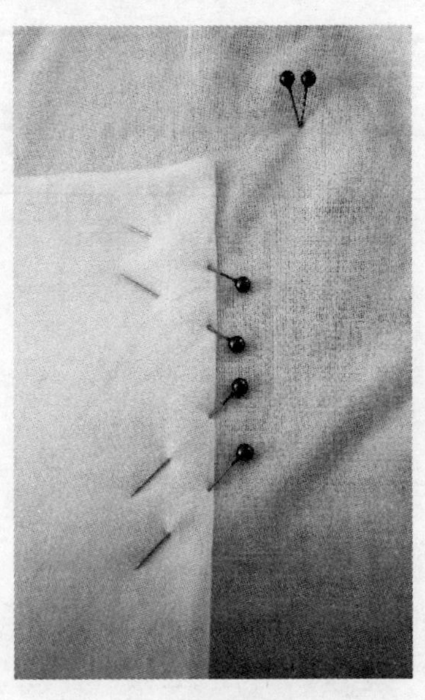

图1–49

3. 捏合固定针法：捏合固定针法用于将两个衣片缝合在一起并把缝份留在外面时，插针的位置即为净缝线的位置，如图1–50所示。

4. 重合固定针法：重合固定针法用在需要加入缝份的地方或缝份已经加好但放松量和轮廓难以正确辨认的时候，针插在净缝线上，如图1 51所示。

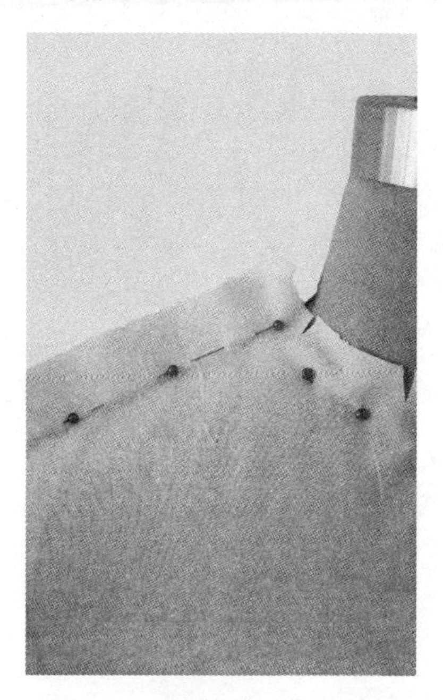

图1–50

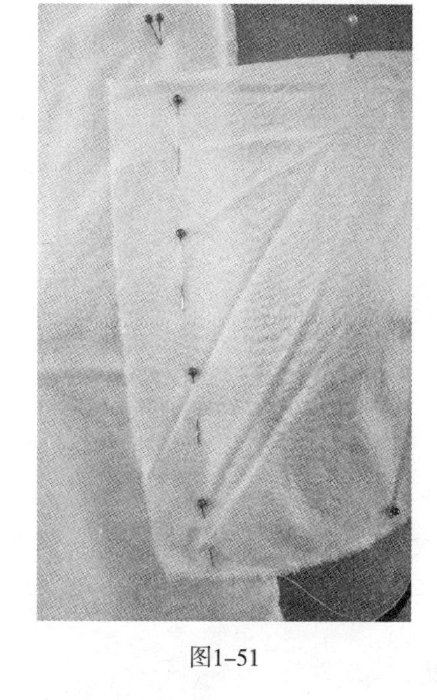

图1–51

5. 折边固定针法：用于固定下摆和袖口折边，如图1–52所示。

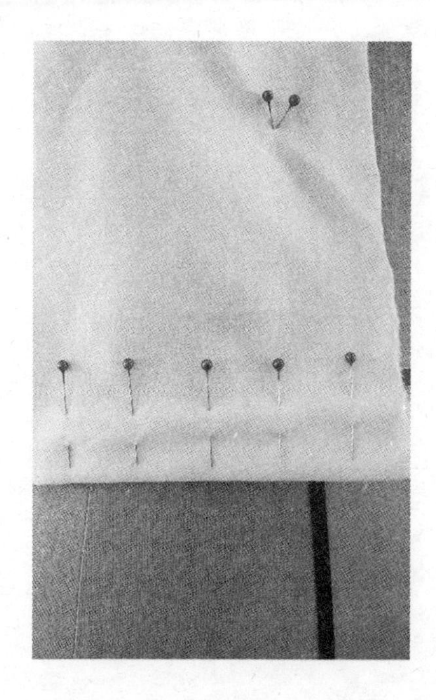

图1–52

6. 褶裥固定针法：褶裥固定针法用于固定褶裥的位置和褶裥量，通常根据款式要求的效果在用针固定之后再贴上胶带，如图1–53、图1–54所示。

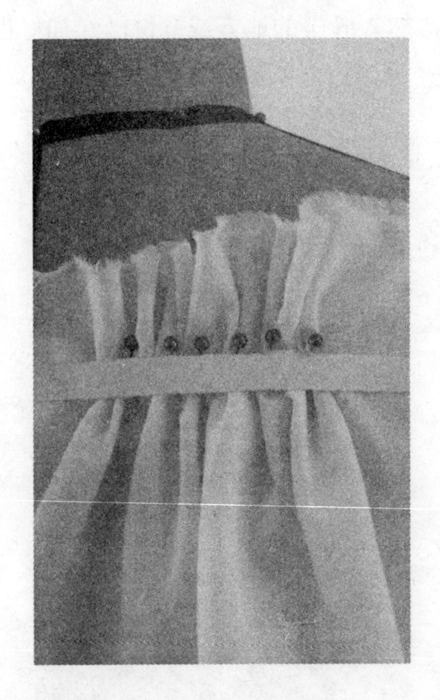

图1–53

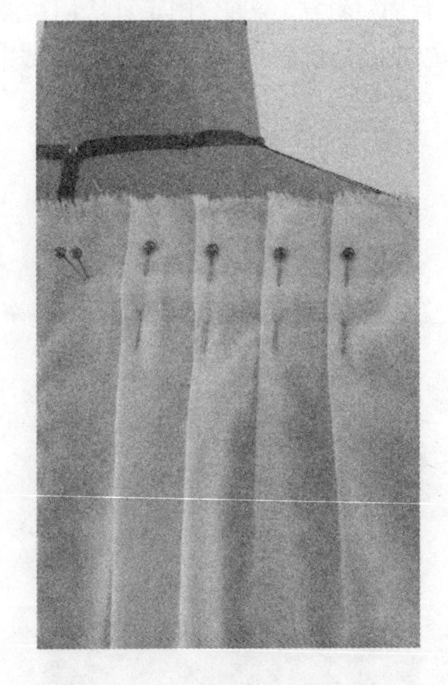

图1–54

技能作业：

1. 以所使用的人台为对象，准确地标出各部位的基准线。
2. 认真观察人体的体型特征，并按照要求完成假手臂的制作。
3. 练习对白坯布的布纹及丝缕整理。

服装基本型立体裁剪

课题名称： 服装基本型立体裁剪

课题内容： 1.衣身原型的种类

2.衣身原型立体裁剪操作

3.衣身省道转移平面结构分析

4.省道的概念及设计

5.几种省道的立体裁剪操作

上课时数： 6课时

教学提示： 教学过程中需要提示学生注意不要忽略服装放松量的加放，以及严格把关对于立裁中推抚布料技能的掌握。训练时则要求学生一定要耐心地完成立体裁剪的别合、成型及描图的全过程。

教学要求： 1.使学生掌握立体裁剪基础造型即衣身原型的基本操作手法。

2.通过立体裁剪实例使学生理解省的转移原理。

3.进一步掌握省的变化与设计规律。

4.熟悉立体裁剪的别合、成型及描图的全过程。

课前准备： 坯布1m，唛架纸1m，立体人台1个，珠针1盒，点影笔1支，长尺和剪刀各1把。

第二章　服装基本型立体裁剪

第一节　衣身原型立体裁剪

一、衣身原型的种类

原型是最基本也是最简单的纸样，是一切服装结构的基础。原型的种类有很多。根据不同需求选用不同的原型，是完成服装结构制图获得板型的捷径之一。

1. 日本文化式原型所呈现的造型，前后衣片均为垂直的箱型，后肩部收省，适合为直身型造型的服装做基础板型。

2. 前梯型后箱型并且前袖窿收省的原型，多在孕妇装设计中使用。

3. 前收紧后箱型，后肩部收省的原型，多用于前身合体、后身较宽松的服装款型。

4. 前后身均为梯型的原型，适合做宽松体服装造型的基础板型。

5. 前后紧身，前袖窿收省的原型，适合为合体服装造型做基础板型。

6. 前箱型后梯型，前袖窿收省的原型，适合于前身较直而后身表现为宽松的服装造型。

二、衣身原型立体裁剪操作

衣身原型立体裁剪是服装基本型立体裁剪的基础，这里选用前后紧身，前袖窿收省的原型为例，如图2–1所示。

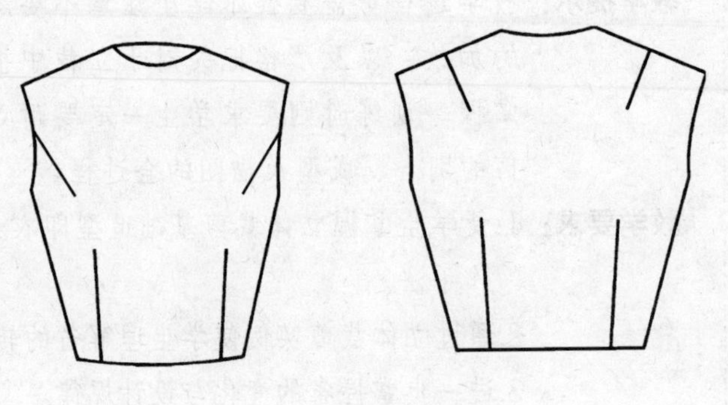

图2–1

（一）立体裁剪操作过程

1. 坯布准备：坯布准备情况如图2–2所示。

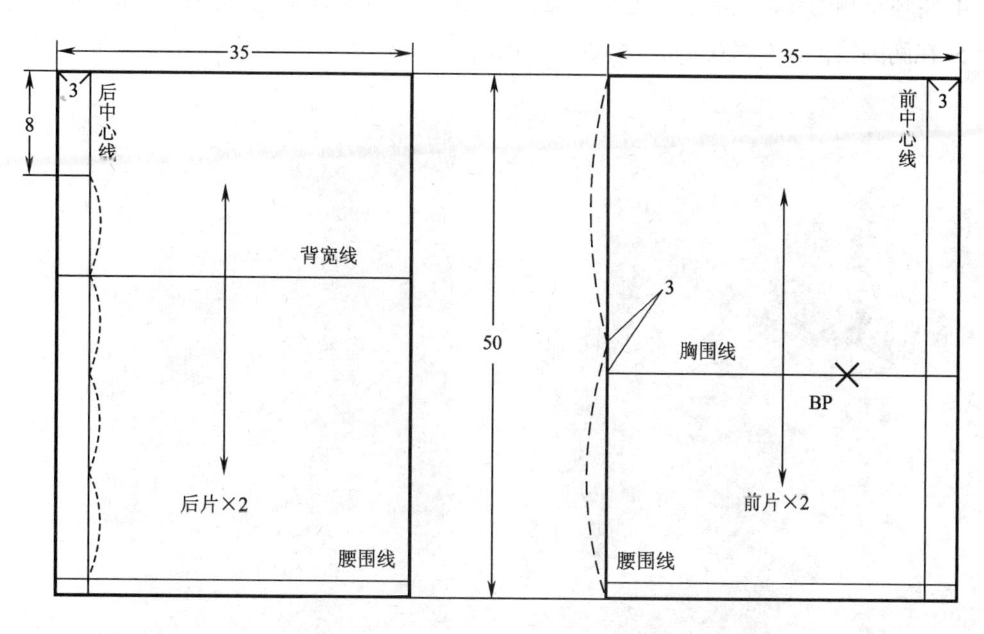

图2-2

2. 将确定好前中心线和胸围线的坯布覆于人台上，与人台上的前中心线、胸围线重合，在前中心线上、下两端用珠针将坯布固定在人台上。这时胸围线保持水平，并在胸高点用珠针固定，如图2-3所示。

3. 沿人台前领围进行裁剪。前领口缝份处打少许剪口，以消除领口处坯布的牵扯力，如图2-4所示。

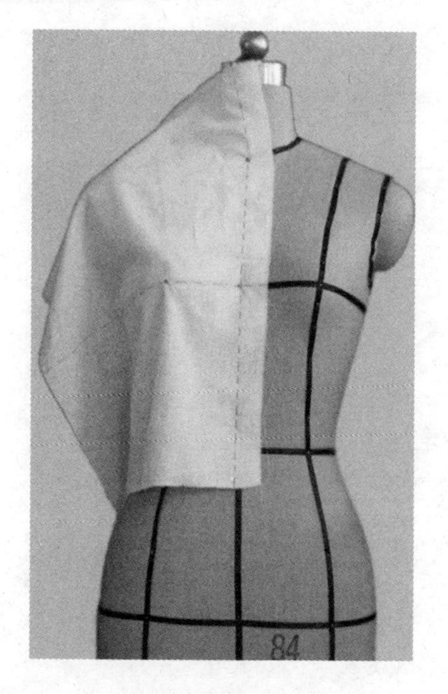

图2-3

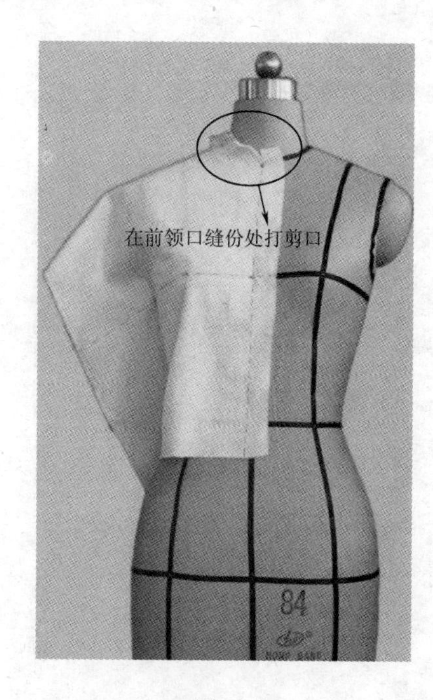

图2-4

4. 将坯布胸围线以上的余量推向袖窿处，用捏合固定针法做出袖窿省，如图2-5所示。

5. 在胸围线侧面加放0.5cm放松量，并用双针固定，如图2-6所示。

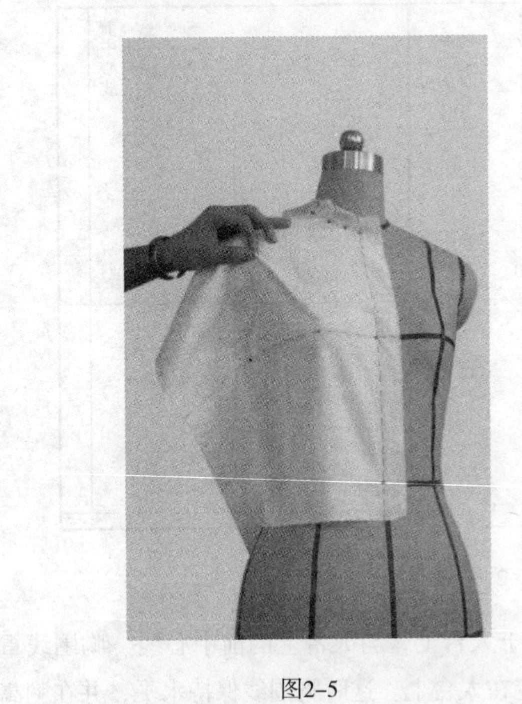

图2-5

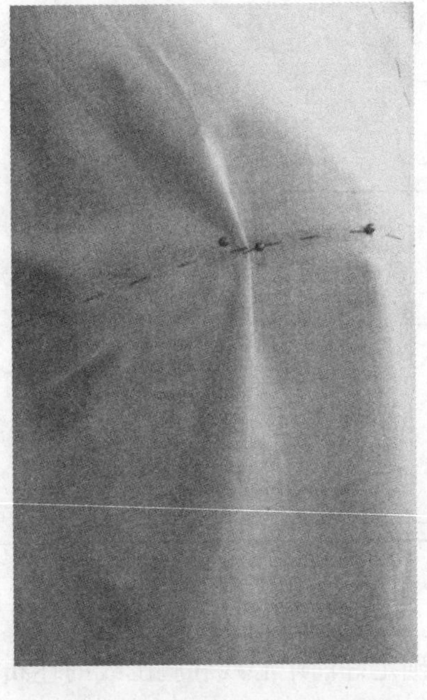

图2-6

6. 顺势往下，在腰围线处加放0.5cm放松量，并用双针固定，如图2-7所示。

7. 在侧缝位置上将坯布抚平，确定侧缝线位置并用珠针固定。沿腰围线打剪口，确定腰省的位置，前腰省量的大小用捏合固定针法进行固定并调整，如图2-8所示。

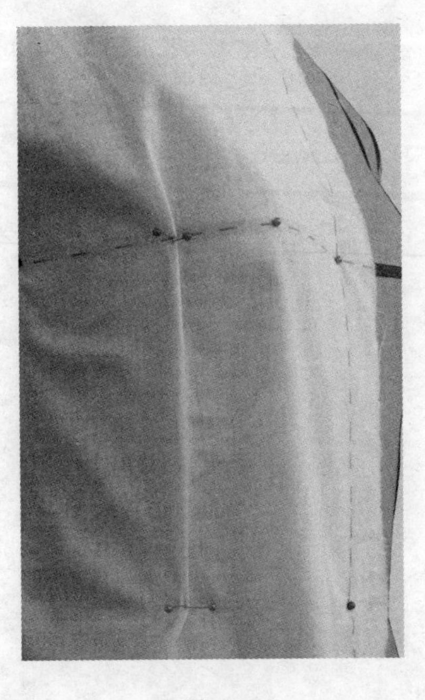

图2-7

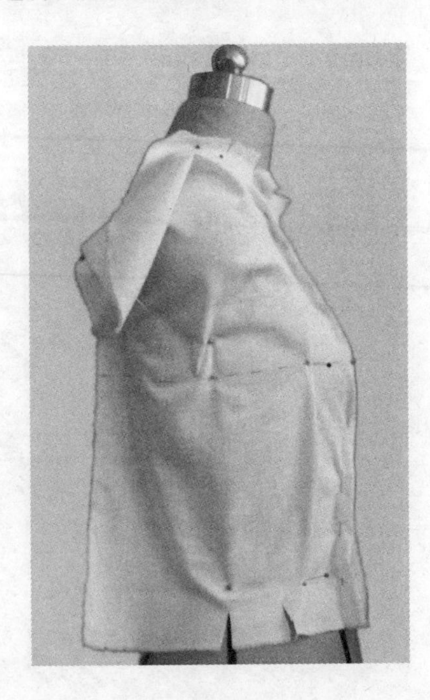

图2-8

8. 将后片坯布的后中心线与人台的后中心线相重合，用珠针采用固定针法固定坯布上、下两端，如图2-9所示。

9. 沿人台后领围进行裁剪，修剪领口线，留1cm缝份，如图2-10所示。

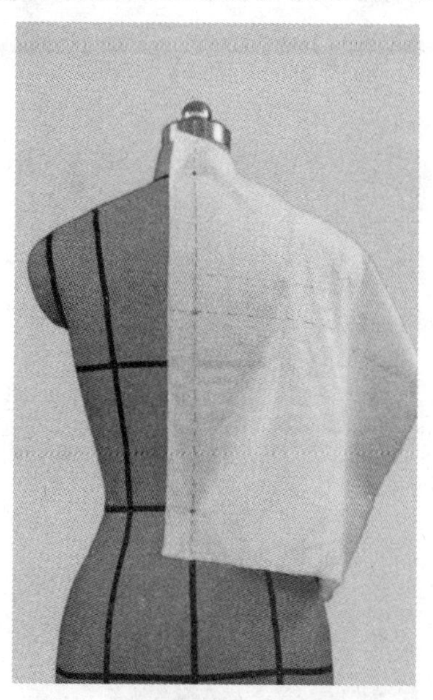

图2-9

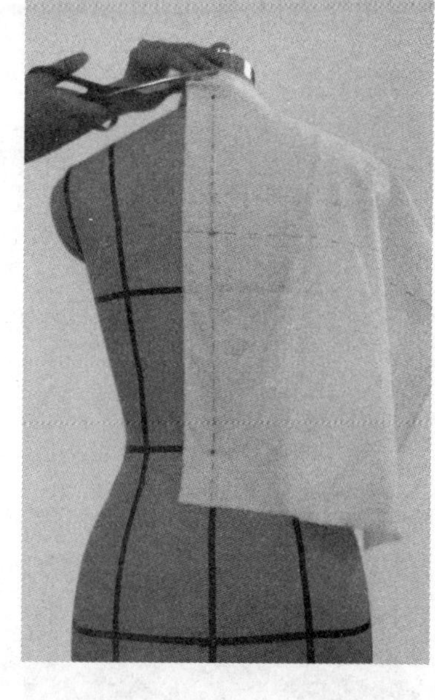

图2-10

10. 后领围处打少许剪口，以消除领口处坯布的牵扯力，如图2-11所示。

11. 背宽线水平，顺沿后袖窿弧线方向把多余的量推至肩部的中点，形成肩省，并用捏合固定针法将其固定，如图2-12所示。

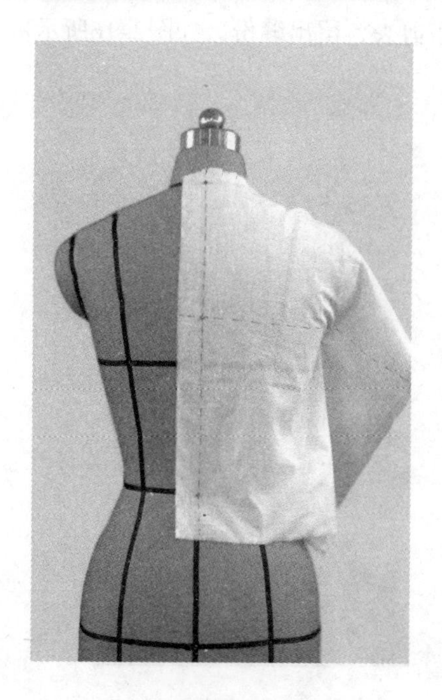

图2-11

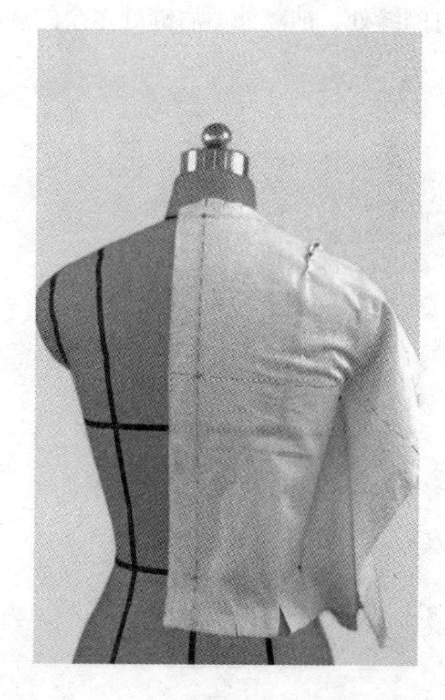

图2-12

12. 在背宽线处加放0.3cm放松量，并用双针固定；顺势向下，在腰围线处也加放0.5cm放松量，并用双针固定，如图2-13所示。

13. 捋顺侧缝线位置并用珠针固定，将腰部多余的量用捏合固定针法做成腰省，注意腰围线下端边缘可作剪口，以消除布料拉扯力，如图2-14所示。

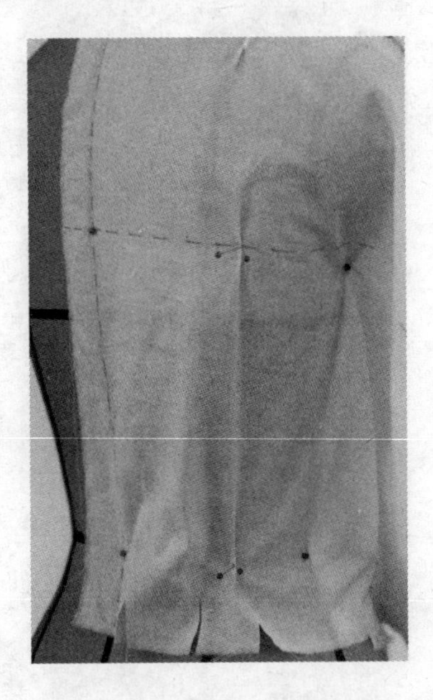

图2-13

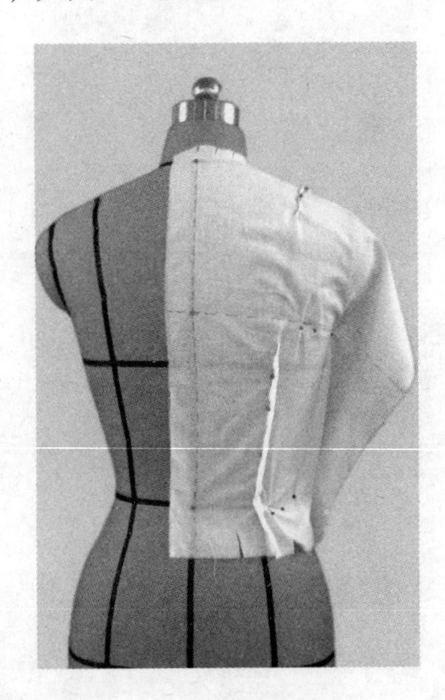

图2-14

14. 将前片与后片在肩缝处、侧缝处用捏合固定针法进行假缝并留有一定的放松量，如图2-15所示。

15. 将侧缝处、袖窿处、肩缝处多余的坯布剪去，留出缝份，如图2-16所示。

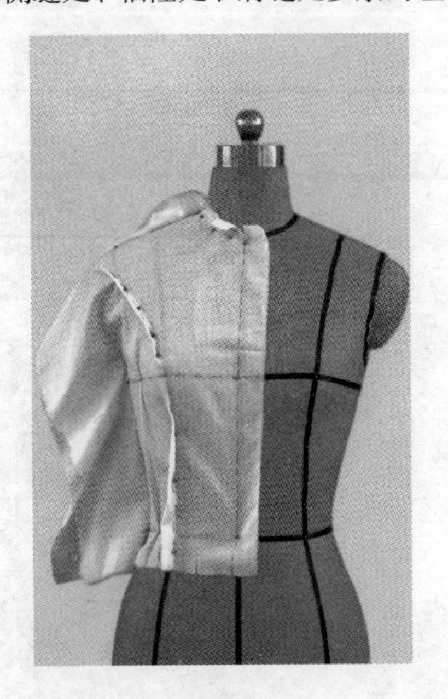

图2-15

图2-16

16. 根据裁剪的领围线、肩线、袖窿弧线、腰围线在坯布上用胶带粘贴出标示线（也可用记号笔做出点影标记），同时对省道的位置也要做标记，如图2-17所示。

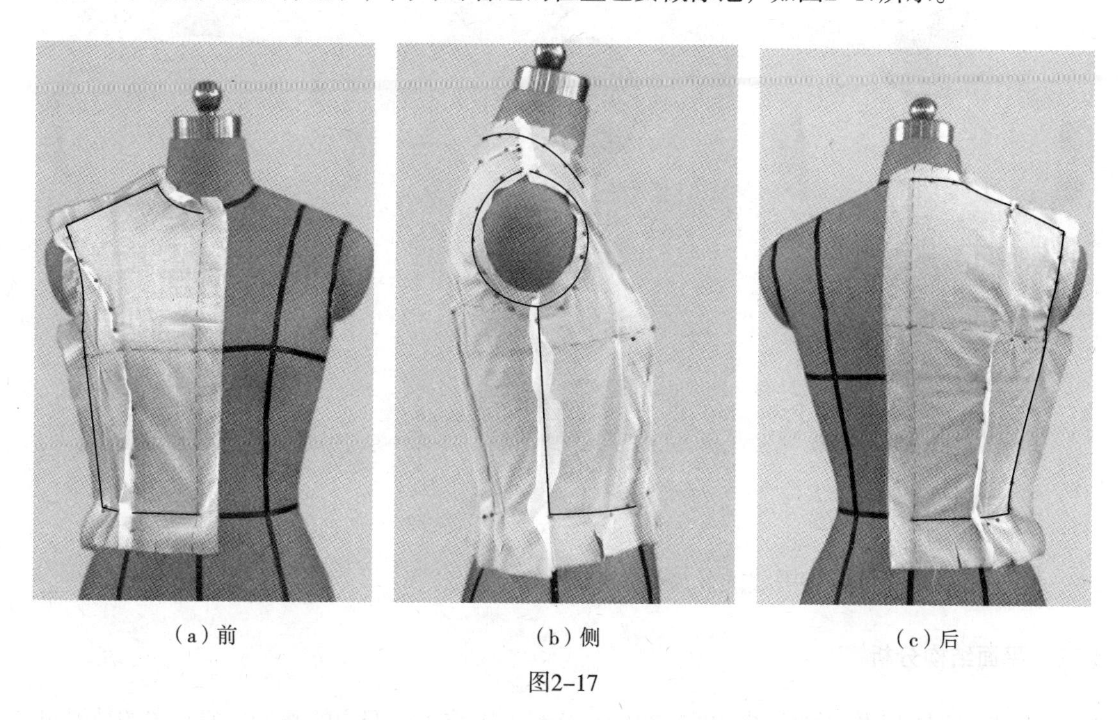

（a）前　（b）侧　（c）后

图2-17

17. 将人台上的坯布取下进行描图，得到上衣原型平面结构图，如图2-18所示。

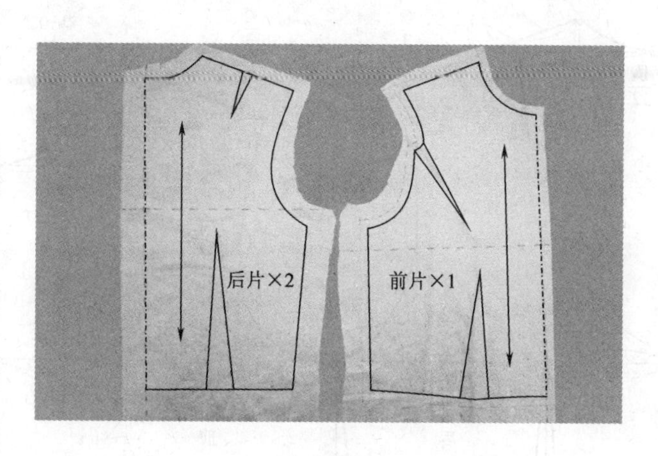

图2-18

18. 上衣原型立体效果展示如图2-19所示。

（二）立体裁剪技法重点

1. 上衣胸围、腰围及背宽的位置以及放松量的取法：用双针固定针法将各部位放松量值固定。

2. 领口线、腰围线处用打剪口的方式消除坯布的牵扯力。

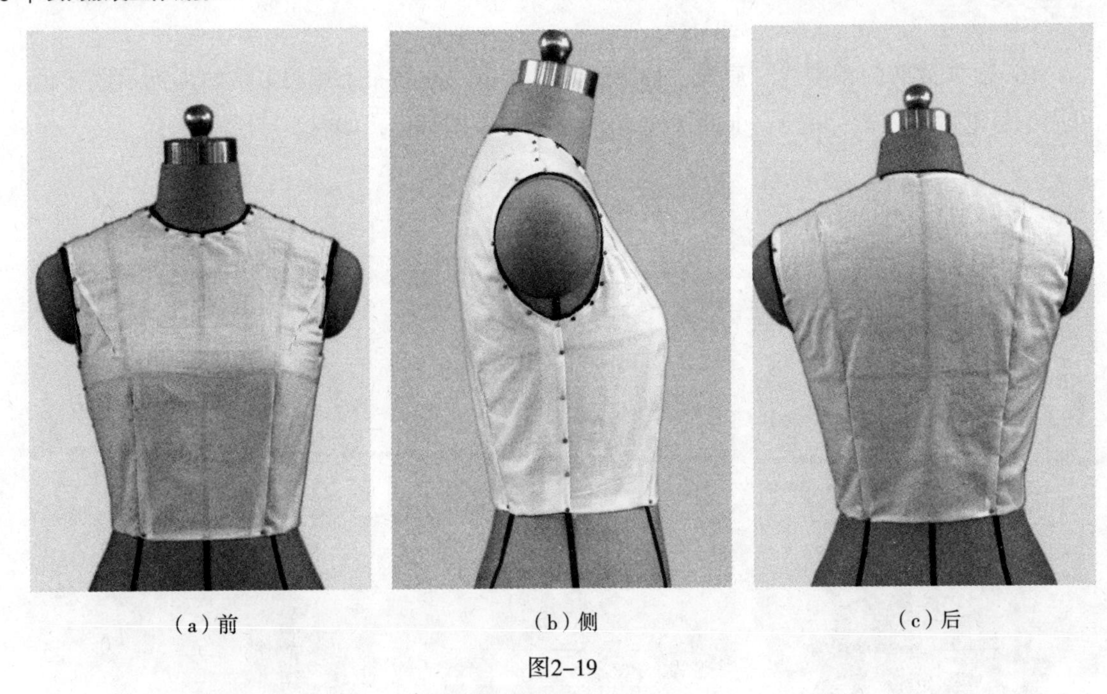

（a）前　（b）侧　（c）后

图2-19

3. 注意侧缝部位的胸围线的丝缕保持顺直。

（三）平面结构分析

女装上衣原型平面结构图如图2-20所示。在上衣前片原型中的胸省位置和省的数量可

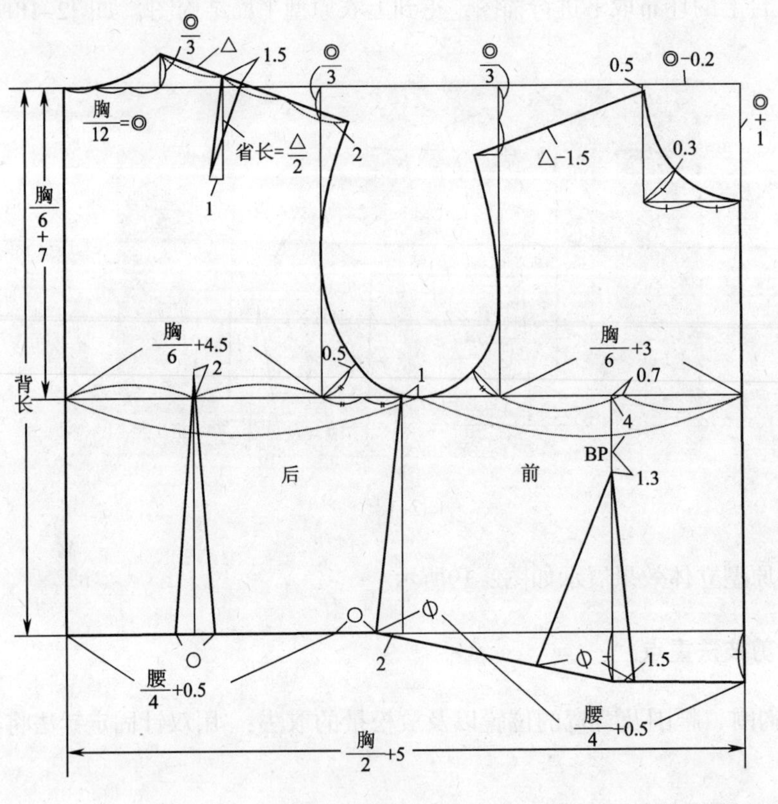

图2-20

以灵活设计。图中的“胸”指胸围净尺寸，“腰”指腰围净尺寸。女装上衣原型放松量设计是在制图过程中进行加放的。

（四）衣身放松量与放缝

在衣身（包括裙身、裤身）上放出必需的放松量与放出必要的缝份量，是衣身立体裁剪中第二个必须注意的技术问题。

1. 原型放松量的设计

（1）推移法：直接在胸宽处或背宽处推出一定的放松量，并用珠针双针固定。具体操作步骤如下：在胸宽线附近用手将坯布自侧缝处向胸宽处推出$\frac{1.5胸围总松量}{10}$，放松量的形状自肩端点至腰围线附近呈长条状，随后在胸围线侧面双针固定，如图2-21所示。背宽处沿省尖方向加放0.3cm放松量，如图2-22所示。腰围处的放松量亦可根据需要在标示线附近适当放出，腰围放松量设置如图2-23所示。臀围处的放松量设置一般分两处加放，将后臀围三等分，并在各等分处加放0.5cm，如图2-24所示。

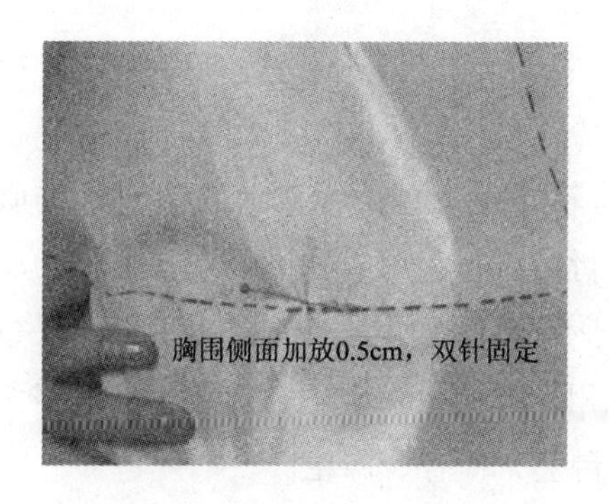

图2-21

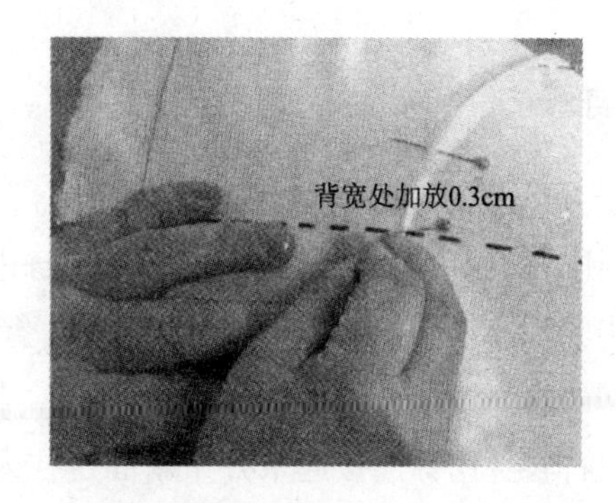

图2-22

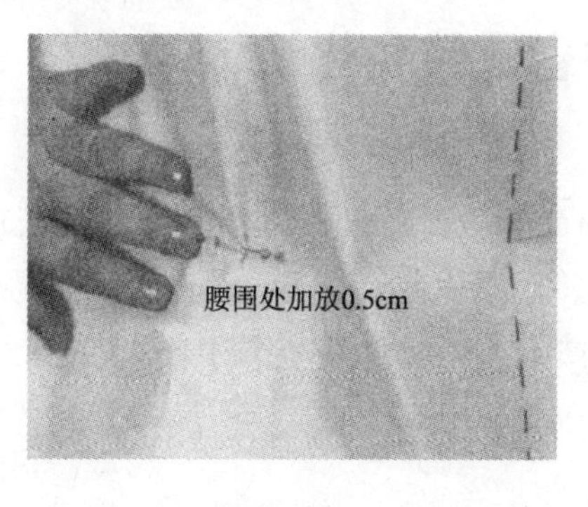

图2-23

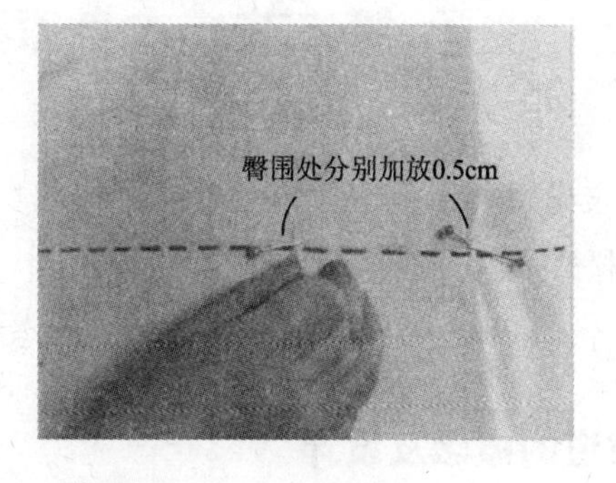

图2-24

（2）取下放置法：在立体裁剪完成之后，将衣身布样从人台上取下，直接在侧缝处加放松量。这种方法只局限于加放胸围、腰围和臀围三个部位的放松量。对于背宽处的放松量仍需要用推移法。

2. 放缝

在完成原型上衣前、后片的立体裁剪后取下布样，根据裁剪过程中的点影标记画顺衣身原型轮廓线。在轮廓线外围加放缝份，其中前中心和后中心处缝份不变，其他部位如领口、肩线、袖窿、侧缝、腰围处均加放1cm缝份剪下衣片布样，如图2–25、图2–26所示。

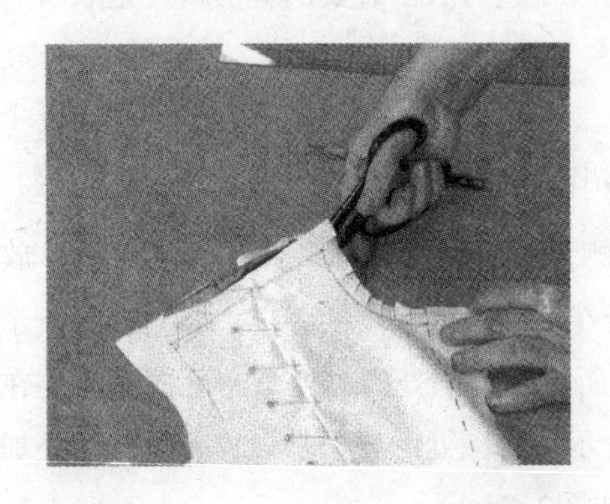

图2–25

图2–26

（五）衣身修正

由于立体裁剪的技术难度较大，裁剪部位较难保证精确。对于左右对称的服装款式常常只制作右衣身，而左衣身则根据右衣身进行裁剪，因此衣身的修正是必不可少的。衣身修正步骤如下：将布样从人台上取下，置于平台上，用熨斗烫平；用打样尺重新描顺领口线、袖窿弧线以及侧缝线、肩线等；检查相关部位是否合理，再依据右衣身裁剪左衣身；将左右衣身用针连接起来并重新固定在人台上，检查、修正。

第二节　衣身原型省道的变化设计

在衣身原型的立体裁剪中可以看到衣身的造型呈现出两种基本状态：宽松式与合体式。宽松式表现为面料与人体是一种离体状态，形成一定的空间；而合体式则是面料与人体相贴合，呈现出贴体状态，这种贴体状态的产生关键就在于省道的变化设计。

一、省道的概念及设计

省道是服装制作中对余量部分的一种处理形式。省道的产生源自于将二维的面料置于三维的人体上，由于人体的凹凸起伏、围度的落差比、宽松程度以及适体程度的高低，决定了面料在人体的许多部位呈现出松散状态，将这些松散量以一种集约式的形式处理便形成了省道的概念。省道的产生使服装造型由传统的平面造型走向了真正意义上的立体造型，立体裁剪中省道设计的原理实际上遵循的是凸点射线的原理，即以凸点为中心进行的省道设计。例如，围绕胸高点的设计可以引发出无数条省道，除了最基本的胸腰省以外，还可以设计成肩省、袖窿省、领口省、前中心省、腋下省等，都是围绕着一个尖点部位即胸高点对余缺部位进行处理的形式——省的表现形式。根据这样的原理，肩胛省、臀腰省、肘省等都可以进行省道变化设计。

二、省道的立体裁剪操作

前衣身省道变化很丰富，它可以围绕胸高点进行360° 的旋转，而后衣身省道分为肩背省和腰省两部分，这两者不能合并为一，并且只能以各自的省尖点为中心进行省道的设计。下面将以前衣身为例讲述几种省道的立体裁剪方法。

(一)腰省

腰省是最基本的一种省的形式，将全部余量转至胸点下方，如图2-27所示。

1. 坯布准备：坯布准备情况如图2-28所示。

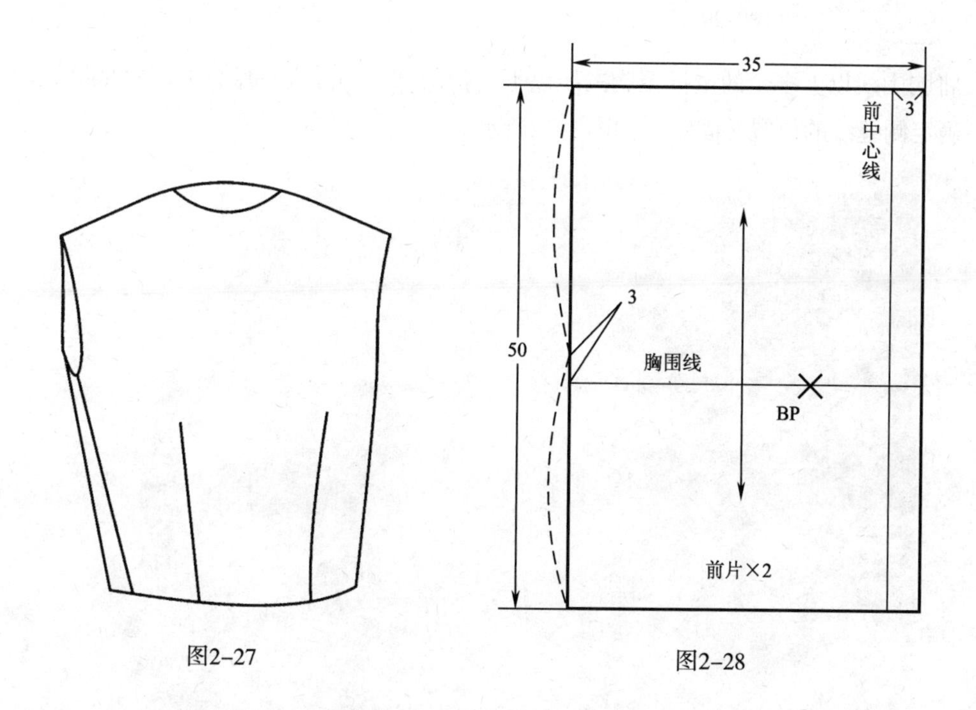

图2-27　　图2-28

2. 将确定好前中心线、胸围线的前身坯布覆于人台上，与人台上的前中心线、胸围线重合，在前中心和胸点处各用珠针固定在人台上，如图2-29所示。

3. 沿人台前领围线进行裁剪。领口缝份处打少许剪口，以消除领口处坯布的牵扯力，如图2-30所示。

4. 在胸围线侧面加放0.5cm放松量，并用双针固定。顺势向下，在腰围线处加放0.5cm放松量，并用双针固定，如图2-31所示。

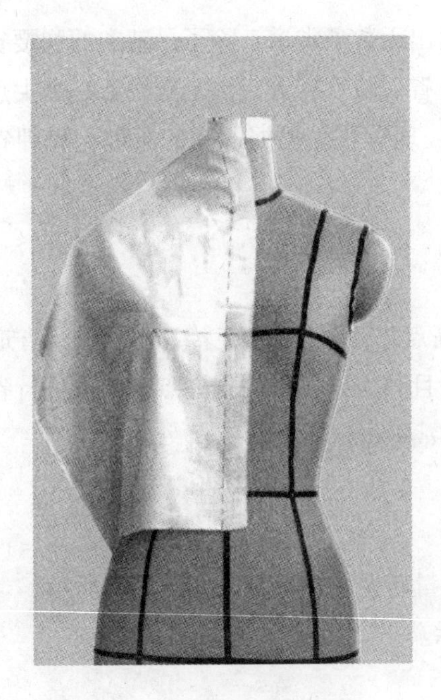

图2-29

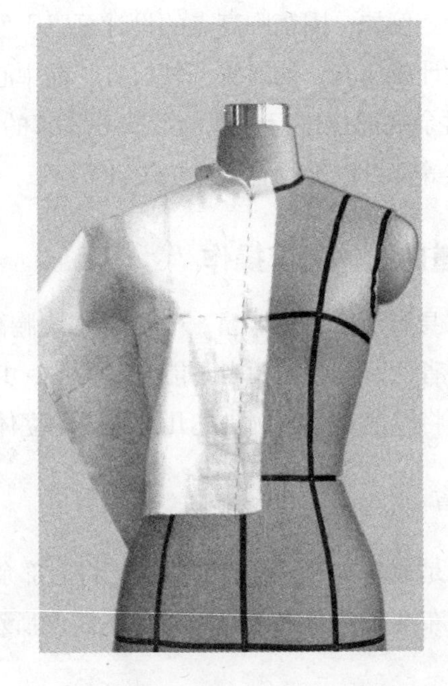

图2-30

5. 将胸围线以上多余的量推至胸围线以下，使肩部、袖窿处平服，同时将侧缝处丝缕捋平，确定侧缝线的位置并固定，如图2-32所示。

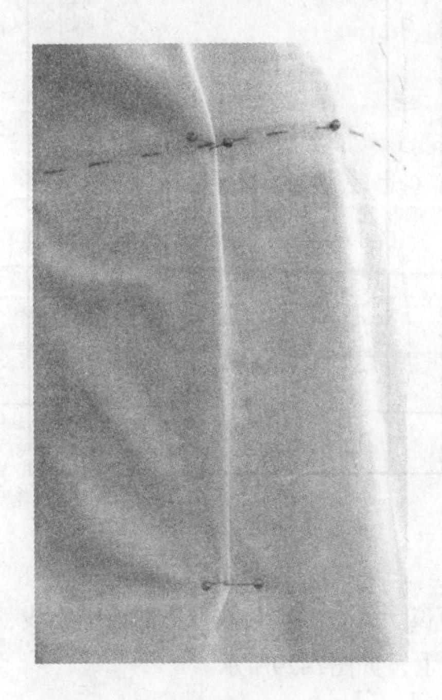

图2-31

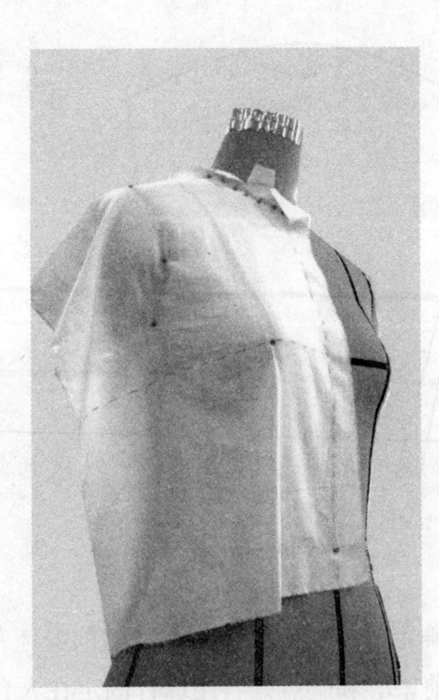

图2-32

6. 胸高点以下的布料余量即为腰省量，如图2-33所示。

7. 沿腰围线缝份打剪口以消除坯布的牵扯力，捏出腰省，省道指向胸高点。用捏合固定针法固定腰省，如图2–34所示。

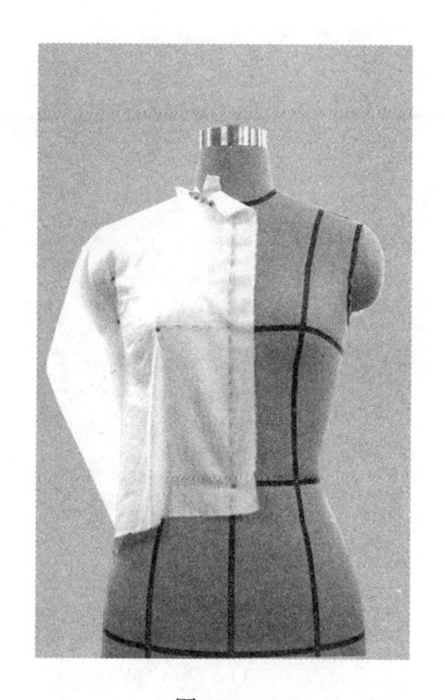

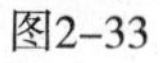

图2–33

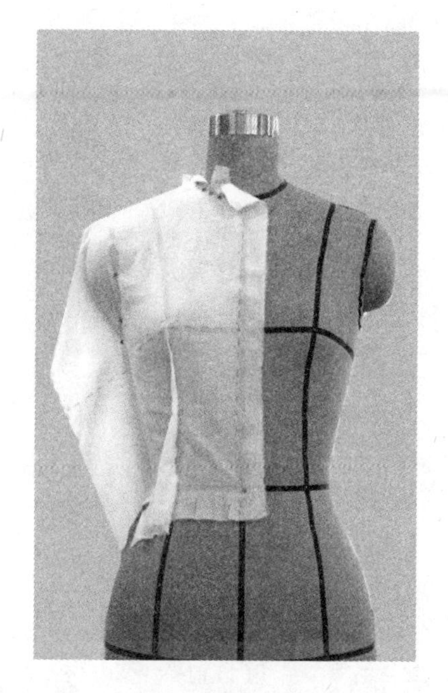

图2–34

8. 用胶带标出领口线、肩线、袖窿弧线、侧缝线、腰围线（也可用记号笔），同时确定腰省的位置及大小，如图2–35所示。

9. 把人台上取下的布样进行描图，得到省道变化后的腰省平面结构图，如图2–36所示。

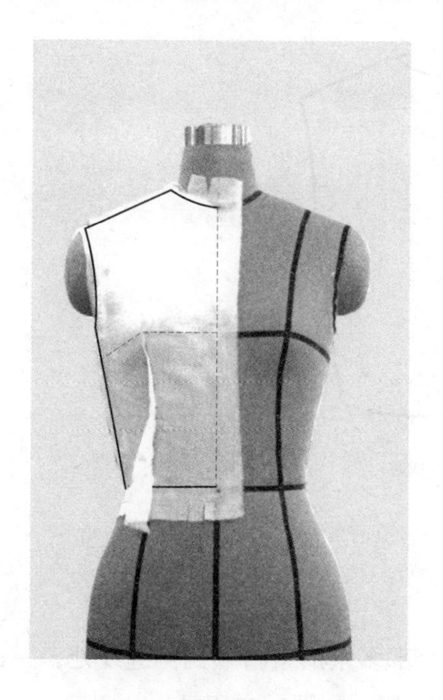

图2–35

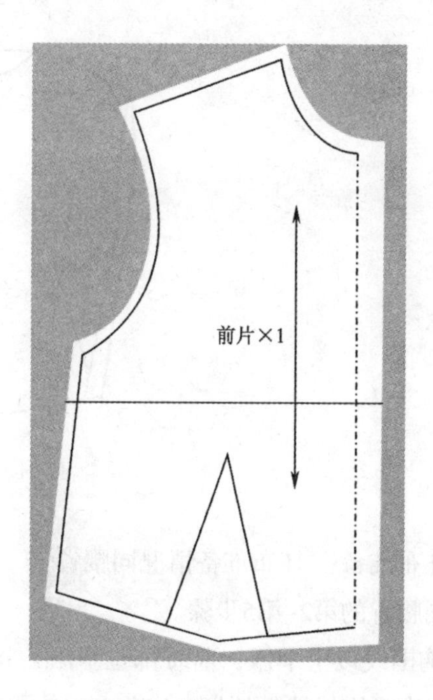

图2–36

10. 腰省款式立体效果展示如图2–37所示。

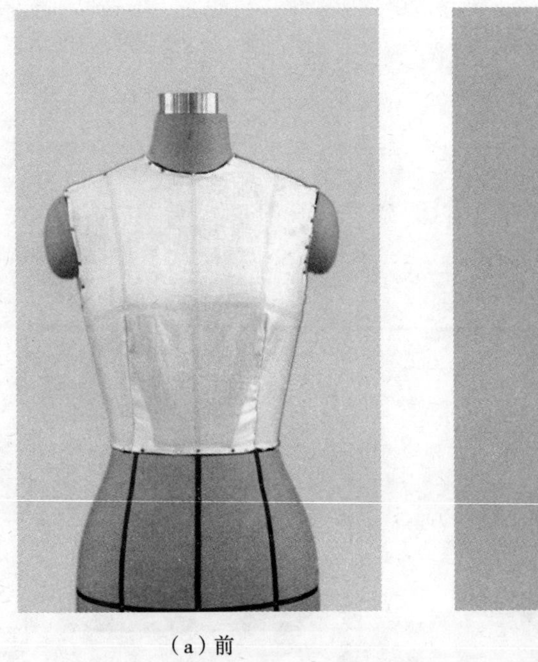

（a）前

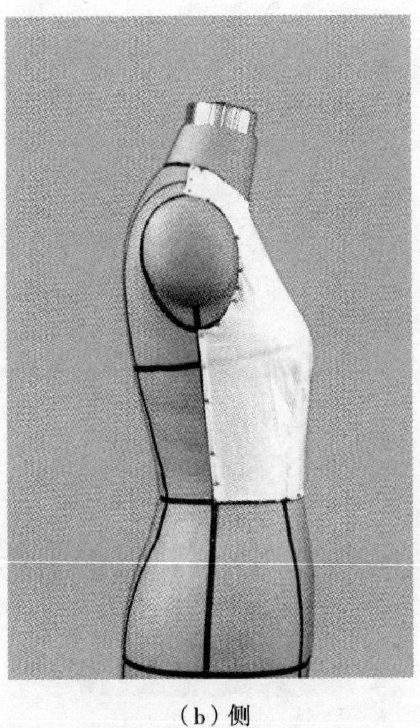

（b）侧

图2–37

（二）侧胸省

将前片全部余量转移到侧缝处形成侧胸省，如图2–38所示。

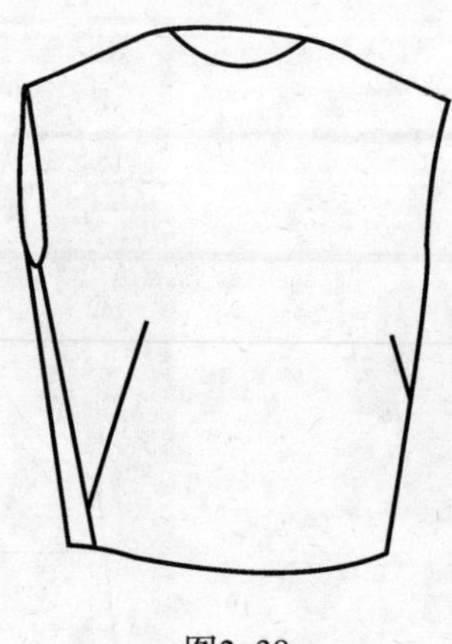

图2–38

1. 坯布准备：坯布准备情况同腰省。

2. 同腰省的第2~第5步骤。

3. 胸围线以上平服，前腰部位平服，将全部多余的量捋顺到侧缝线处，一边捋平腰部，一边在腰围线缝份处打少许剪口，使腰部平服，如图2–39所示。

4. 在侧缝处抓合出侧胸省，并用捏合固定针法做好侧胸省，如图2–40所示。

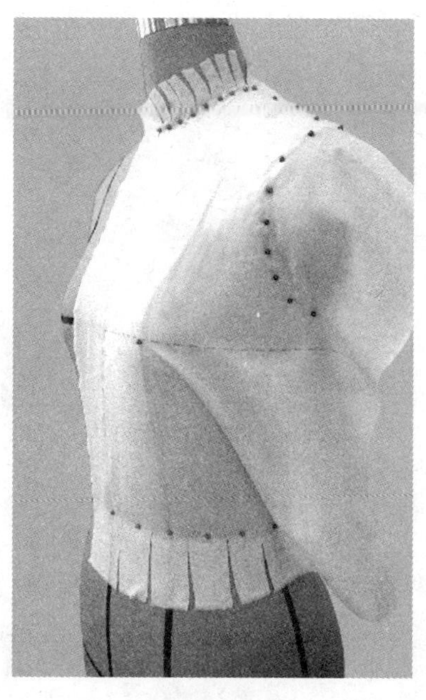

图2–39　　　　图2–40

5. 在领口线、肩线、袖窿弧线、侧缝线处做出标记（可用记号笔点影，也可以用胶带粘贴），如图2–41所示。

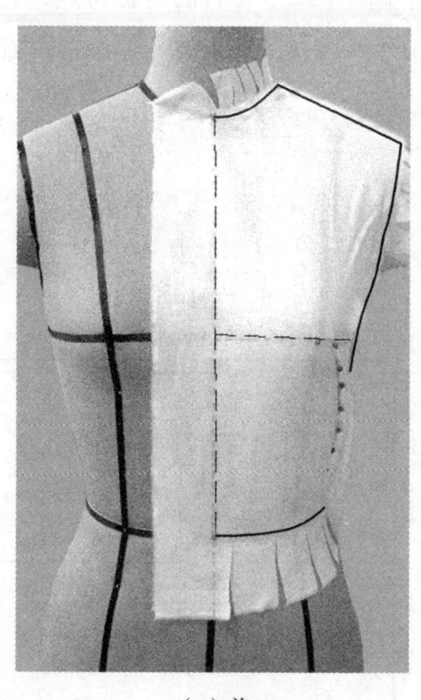

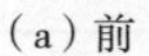

（a）前

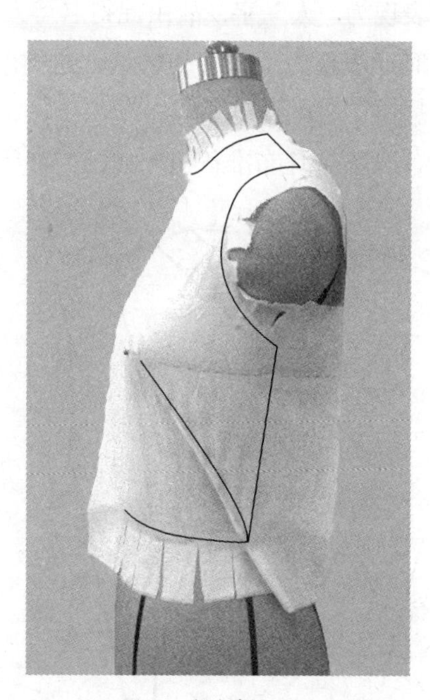

（b）侧

图2–41

6. 把人台上取下的布样进行描图，得到省道变化后的侧胸省平面结构图，如图2-42所示。

7. 侧胸省款式立体效果展示如图2-43所示。

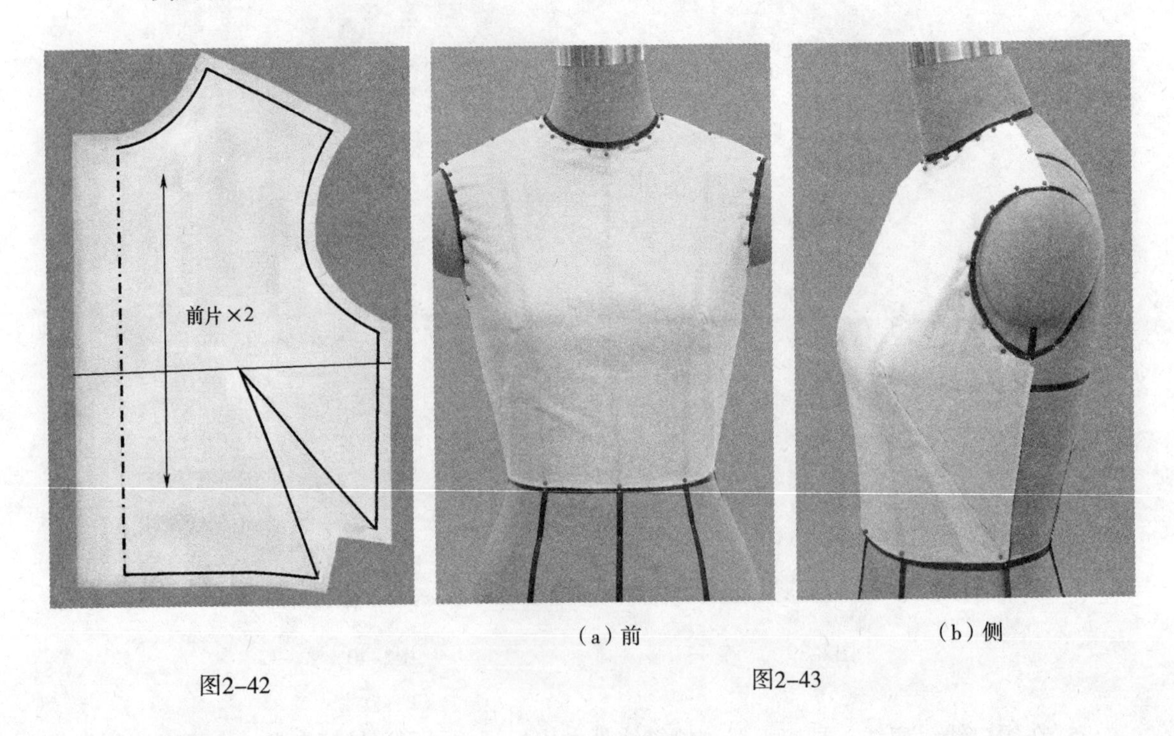

（a）前　（b）侧

图2-42　图2-43

（三）人字省

省形表现为“人”字，故由此得名。人字省不同于以上各省的对称特点，它表现为不对称，同时还表现为子母省的特点，这类的省还包括Y型省、T型省等。人字省款式如图2-44所示。

1. 坯布准备：坯布准备情况如图2-45所示。

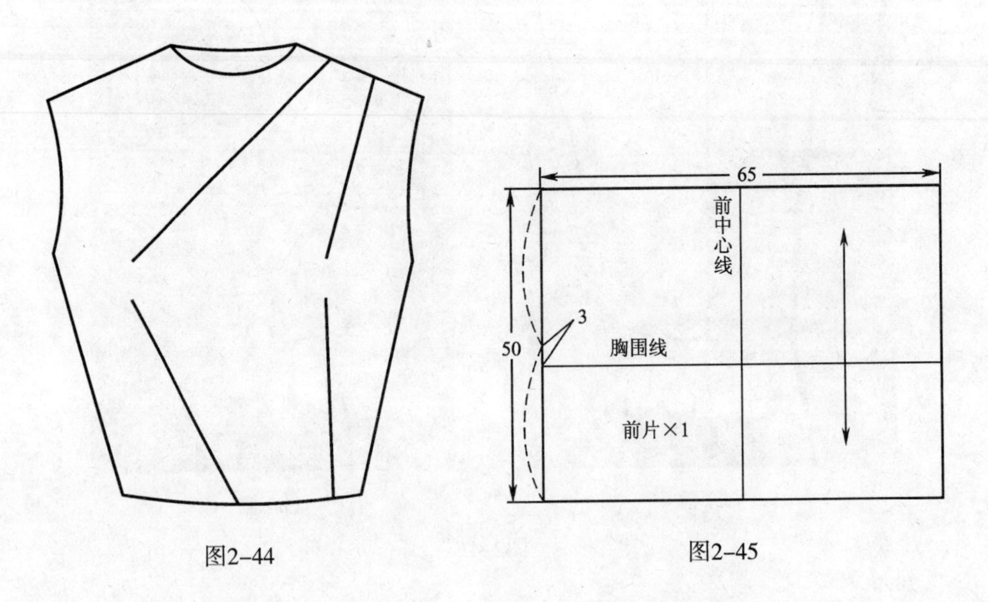

图2-44　图2-45

2. 将确定好前中心线、胸围线的坯布覆于人台上，与人台的前中心线、胸围线重合，并在前中心线上、下两端用珠针将坯布固定在人台上。这时胸围线保持水平，在胸高点用珠针固定，如图2–46所示。

3. 在胸部居中加放0.5cm放松量，并用双针固定。顺势向下在腰围处也加放0.5cm放松量，如图2–47所示。

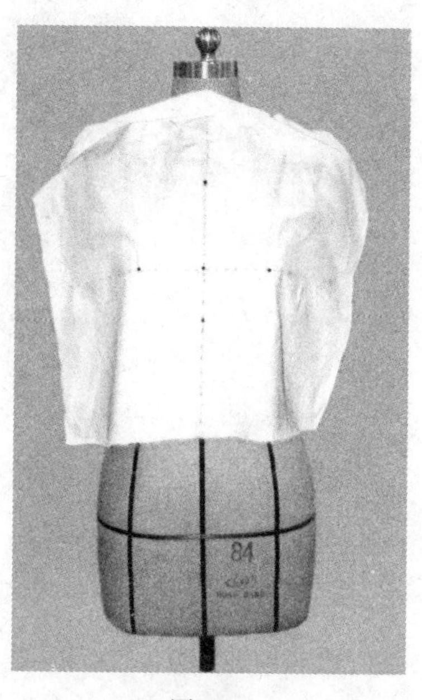

图2–46

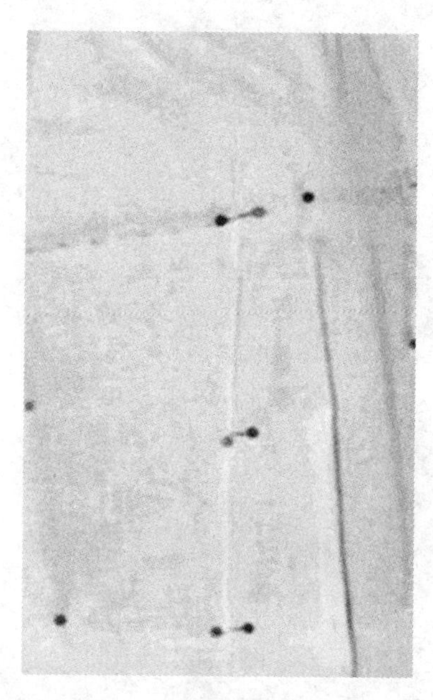
图2–47

4. 固定右侧缝。注意使侧缝处丝缕顺直，如图2–48所示。

5. 将坯布从袖窿底向肩及领口处自然平顺推抚，把多余的量全部推至左肩，如图2–49所示。

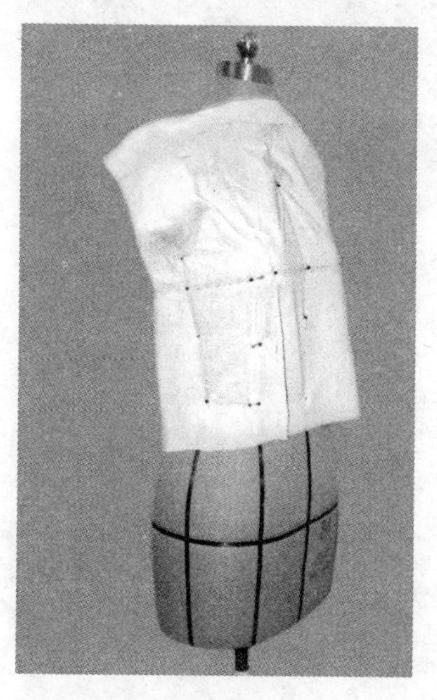
图2–48

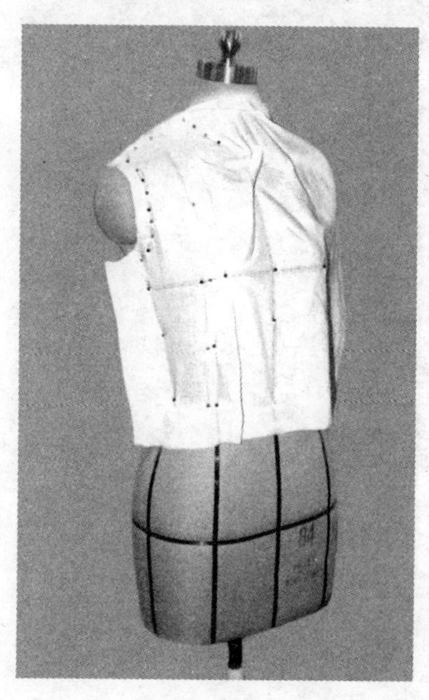

图2–49

6. 沿领围线裁剪，在领口预留缝份上打剪口以消除坯布的牵扯力，如图2-50所示。

7. 固定左侧缝，然后将坯布上的胸围线与人台的胸围线重合，由袖窿底部向肩部自然推抚坯布，将多余的量推至左肩，如图2-51所示。

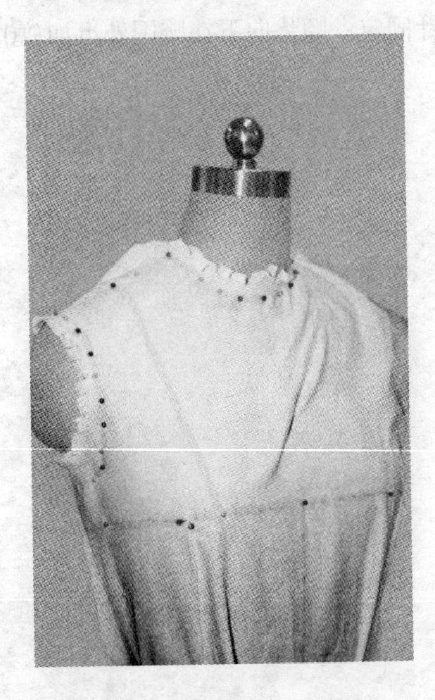

图2-50

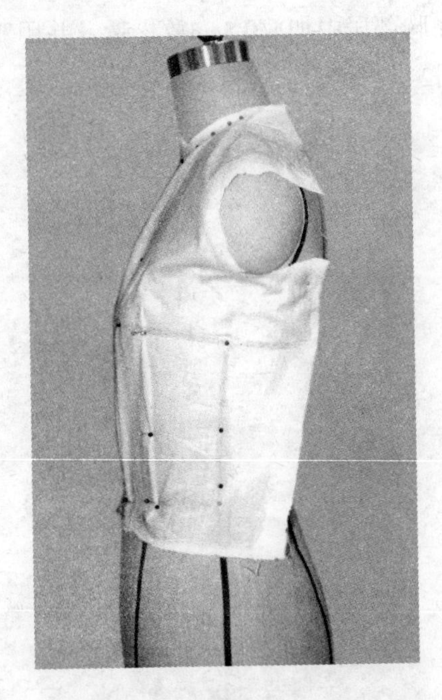

图2-51

8. 在左肩分别做出两个肩省，两省尖点距左、右胸高点均为1.3cm，如图2-52所示。

9. 分别做出左、右腰省，两省尖点距左、右胸高点均为1.3cm，如图2-53所示。

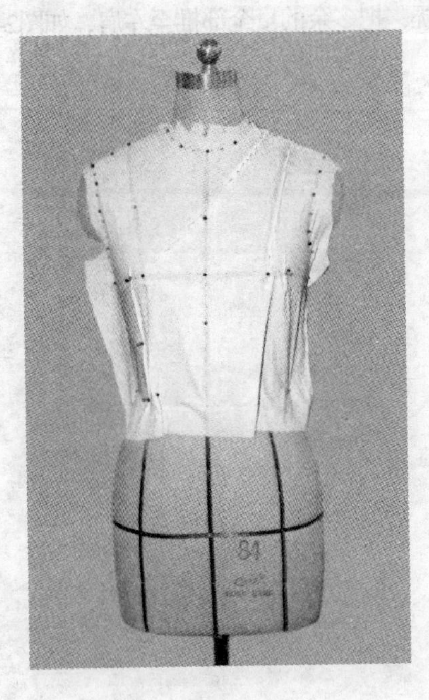

图2-52

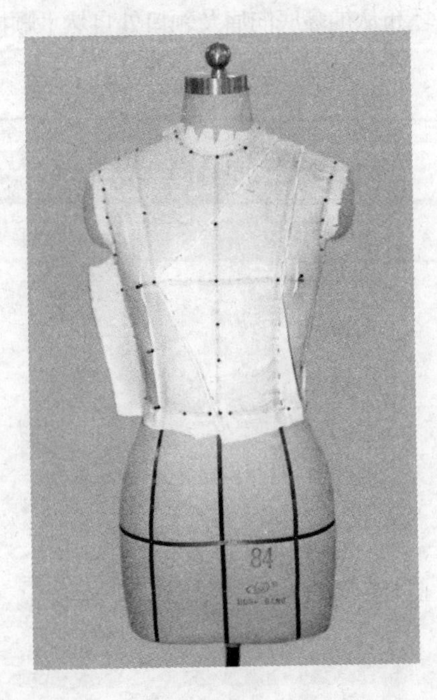

图2-53

10. 在领口线、肩线、袖窿弧线、侧缝线以及腰围线处做标记（可用记号笔点影，也可以用胶带粘贴），同时做出腰省和人字省的位置、大小的标记，如图2–54所示。

11. 把人台上取下的布样进行描图，修剪布边，缝份1cm，得到省道变化后的人字省平面结构图，如图2–55所示。

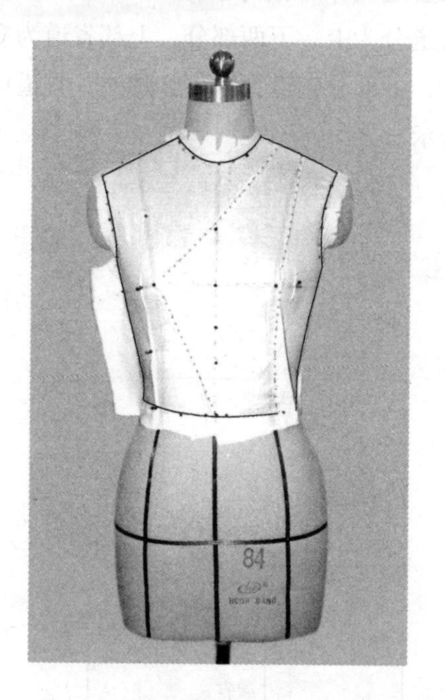

图2–54

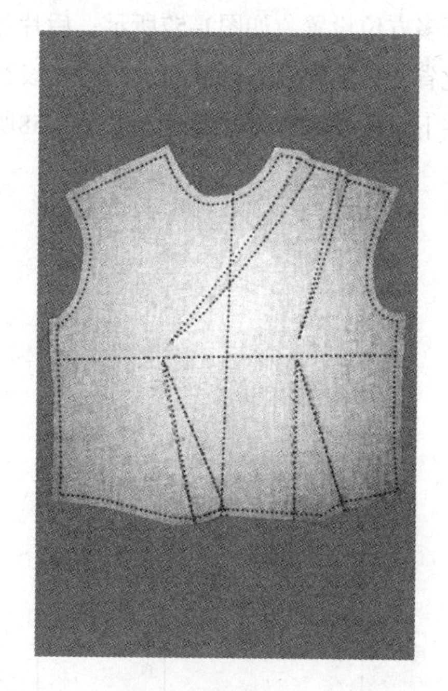

图2–55

12. 人字省款式立体效果如图2–56所示。

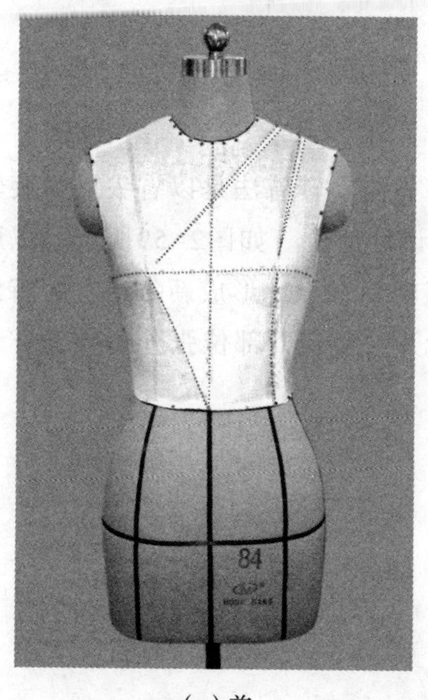

（a）前

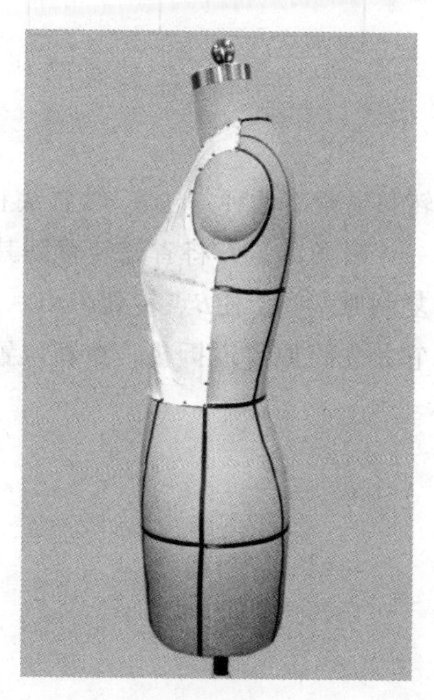

（b）侧

图2–56

三、衣身省道转移平面结构分析

女体的胸围与腰围差决定了平面的面料覆在立体人体曲面上形成的空隙大小，上衣省道的设计则是处理这一空隙的方法之一。上衣省道设计前、后片不同，前片省道可围绕胸高点进行多方位设置，如图2-57所示；后片省道分为上、下两部分，上部省道为肩胛骨服务，因此省道只能在上方区域内进行转移设计，下部分省道为解决胸腰差，省道可以围绕省尖点在下方区域进行转移设计，如图2-58所示。

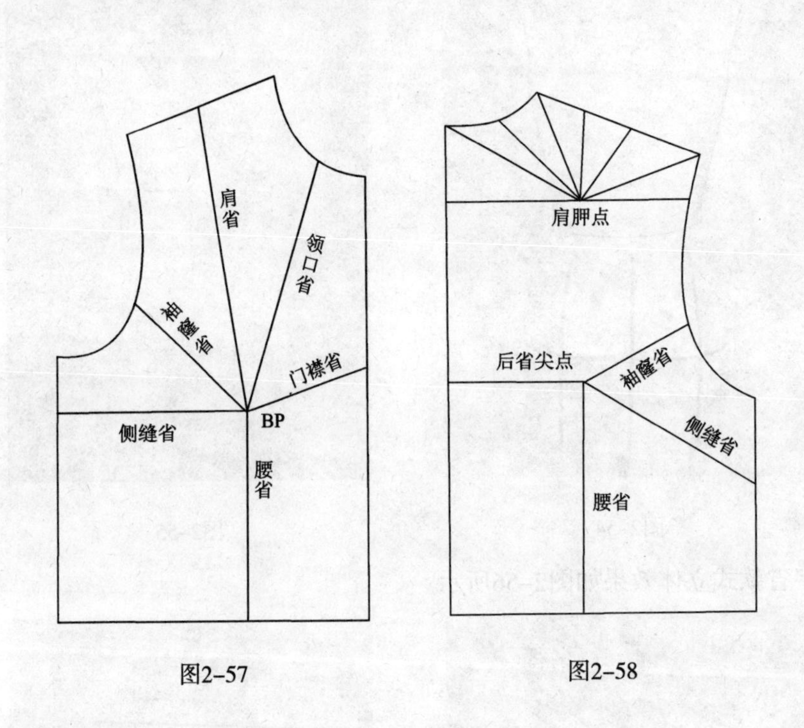

图2-57 图2-58

省道转移通常有两种方法：转省法和剪省法。转省法是以省尖点为旋转中心，衣身旋转一个省角的量，将省道转移到其他设计部位。如图2-59所示，以胸高点为中心旋转复制原型省，使*B*点转到*B′*点、*A*点转到*A′*点，形成新省道。剪省法操作较为复杂，它是先将原省道折叠，在新位置剪开，使剪开部位张开形成新省道，如图2-60所示。

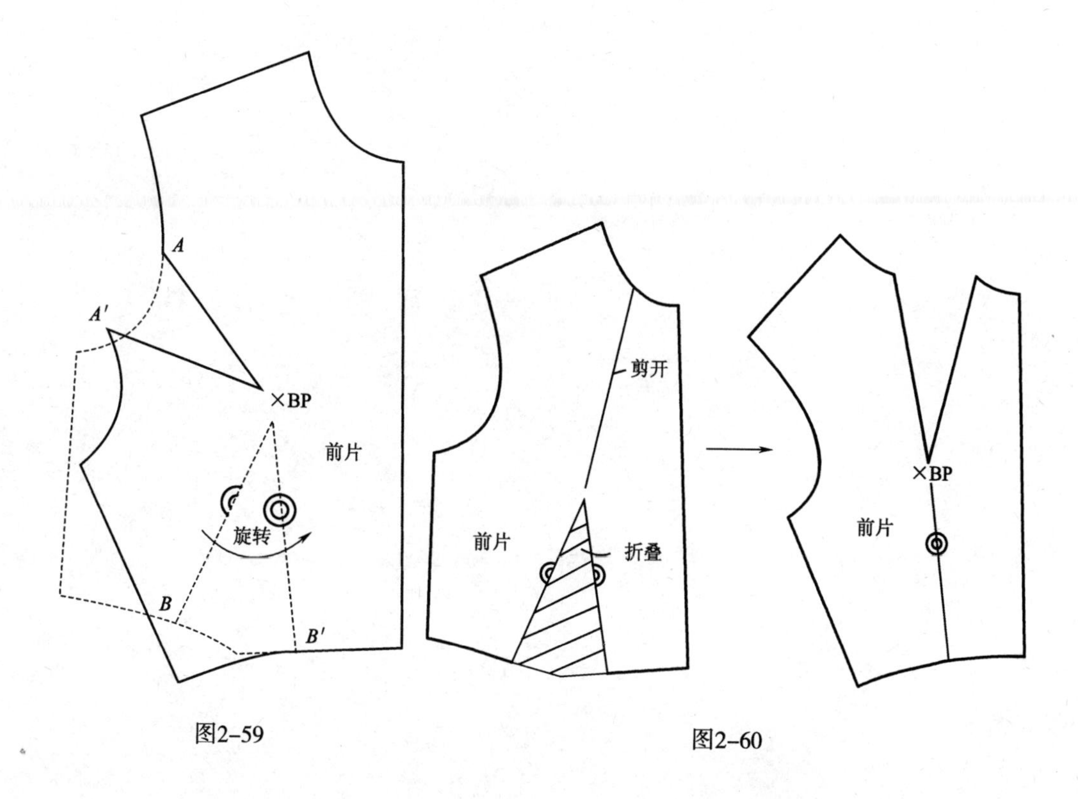

图2-59　　　　　　　　图2-60

技能作业：

1. 用正确的别合手法完成衣身原型的基础操作步骤，掌握别合、成型及描图的方法。

2. 熟练完成衣身原型不同位置的省道转移操作，掌握单个省道和组合省道的转移方法。

3. 灵活运用衣身省道变化，完成对衣身原型的结构设计和造型设计操作。

基础训练——

服装立体裁剪实用篇

课题名称： 服装立体裁剪实用篇

课题内容： 1.上衣立体裁剪方法实例讲解：公主线上衣和抽褶上衣

2.裙子立体裁剪方法实例讲解：直身裙、波浪裙、拼片裙、育克褶裥裙、抽褶裙

3.袖子立体裁剪方法实例讲解：原型一片袖、喇叭袖、袖山抽褶袖、袖口抽褶袖、插肩袖和合体两片袖

4.领子立体裁剪方法实例讲解：旗袍领、两用领、校服领、十字型驳头西装领、连身领和荷叶领

5.成衣立体裁剪方法实例讲解：公主线分割连衣裙、腰部分割垂褶领连衣裙、基本型女衬衫、女普通西短裤、女式牛仔短裤、女正装马甲、女戗驳领双排扣西服、女直线型大衣

6.文胸及泳装立体裁剪方法实例讲解：T杯文胸、连身游装

上课时数： 20课时

教学提示： 本章主要以实例形式介绍服装的基础款式，如上衣、裙子、领子、袖子及成衣、文胸及泳装的立体裁剪操作方法。本章在教学过程中注意贯穿立裁与平裁相结合的思想，将立裁的实际成品与平裁纸样进行对比学习，加深学生对所学知识的理解。适当布置和讲解本章作业要领，并保留在课堂上提问和交流的时间。

教学要求： 1.要求学生能够准确地把握各种类型服装的操作方法和空间加放量。

2.使学生掌握不同种类的领型、袖型的立体裁剪技巧。

课前准备： 坯布5m，唛架纸5m，不同程度弹性布料3m，立体人台1个，珠针1盒，点影笔1支，长尺和剪刀各1把，以及一些成衣展示作品。

第三章　服装立体裁剪实用篇

第一节　上衣立体裁剪

一、公主线上衣

公主线上衣是因上衣款式有从肩线经过胸围线到腰围线位置的分割线设计而得名。公主线又称纵向功能性分割线，它的设计能使服装穿着更合体，且从情感特征上给人一种上升的感觉，因而多用在女装上衣和连衣裙款式中，以表现女性修长的体态。公主线上衣的款式如图3-1所示。

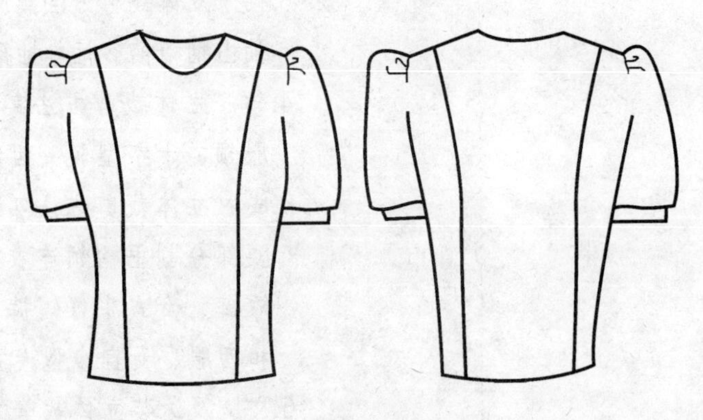

图3-1

(一)立体裁剪操作

1. 坯布准备：坯布准备情况如图3-2所示。

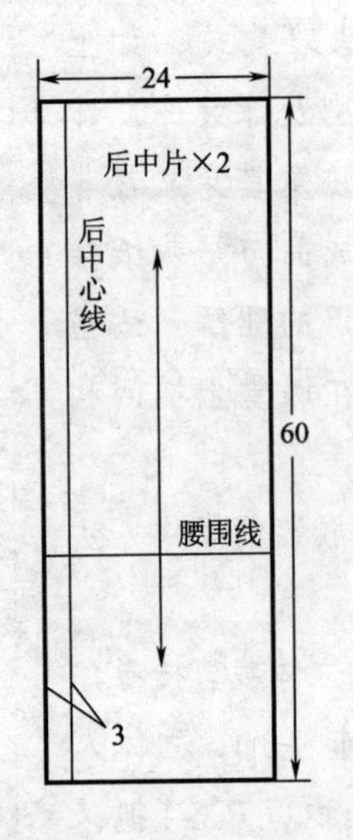

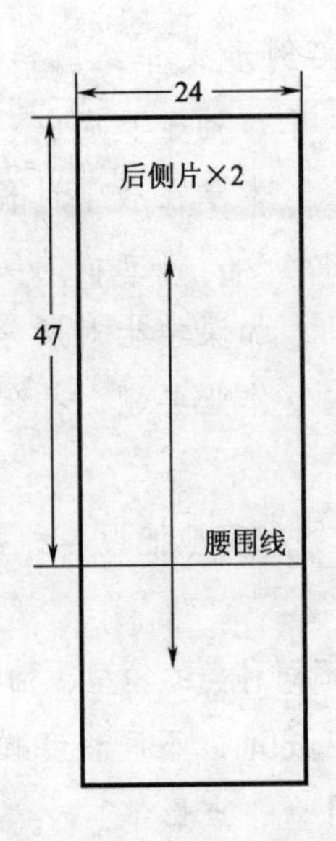

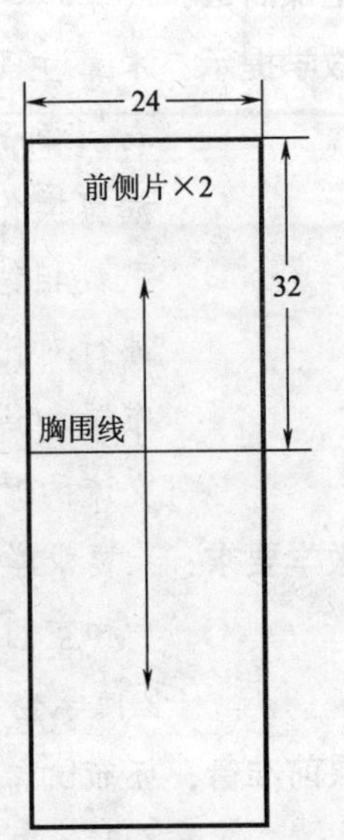

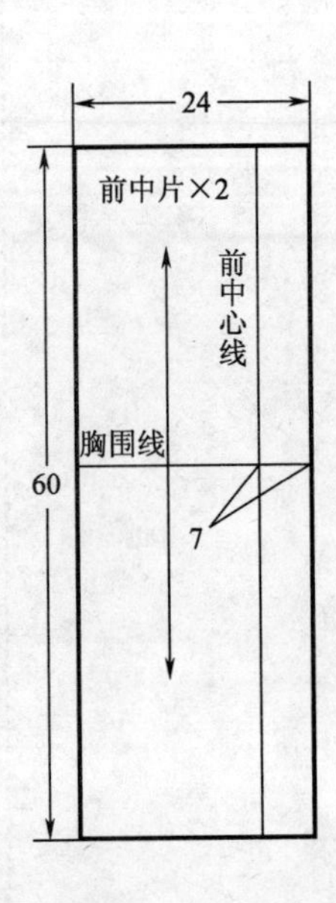

图3-2

2. 前中片的前中心线、胸围线分别与人台的前中心线和胸围线重合，在前中心线上、下两端用珠针固定。注意前中心处可增加放入一支铅笔左右的放松量，如图3-3所示。

3. 胸高点以上部分，边抚平坯布、边固定领口，领围线处打剪口，以消除坯布的牵扯力，如图3-4所示。

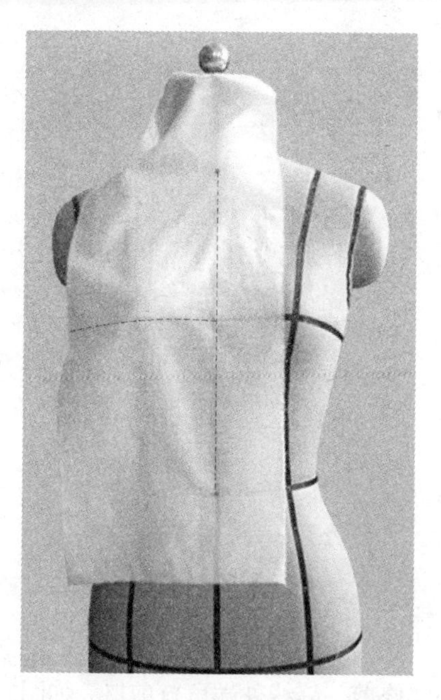

图3-3

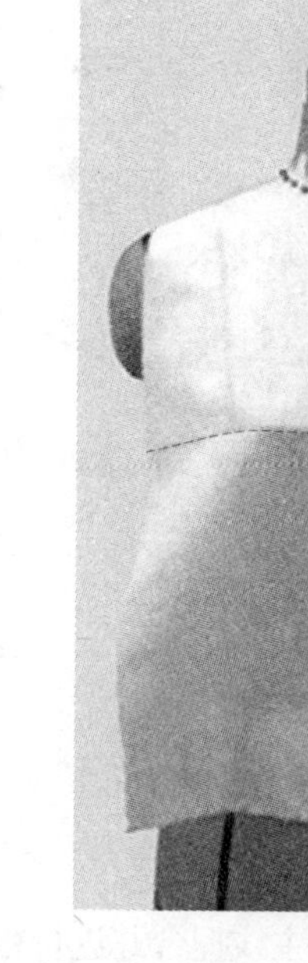

图3-4

4. 在腰围线处打剪口，抚平前中片并固定，如图3-5所示。

5. 在领围线、肩线、公主线、腰围线上，每间距1cm点影，如图3-6所示。

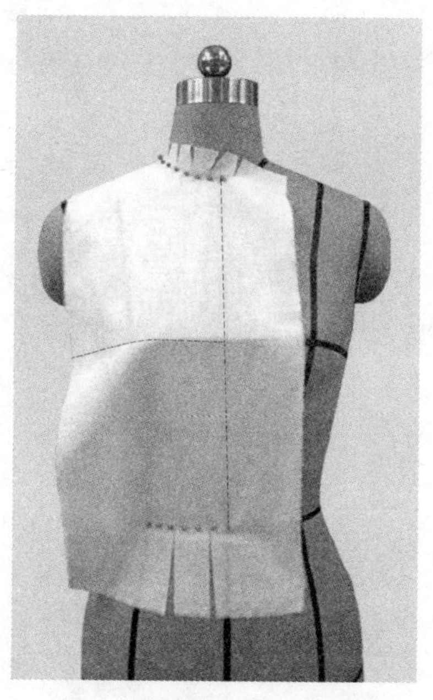

图3-5

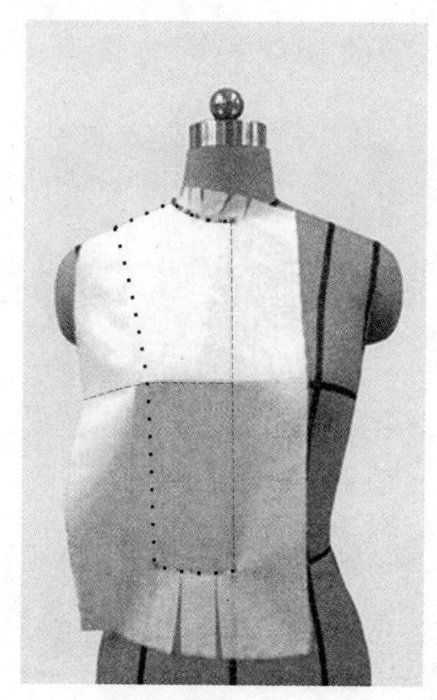

图3-6

6. 取前侧片布样，使胸围线与人台胸围线重合，胸围居中加放0.5cm放松量，并用双针固定。顺势向下，腰围处也加放0.5cm放松量，并用双针固定，如图3–7所示。

7. 在腰围线处打剪口，抚平并固定，如图3–8所示。

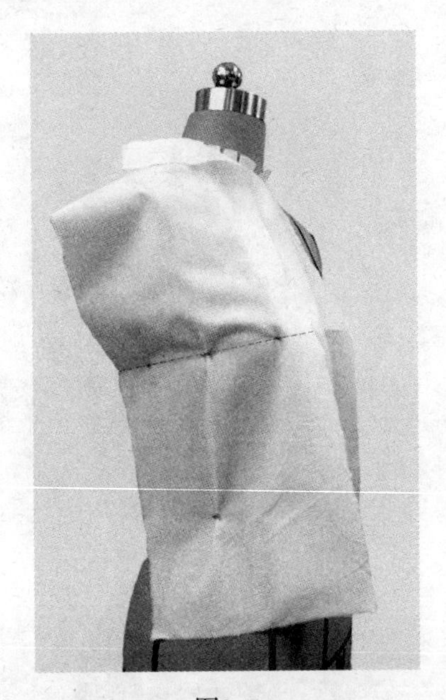

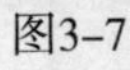

图3–7

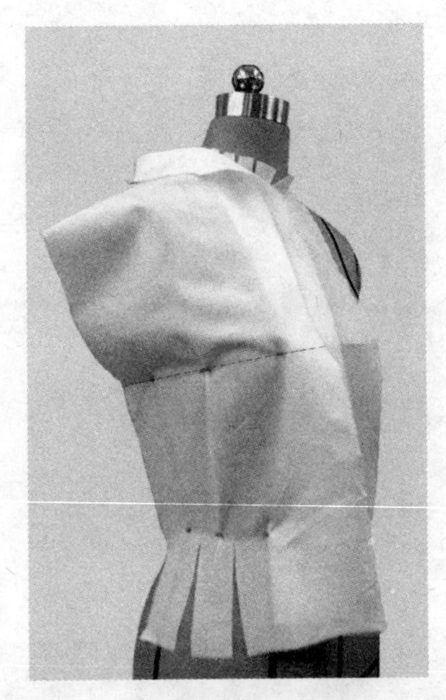

图3–8

8. 将前侧片与前中片沿公主线捏合并进行粗略修剪，缝线外端可打剪口，如图3–9所示。

9. 固定肩缝、侧缝，然后修剪袖窿并打剪口。在操作过程中注意上、下、左、右的平衡以及丝缕的顺直，并在肩线、侧缝线、腰围线、袖窿弧线上点影标记，完成前片立体裁剪，如图3–10所示。

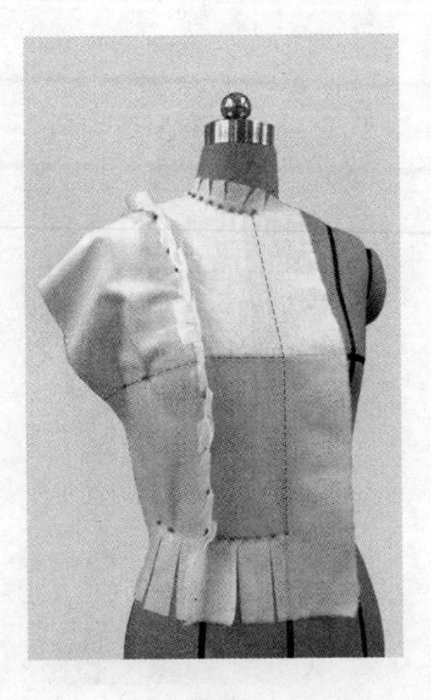

图3–9

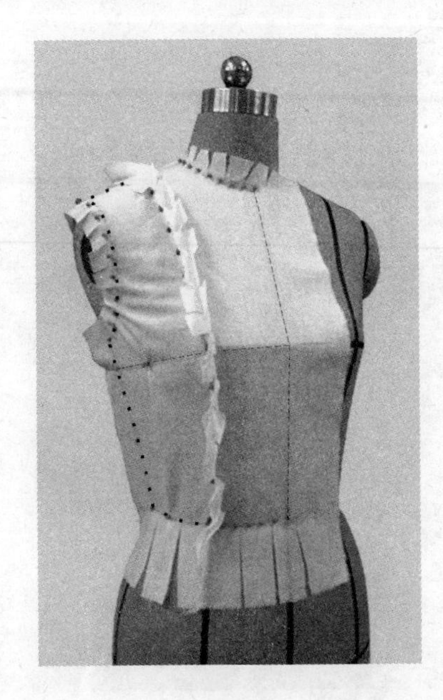

图3–10

10. 将后中片布样上的后中心线与人台后中心线重合，上、下两端用珠针固定，如图3-11所示。

11. 腰围线以上的坯布，边抚平、边剪出领围线，领围线处打剪口以消除坯布的牵扯力，如图3-12所示。

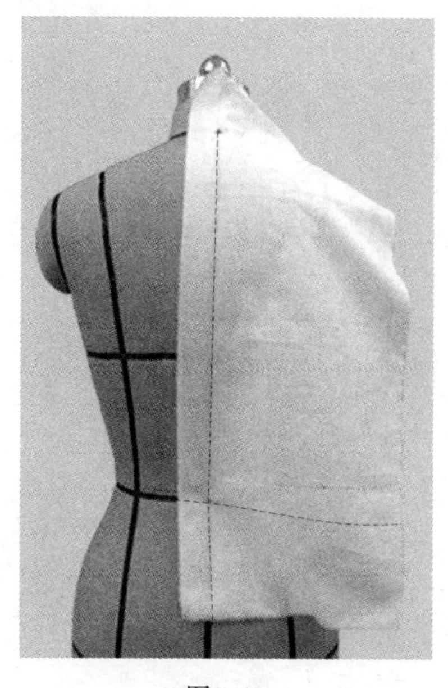
图3-11

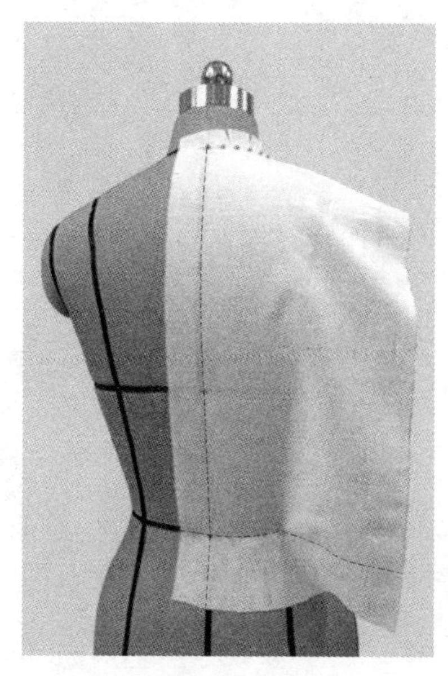
图3-12

12. 在腰围线处打剪口，抚平后中片并固定，如图3-13所示。

13. 在领围线、肩线、公主线、腰围线上，每间距1cm点影，如图3-14所示。

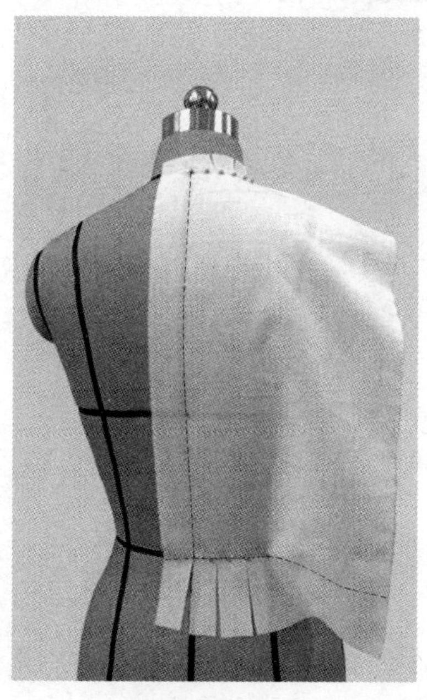
图3-13

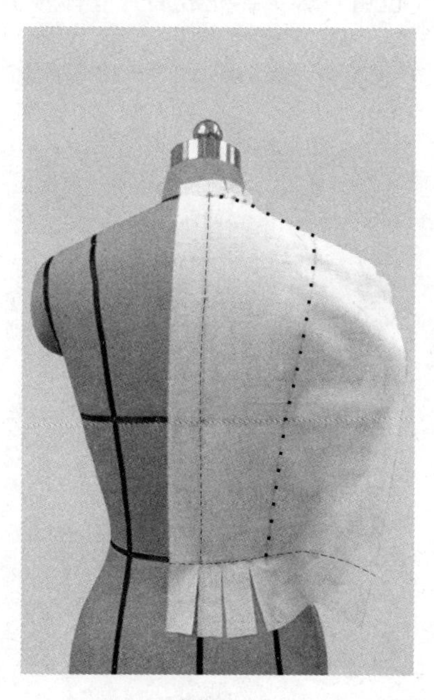
图3-14

14. 取后侧片布样，将腰围线与人台腰围线重合，腰围居中加放0.5cm放松量，并用双针固定，如图3-15所示。

15. 在腰围线处打剪口，抚平坯布并固定。注意丝缕不扭曲，整体平衡，如图3-16所示。

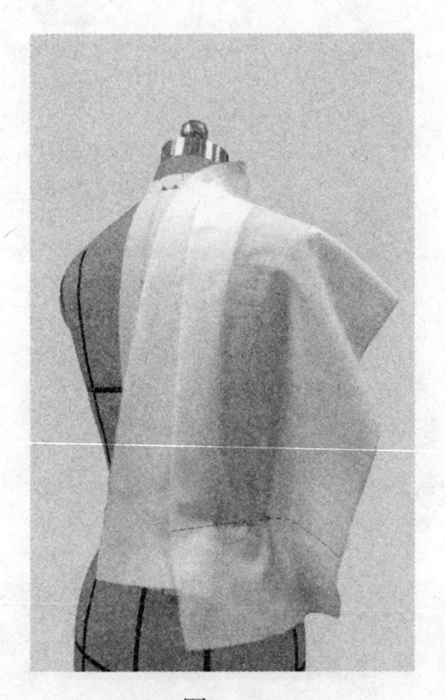

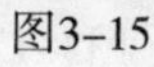

图3-15

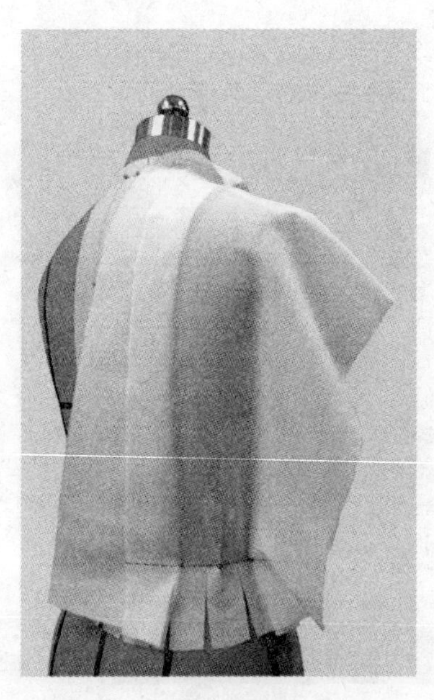

图3-16

16. 将后侧片与后中片沿公主线捏合并进行粗略修剪，缝线外端打剪口，如图3-17所示。

17. 固定肩缝、侧缝，然后修剪袖窿并打剪口。在肩线、侧缝线、腰围线、袖窿弧线粘贴胶带（也可点影），完成后片立体裁剪，如图3-18所示。

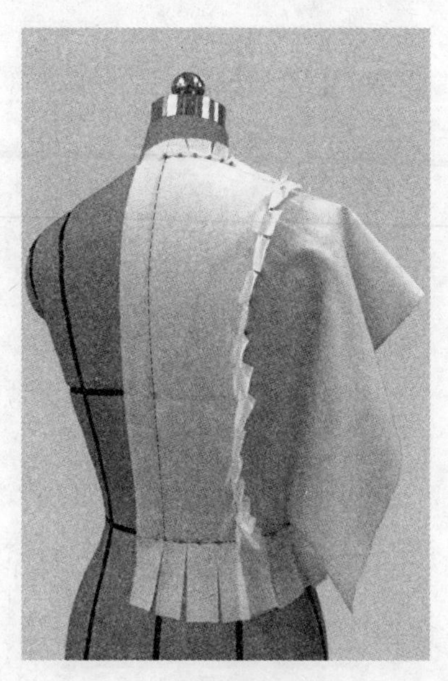

图3-17

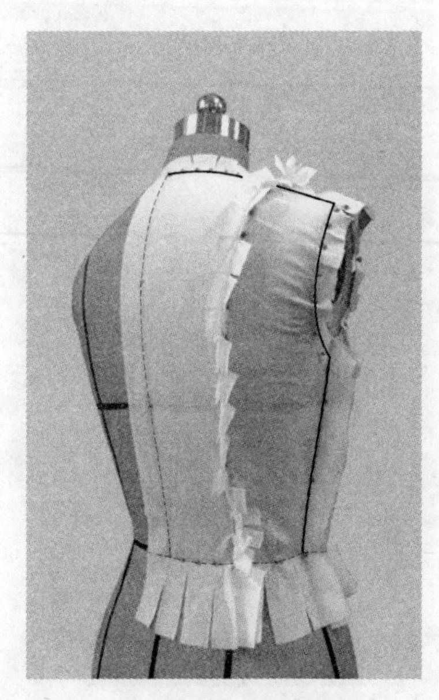

图3-18

18. 把衣片从人台上取下进行描图，并留1cm缝份进行修剪，得到经典公主线款式平面结构图，如图3-19所示。

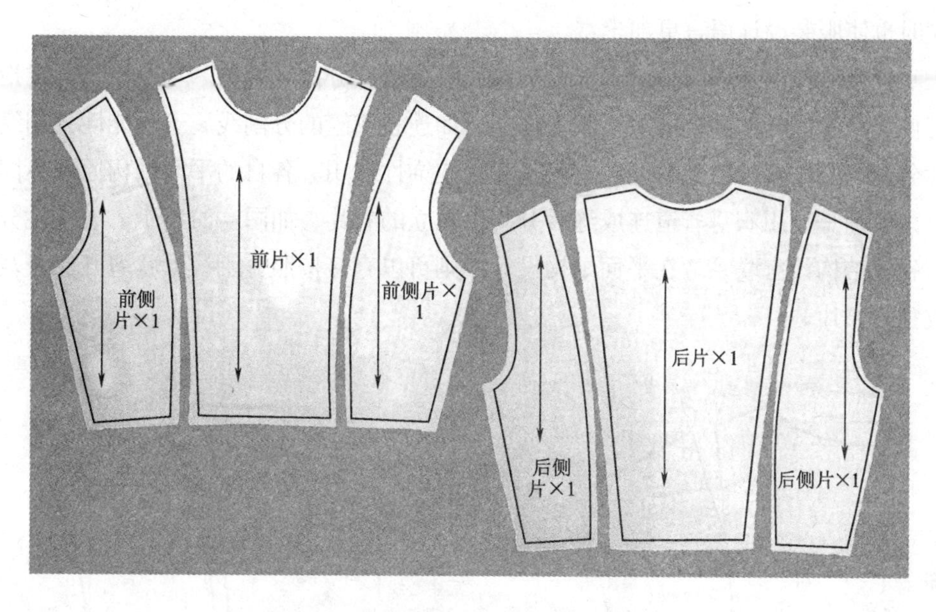

图3-19

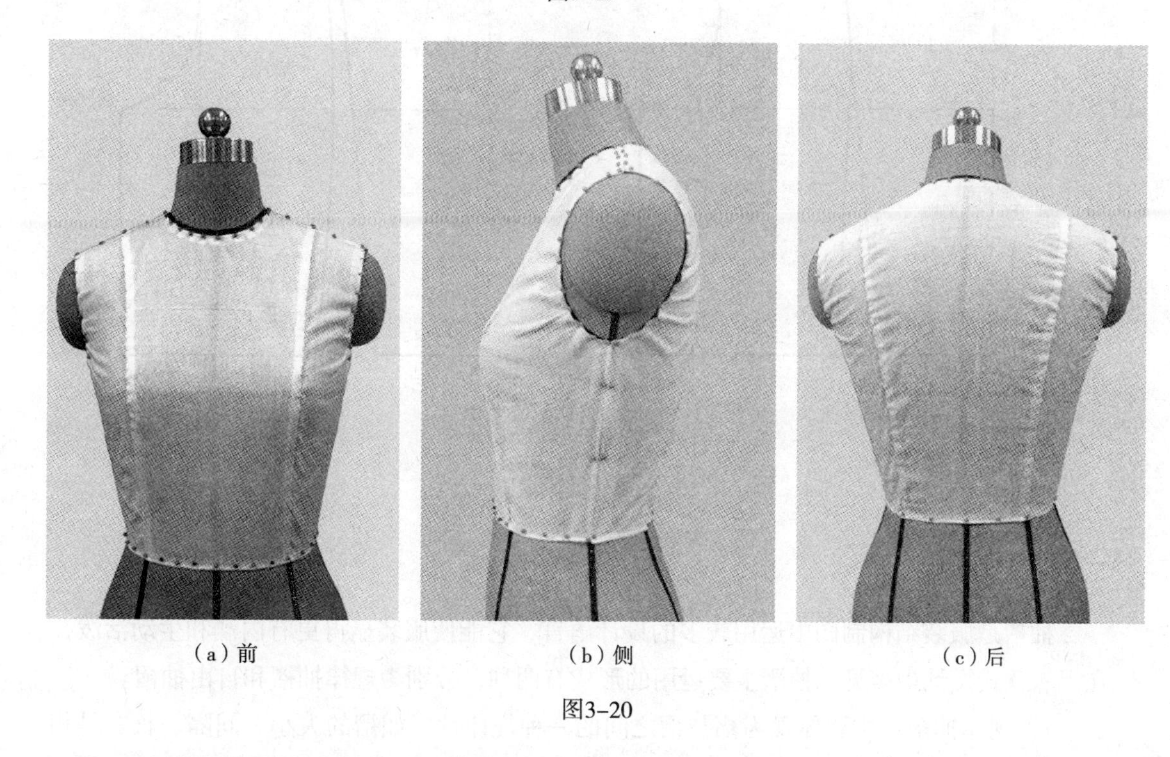

（a）前　（b）侧　（c）后

图3-20

19. 经典公主线款式样衣立体效果展示如图3-20所示。

（二）衣身分割线平面结构分析

衣身分割线是继衣身省道设计之后的又一种合体服装裁剪技法。当两个省道都指向胸高点时，可以将这两个省道连接起来，形成一条分割线，这就是平面结构中所讲的连省成缝的结构形式。衣身分割线的设计与应用使合体服装在结构设计上又增加了一种表现手法，同时也使服装设计语言更加丰富。

衣身分割线按照功能可分为功能性分割线和装饰性分割线两种。功能性分割线指分割线具有使衣身穿着合体的功能——收省功能，如连省成缝的分割线属于功能性分割线；而装饰性分割线则不具备收省功能，它只是起着装饰性作用。各自的平面结构原理不同，功能性分割线则是利用衣身省道连成缝后分割出独立的衣片，如图3-21所示。装饰性分割线由于与省道结构没有联系，在平面结构设计中则可以直接按照分割线形状剪开衣身裁片从而形成独立衣片。

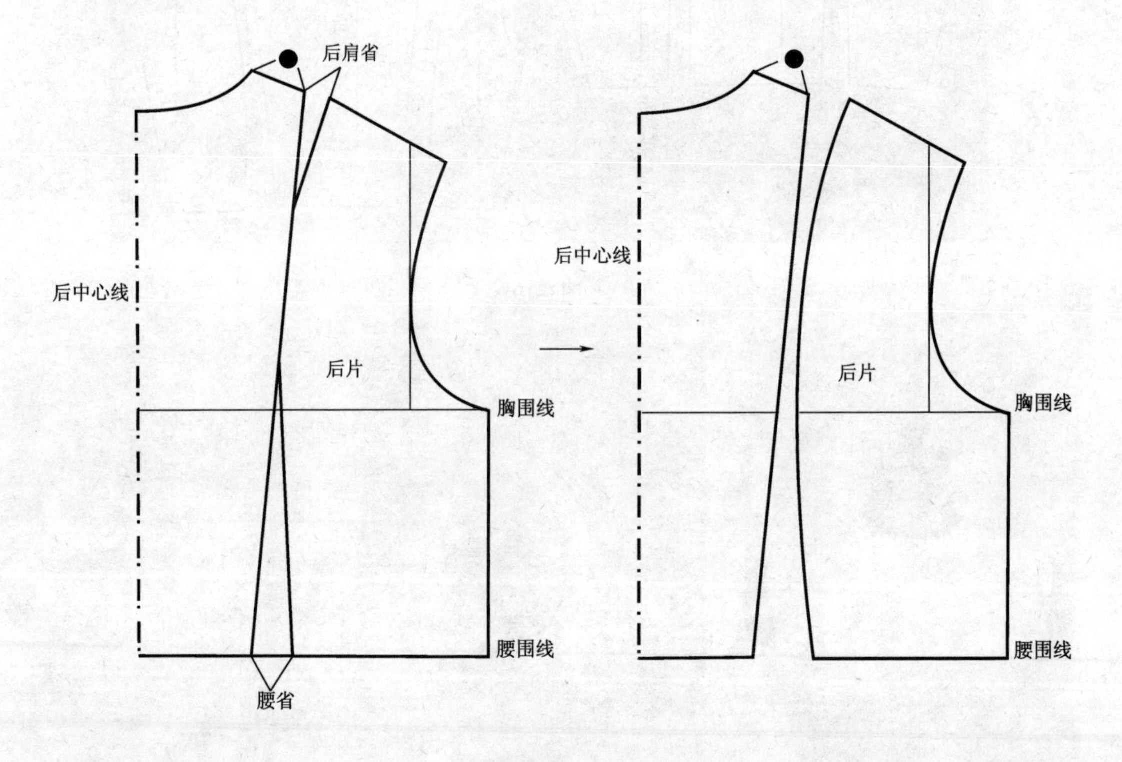

图3-21

二、抽褶上衣

抽褶是服装结构制图中运用较多的设计语言，它能使服装显得更有内涵和生动活泼，在上衣款式设计中多见。抽褶主要运用的形式有两种，分别为规律抽褶和自由抽褶。

1. 规律抽褶：主要体现为褶与褶之间的一种规律性，如褶的大小、间隔、长短是相同或相似。规律抽褶表现的是一种成熟与端庄，在活泼之中不失稳重的服装风格，如图3-22所示。

2. 自由抽褶：自由抽褶与规律抽褶相反，自由抽褶在褶的大小、间隔等方面都表现出一种随意的感觉，体现了活泼大方、自然得体的服装风格，如图3-23所示。

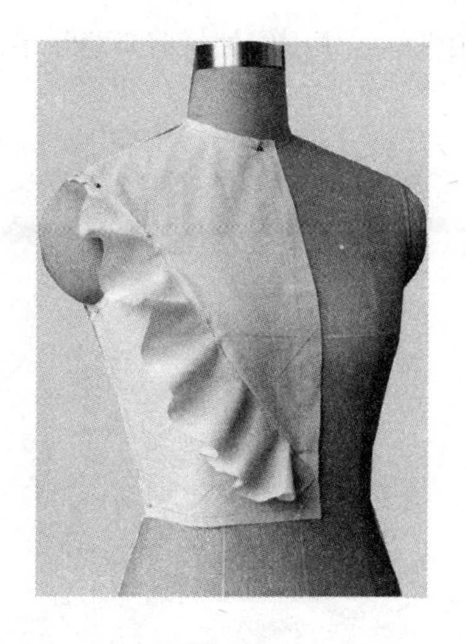

图3-22

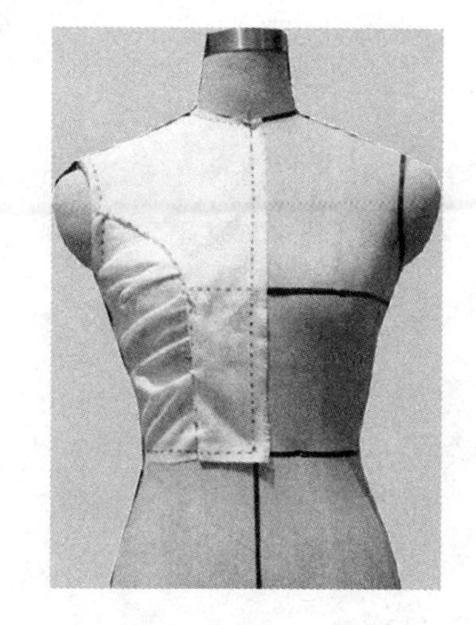

图3-23

（一）立体裁剪操作

立体裁剪之前首先应计算抽褶所需要的余量，再根据款式要求来设定褶量的大小，并用笔做上记号。不论是规律抽褶还是自由抽褶的款式，都应遵循先缩缝后裁剪的操作技法。下面将以自由抽褶款式为例讲述立体裁剪操作过程。

1. 坯布准备：坯布准备情况如图3-24所示。

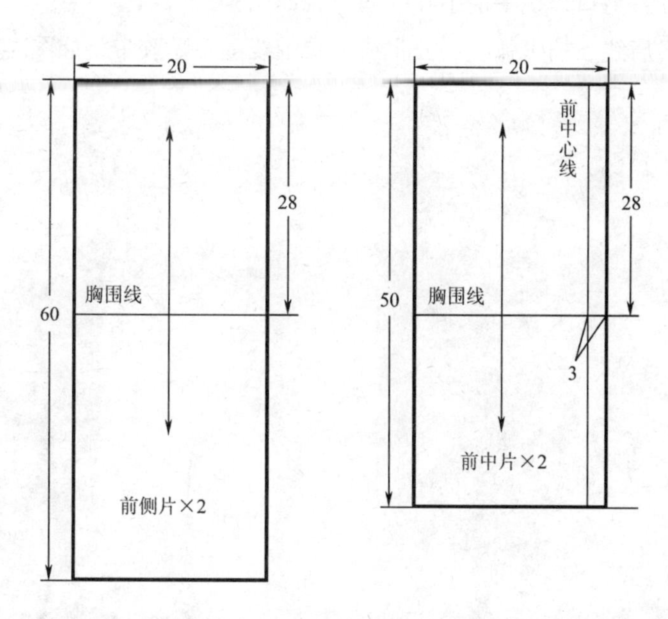

图3-24

2. 将前中片的前中心线、胸围线分别与人台的前中心线和胸围线重合，在前中心线上、下两端用珠针固定，如图3-25所示。

3. 胸高点以上部分边抚平坯布、边固定领围线，领围线处打剪口消除坯布的拉扯力，如图3-26所示。

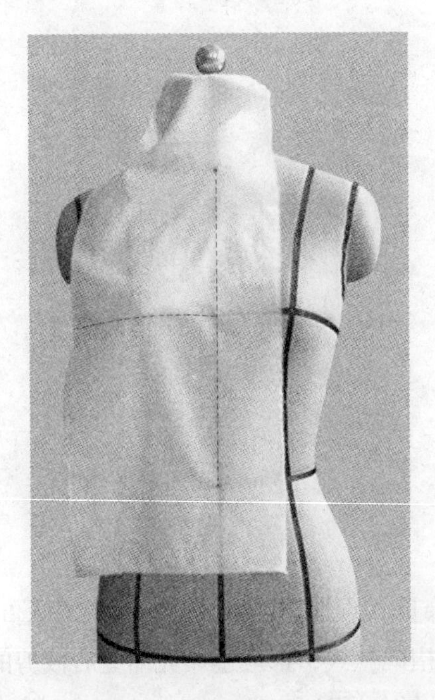

图3-25

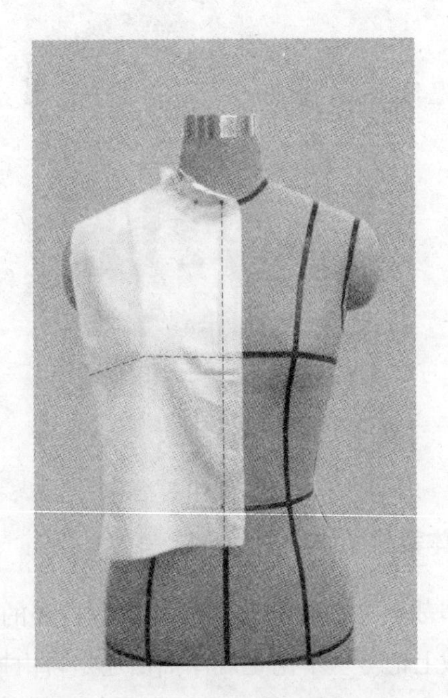

图3-26

4. 在腰围线处打剪口，抚平前中片并固定，如图3-27所示。

5. 在领围线、肩线、袖窿弧线、公主线、腰围线上粘贴胶带，如图3-28所示。

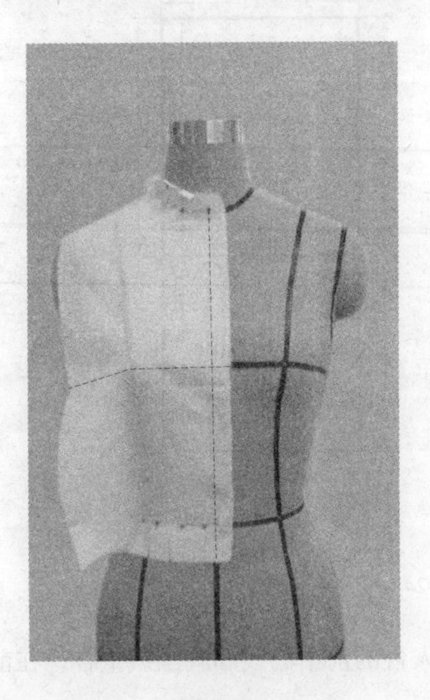

图3-27

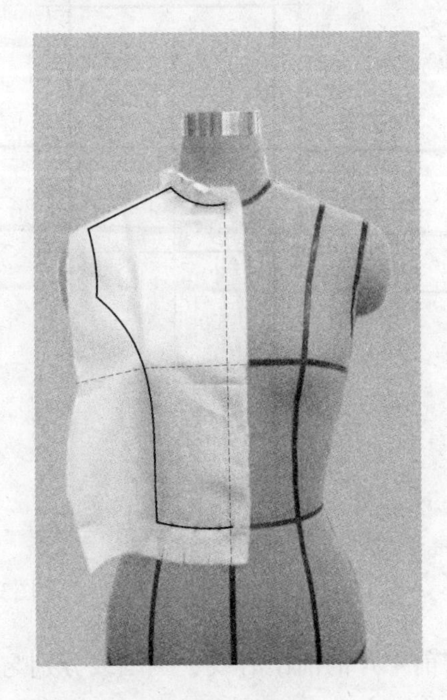

图3-28

6. 取前侧片布样一边，在人台上进行折叠缩缝，缩缝长度为15cm，如图3-29所示。

7. 将前侧片胸围线与人台的胸围线重合，胸围处居中加放0.5cm放松量，并用双针固定。顺势向下，腰围处也加放0.5cm放松量，并用双针固定，如图3-30所示。

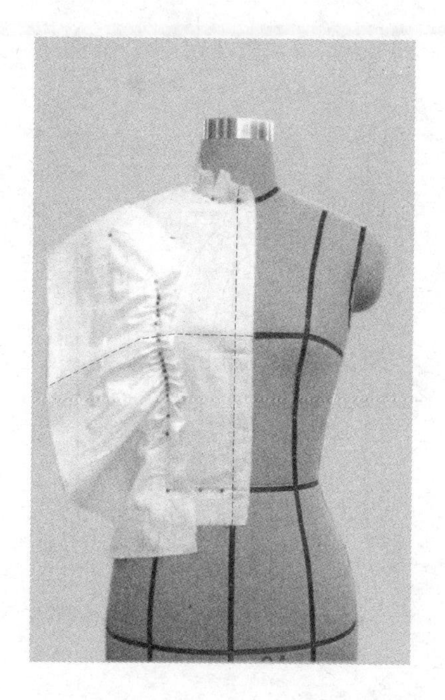

图3-29

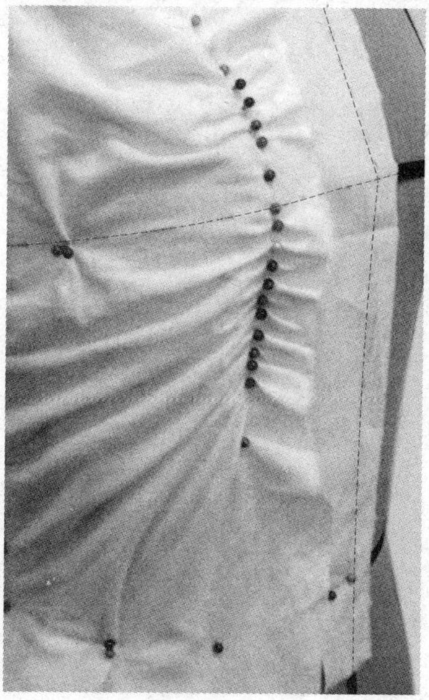

图3-30

8. 在腰围线处打剪口，抚平布料并固定，如图3-31所示。

9. 用珠针固定前侧片公主线、袖窿弧线、侧缝线位置，如图3-32所示。

图3-31

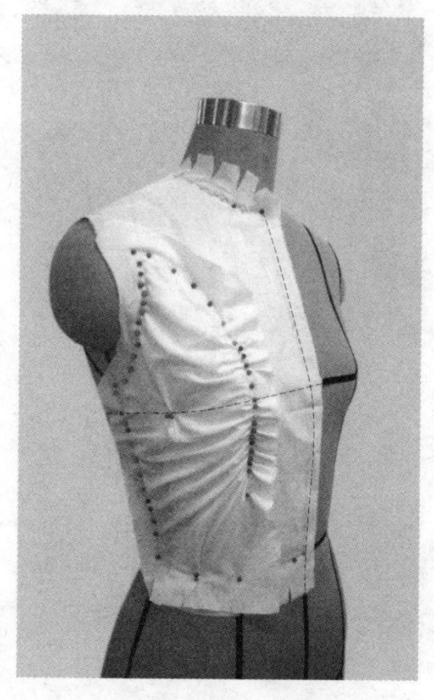

图3-32

10. 用胶带标出领口线、肩线、袖窿弧线、侧缝线、腰围线、公主线，如图3-33所示。

11. 将裁好的布样从人台上取下进行描图，并留1cm缝份进行修剪，得到自由抽褶平面结构图，如图3-34所示。

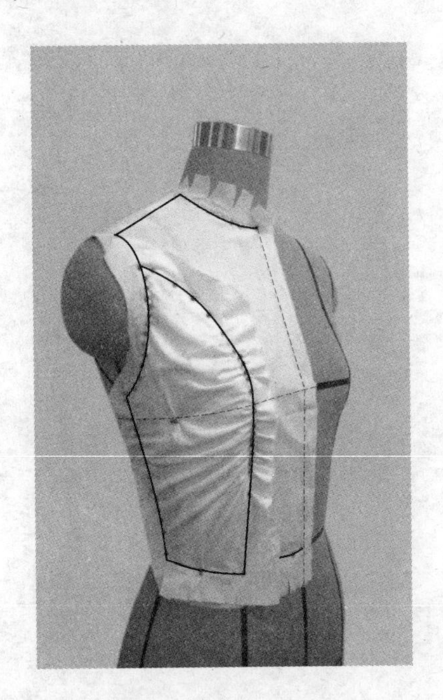

图3-33

前中片×1

前侧片×2

图3-34

12. 自由抽褶款式样衣立体效果展示如图3-35所示。

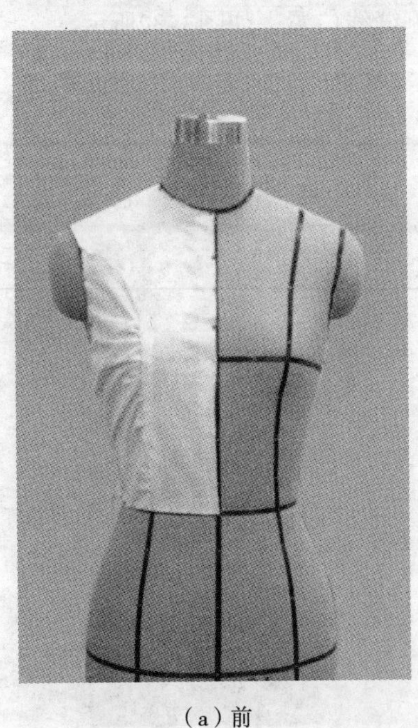

（a）前

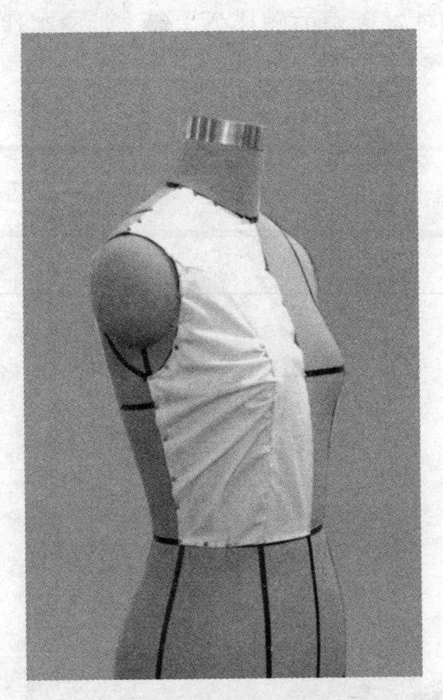

（b）侧

图3-35

(二)抽褶平面结构分析

切展法是形成抽褶结构造型的主要方法。在需要抽褶的部位用切展法增加抽褶量，展开量可大可小，形成的抽褶饱满程度不一。若将增加的量自然放松就能形成规律褶造型。图3-36所示为切展法抽褶示意图。

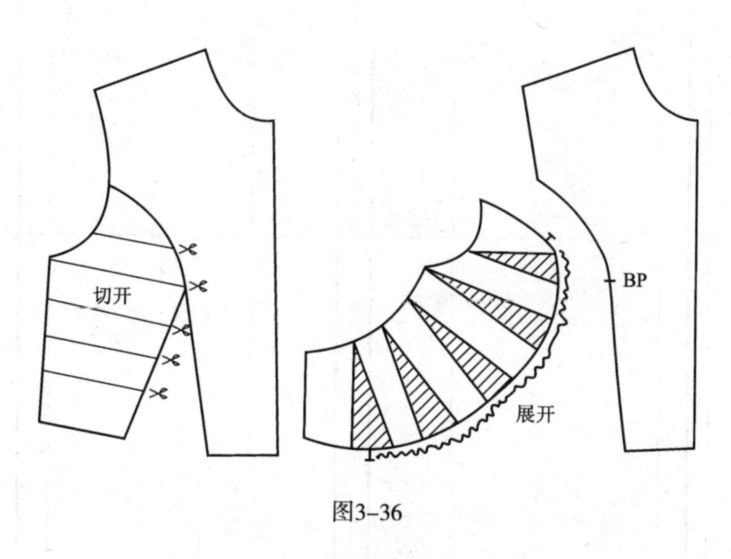

图3-36

第二节 裙子立体裁剪

一、直身裙

直身裙是一种合体裙，是裙子造型变化最基本的一款，又可称为裙原型。应用直身裙可变化出各种造型的裙子款式，因此它是裙子立体裁剪的基础。图3-37为直身裙款式图，其结构特点为前、后片各设四个腰省，后中绱拉链，裙长至膝盖，另设腰头，并在腰头后中位以纽扣形式系结。

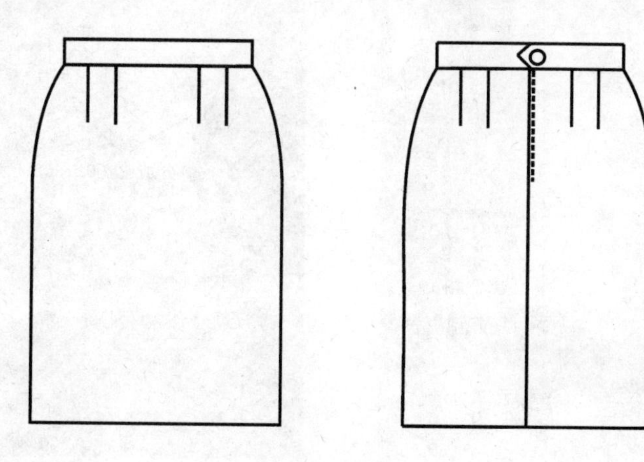

图3-37

（一）立体裁剪操作

1. 坯布准备：坯布准备情况如图3-38所示。

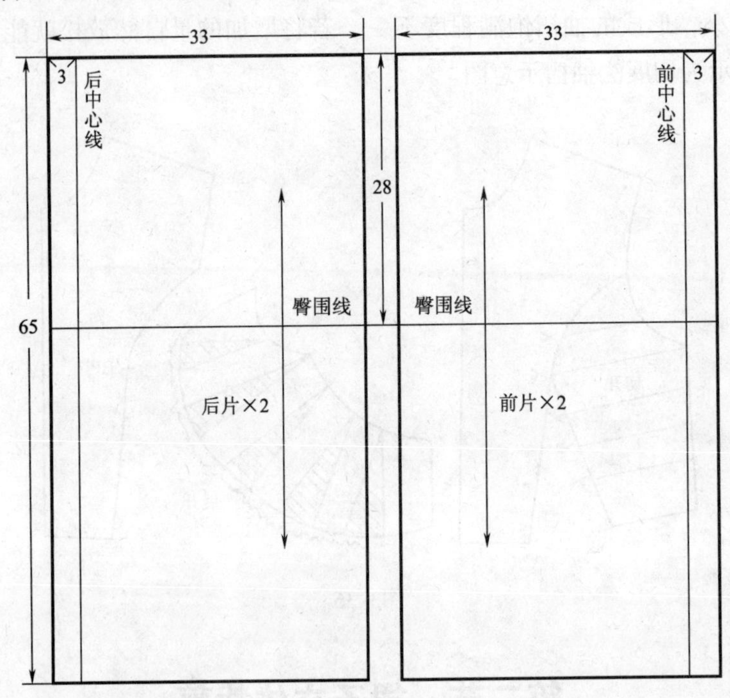

图3-38

2. 将坯布的前中心线、臀围线与人台的前中心线、臀围线重合，并用珠针分别在腰围线和臀围线处固定坯布，如图3-39所示。

3. 将前臀围三等分，在等分处各加0.5cm放松量，用双针固定，如图3-40所示。

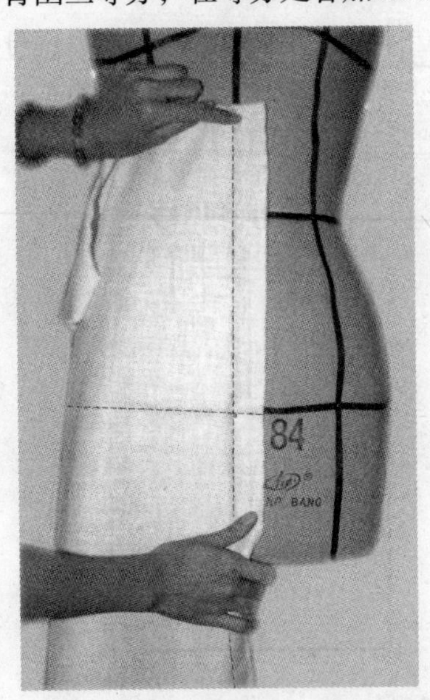

图3-39

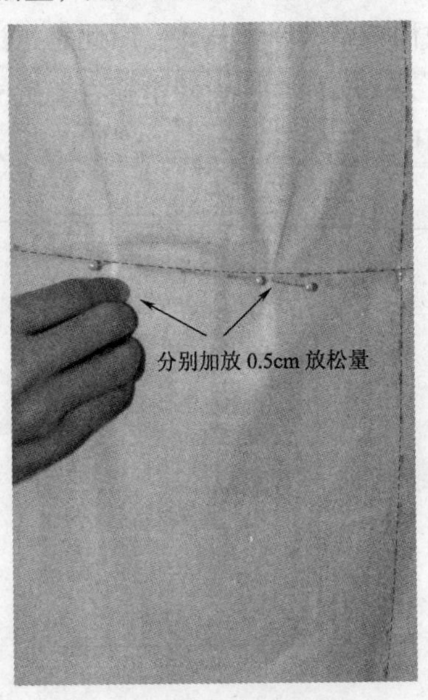

图3-40

4. 保证臀围线水平，固定侧缝线，剩下的臀腰差则作为两个腰省量，将腰围三等分，在等分点设省道，并在腰围线、侧缝线上粘贴胶带，省道处每隔1cm作一个点影标记，如图3-41所示。

5. 将坯布的后中心线、臀围线与人台的后中心线、臀围线重合，并用珠针在腰围线和臀围线处固定，如图3-42所示。

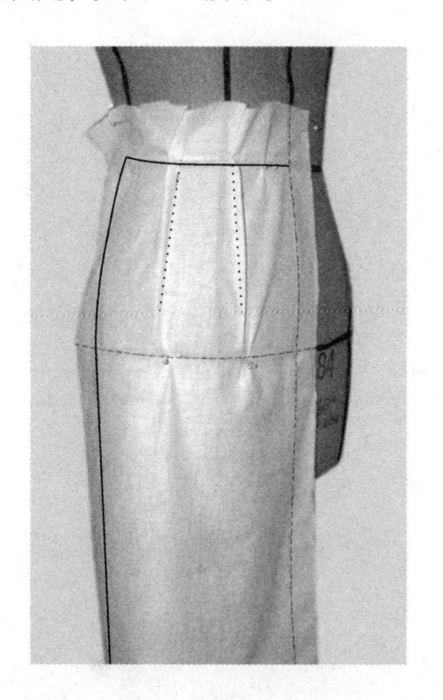

图3-41

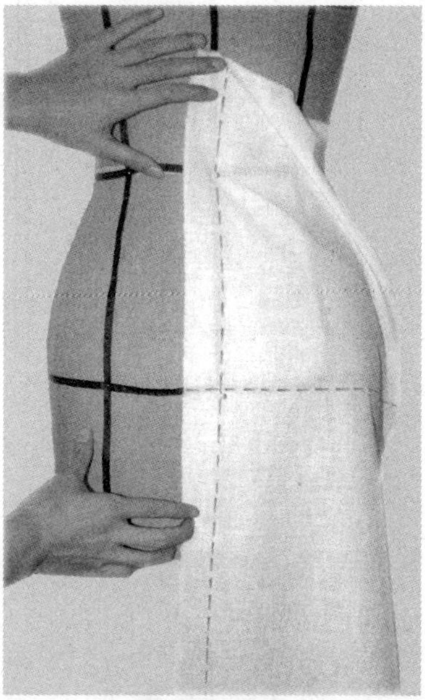

图3-42

6. 将后臀围三等分，在等分处各加0.5cm放松量，用双针固定，如图3-43所示。

7. 保证臀围线水平，使侧缝丝绺顺直，在裙片侧缝腰点的位置固定，使腰至臀的侧缝形成一条合适美观的弧线。剩下的臀腰差则作为两个腰省量，将腰围三等分，在等分点设省道，并在腰围线、侧缝线上粘贴胶带，省道处每隔1cm做一个点影标记，如图3-44所示。

8. 将裁好的前、后片从人台上取下进行缝份修剪及样板修正，得到直身裙平面结构图如图3-45所示。

9. 直身裙坯布样衣立体效果展示如图3-46所示。

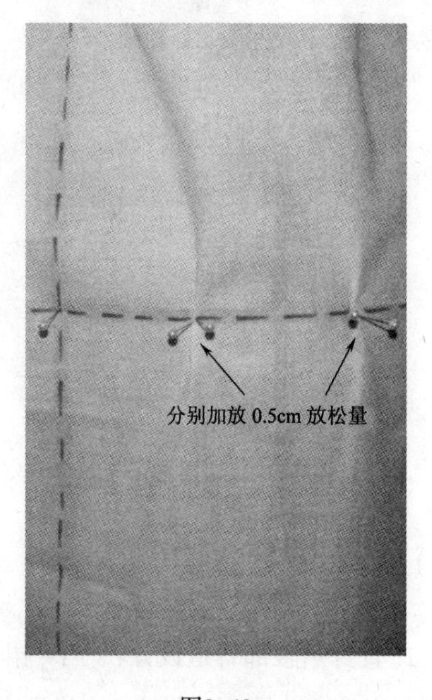

图3-43

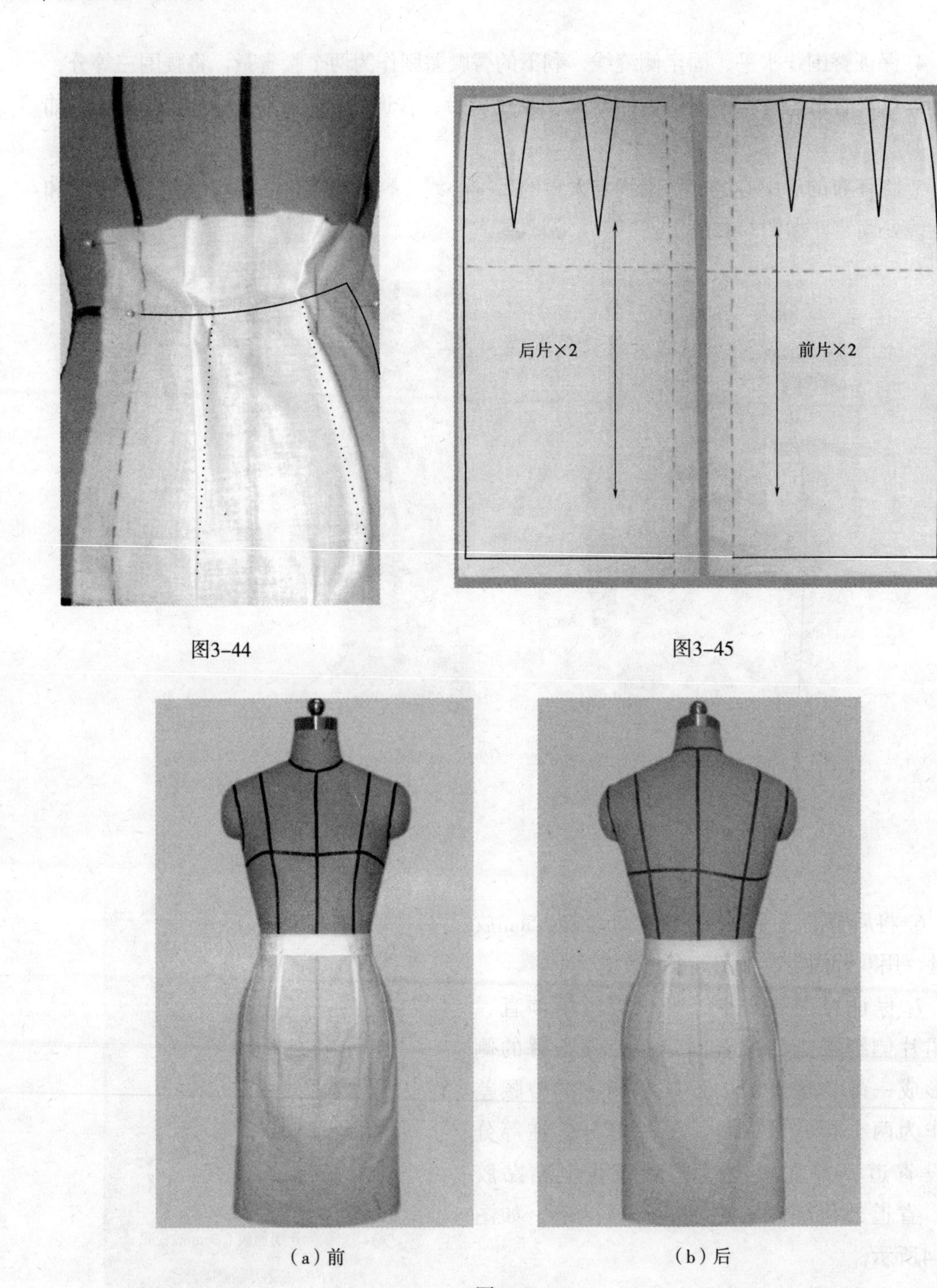

图3-44

图3-45

（a）前

（b）后

图3-46

（二）立体裁剪技法重点

1. 直身裙腰部省道设计：当$\frac{1}{4}$裙片腰部省道数量为一个时，省道的位置放在腰围线中部；当省道数量为两个时，则将腰围线三等分，在等分点设省道。

2. 腰臀部放松量设计：腰臀部放松量设计在立体裁剪针法里用双针固定方法。合体腰部放松量通常设为2cm，分到$\frac{1}{4}$裙片为0.5cm；合体臀部放松量通常设为4cm，分到$\frac{1}{4}$裙片为1cm。

（三）平面结构分析

直身裙的平面构图技术已十分成熟，如图3-47所示。制图均用成品尺寸，臀长指腰至臀的长度，裙长指裙子所需要的长度减去腰头高。

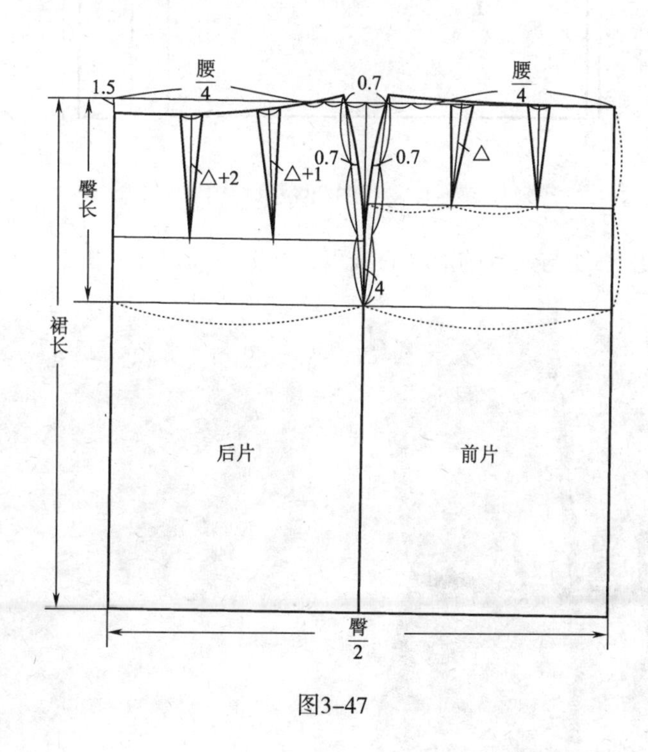

图3-47

二、波浪裙

波浪裙基本上是腰部无省，从腰至下摆呈波浪状。可根据波浪量的变化表现各种各样的造型。波浪裙立体裁剪最好采用斜纹，即把裁剪用坯布的斜纹作为普通直纹使用，这样可使波浪造型更好。图3-48为波浪裙款式图，其结构特点为腰部无省斜裙，下摆扩张呈波浪状，另设腰头。

图3-48

（一）立体裁剪操作

1. 坯布准备：坯布准备情况如图3-49所示。

2. 依据设计确定前片波浪的数量和位置，如图3-50所示。

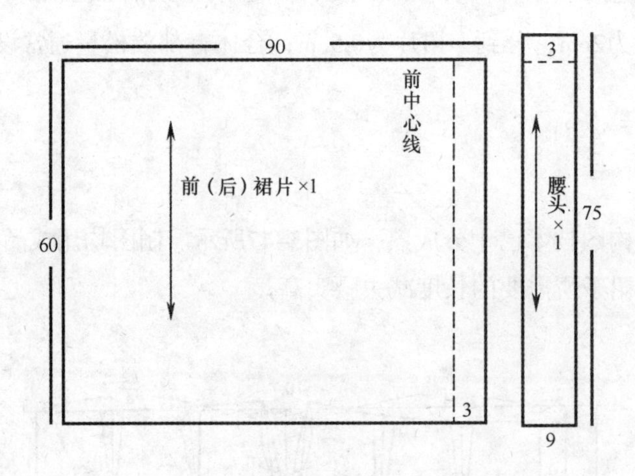

图3-49

3. 将坯布的前中心线与人台的前中心线重合并上下固定，如图3-51所示。

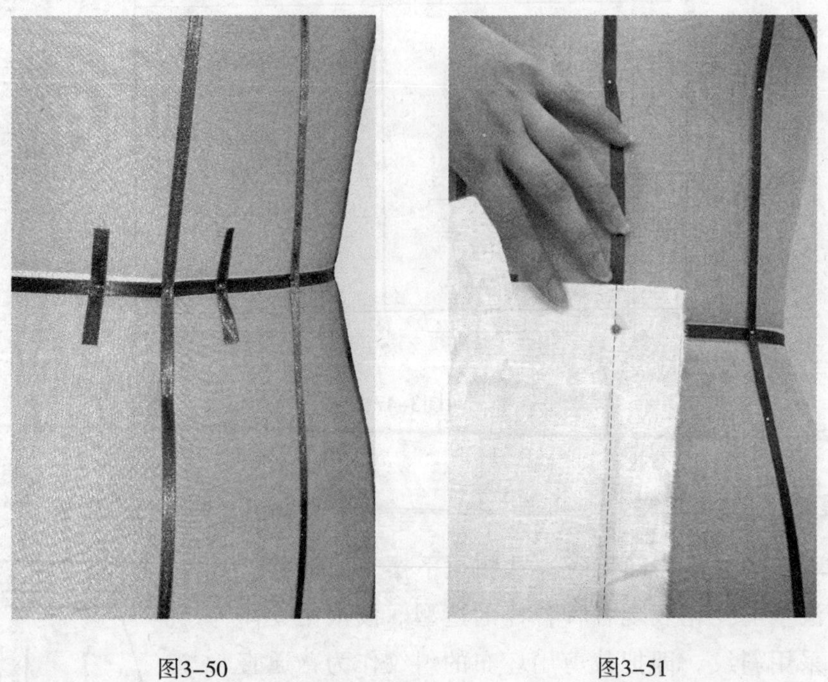

图3-50　　图3-51

4. 将腰部顺势抚平，在第一个波浪位置上打剪口，如图3-52所示。

5. 固定剪口位置，如图3-53所示。

6. 右手沿剪口方向顺势向下捏住下摆并向外拉，左手将坯布顺势向下推，一拉一推即形成了第一个波浪，如图3-54所示。

7. 确定波浪大小后，顺势沿腰围线向左抚平腰部至第二个波浪位置，并打剪口，如图3-55所示。

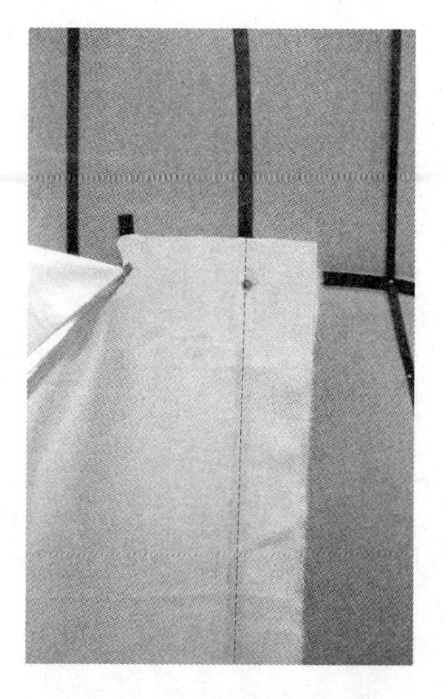

图3-52

剪口处双针固定

图3-53

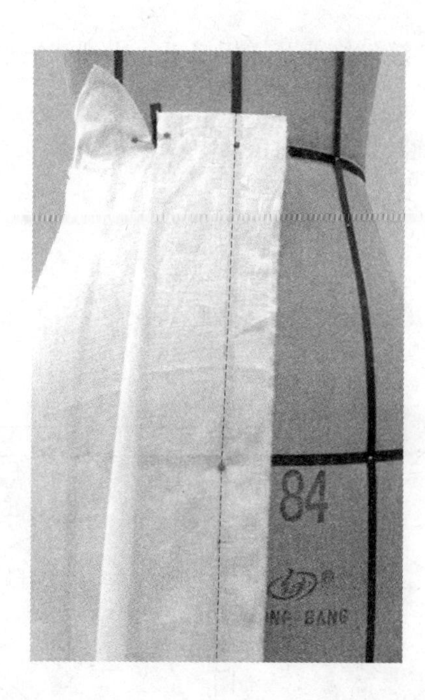

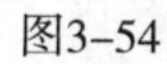

图3-54

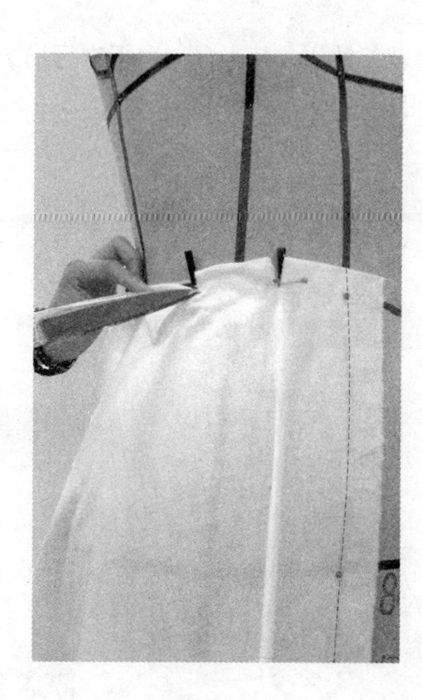

图3-55

8. 然后做出第二个波浪，与第一个波浪大小一致，如图3-56所示。

9. 修剪侧缝处多余的布料，并在侧缝线及腰围线处粘贴标示线，如图3-57所示。

10. 后片的立体裁剪与前片的立体裁剪的手法及步骤相同。在裁好的后片上用标示线粘贴出裙摆造型线，并修剪裙摆，如图3-58所示。

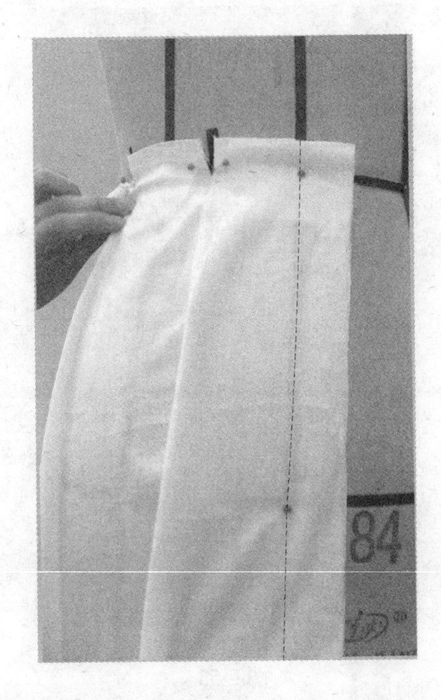

图3-56

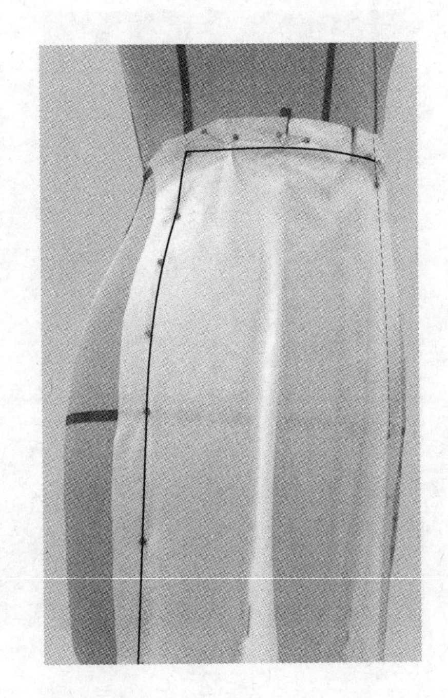
图3-57

11. 将裁好的裙片从人台上取下进行描图、缝份修剪及样板修正，得到波浪裙的平面结构图如图3-59所示。

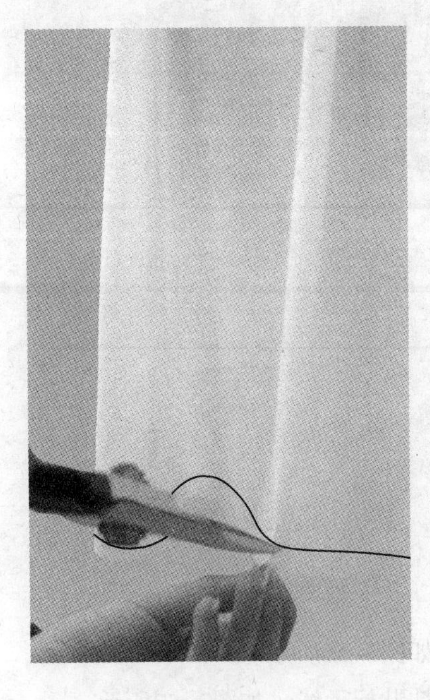
图3-58

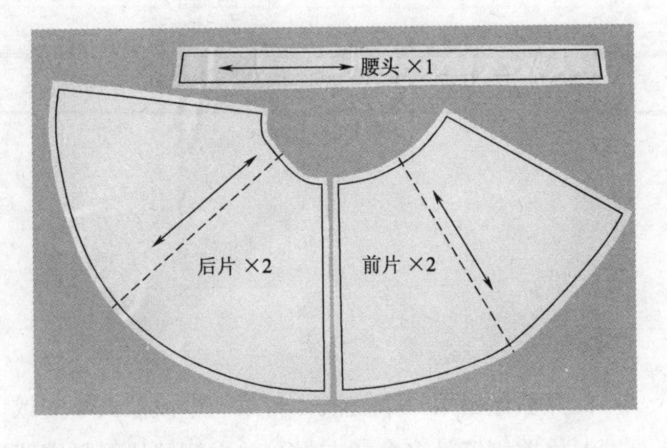

图3-59

12. 波浪裙坯布样衣立体效果展示如图3-60所示。

（a）前

（b）后

图3-60

（二）立体裁剪技法重点

1. 波浪造型立体裁剪所用坯布布纹通常采用斜纹。

2. 立体裁剪中起浪的技法很重要，同时要关注下摆波浪造型的稳定性以及修剪下摆造型线时需要保持整体平衡。

（三）平面结构分析

波浪裙的平面结构变化原理可以理解为在裙原型的基础上，将腰部省道闭合，多余的量转移至下摆，使下摆呈现扩张的造型，如图3-61所示。

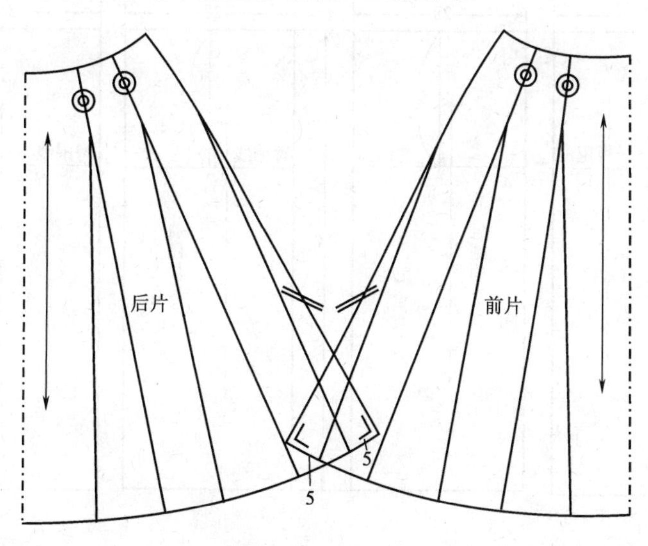

图3-61

三、拼片裙

拼片裙是由几片分割的裙片拼合而成的裙子造型。在人体曲面变化较大的地方设置分割线，来达到优美的造型效果，如图3-62所示。

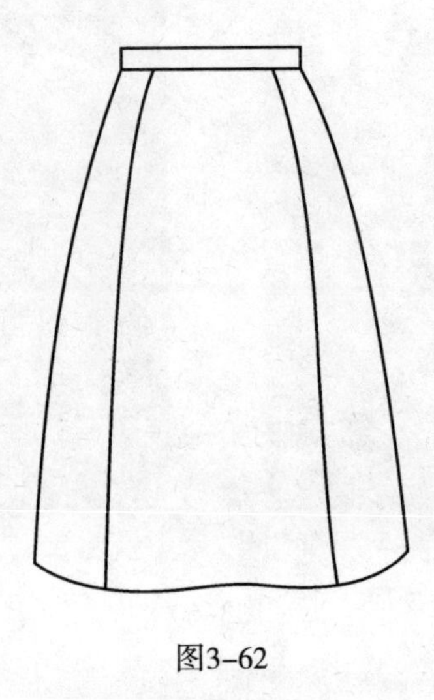

图3-62

（一）立体裁剪操作

1. 坯布准备：坯布准备情况如图3-63所示。

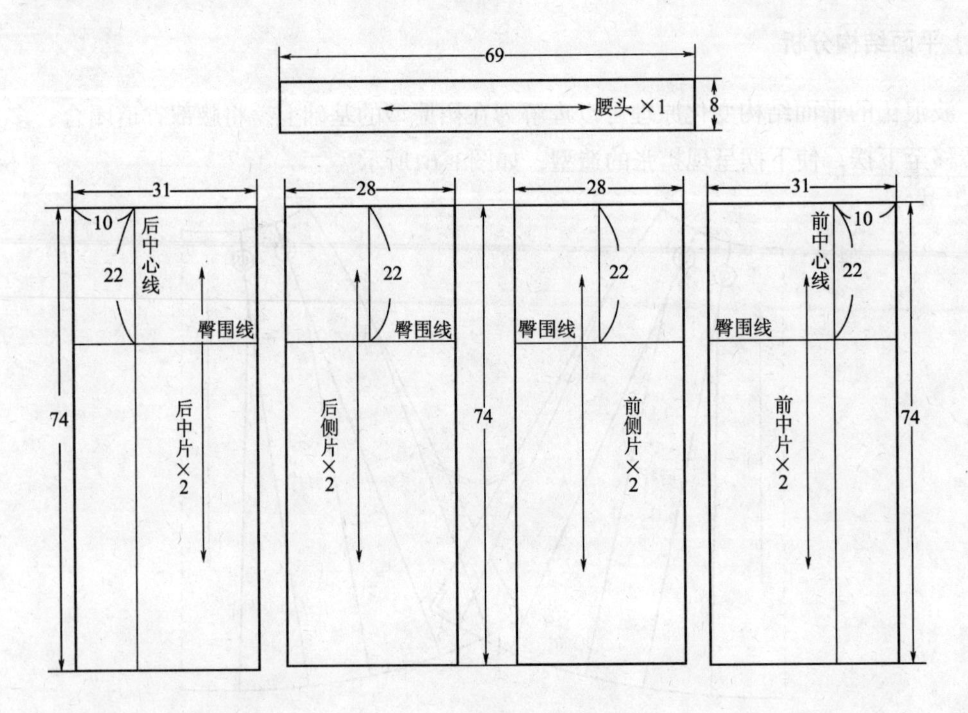

图3-63

2. 将坯布前中片的前中心线、臀围线与人台的前中心线、臀围线重合，并用珠针固定，如图3–64所示。

3. 在腰部及臀部各加放0.5cm放松量，并用双针固定，如图3–65所示。

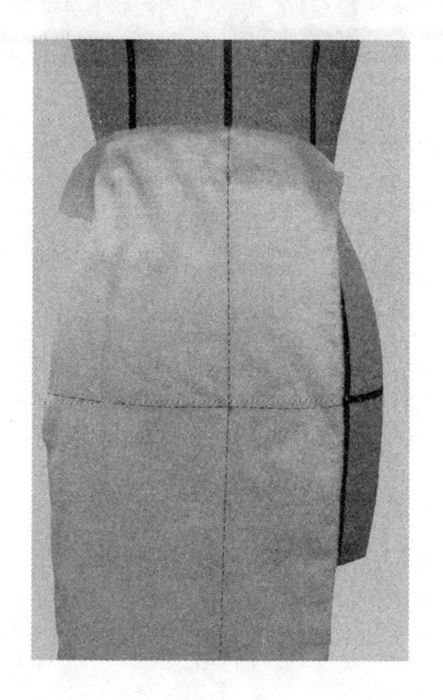

图3–64

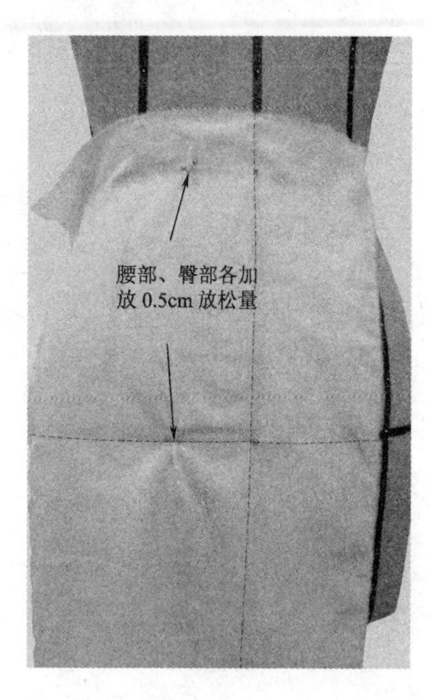

图3–65

4. 固定腰部，并在腰围线处打剪口使腰部平服，如图3–66所示。

5. 将坯布前侧片的臀围线与人台的臀围线重合，并用珠针固定，如图3–67所示。

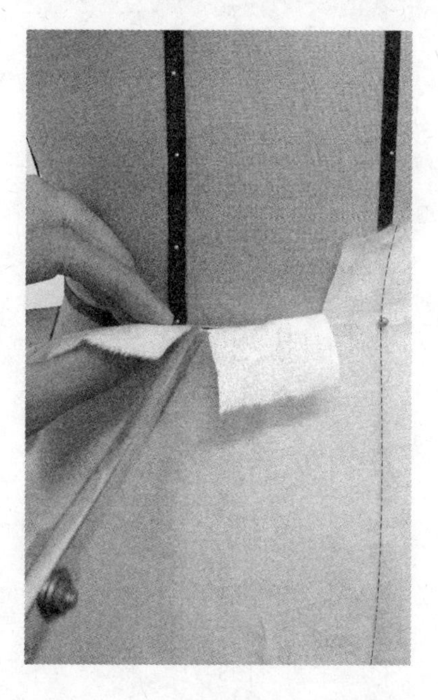

图3–66

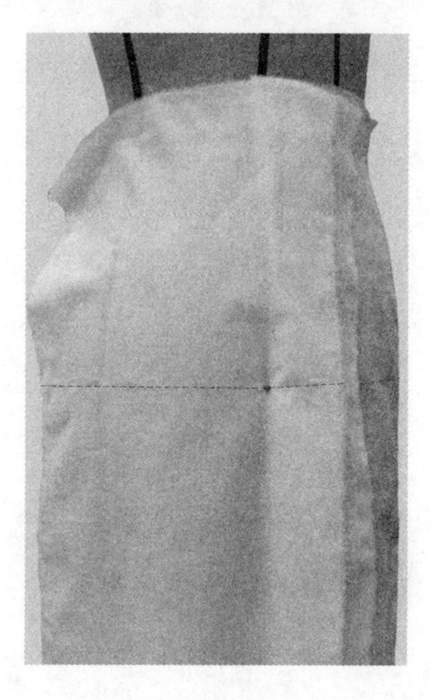

图3–67

6. 臀部居中位置增加0.5cm放松量，并用双针固定，如图3-68所示。

7. 固定腰部，在腰围线处打剪口以消除坯布的拉扯力，如图3-69所示。

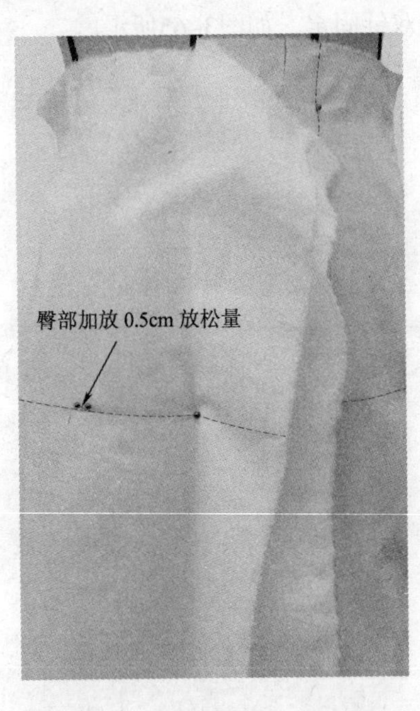

图3-68

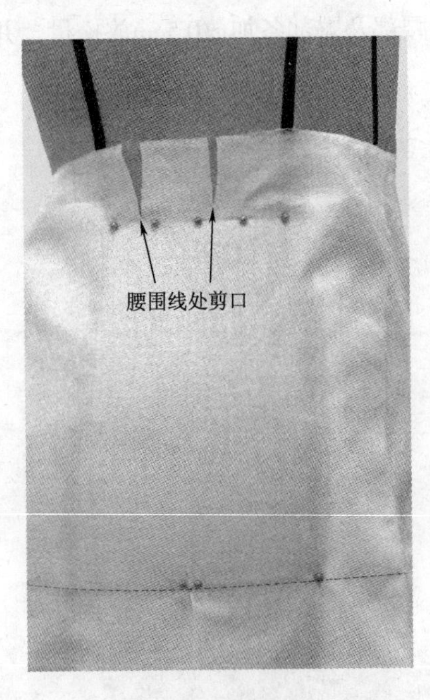

图3-69

8. 将前中片和前侧片沿分割线捏合并粗略修剪，缝份外端可打剪口，如图3-70所示。

9. 修剪腰部及侧缝多余布料，并在腰围线、分割线、侧缝线处粘贴胶带，如图3-71所示。

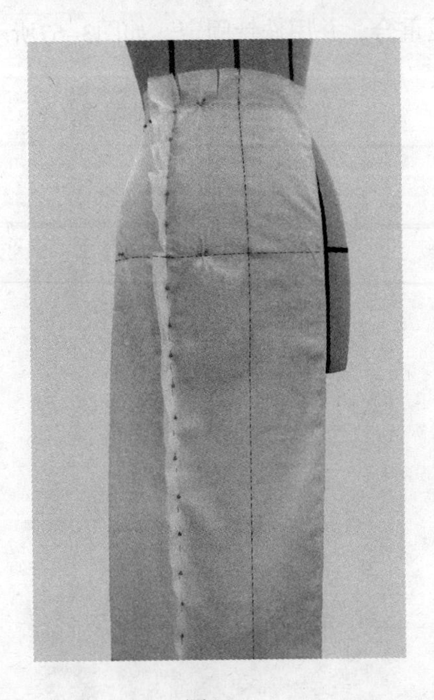

图3-70

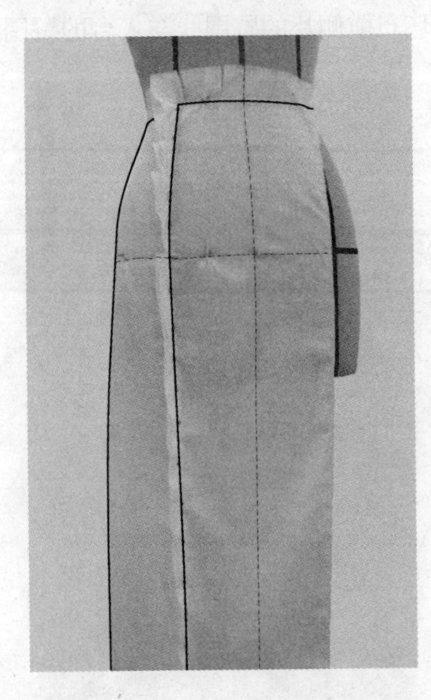

图3-71

10. 后片立体裁剪操作与前片一致。将裁好的前、后片从人台上取下进行描图，并且进行样板修正及缝份修剪，得到拼片裙的平面结构图如图3-72所示。

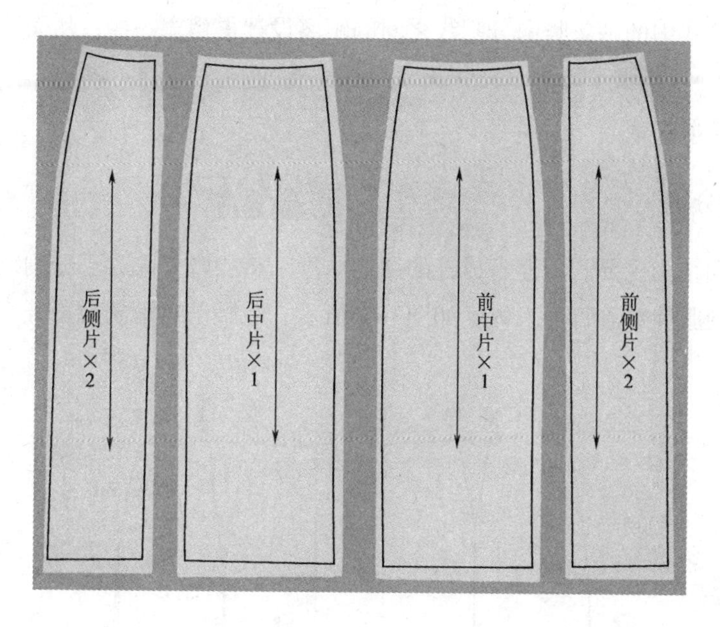

图3-72

11. 拼片裙坯布样衣立体效果展示如图3-73所示。

（a）前

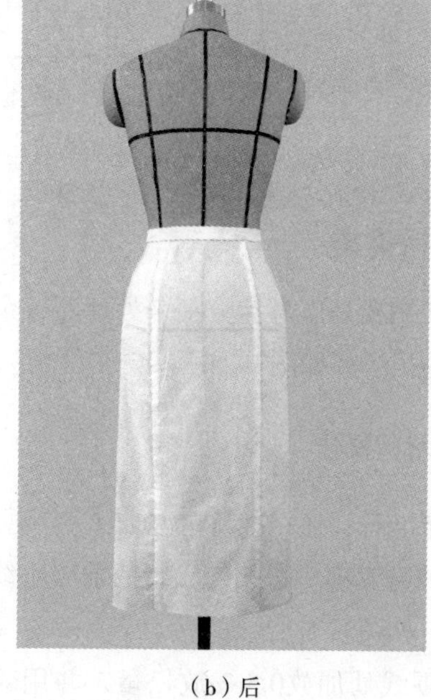

（b）后

图3-73

（二）立体裁剪技法重点

1. 拼片裙款式中的两条竖向分割线之间的距离设计得稍宽一些，从而达到良好的视觉效果。

2. 拼缝在腰部收省。

（三）平面结构分析

拼片裙平面结构主要利用连省成缝的结构原理。将腰臀差隐含于分割线中，达到消除余量的目的，使服装穿着符合人体。如图3–74所示，沿腰部省道两端剪开至下摆处，分割形成独立裙片。

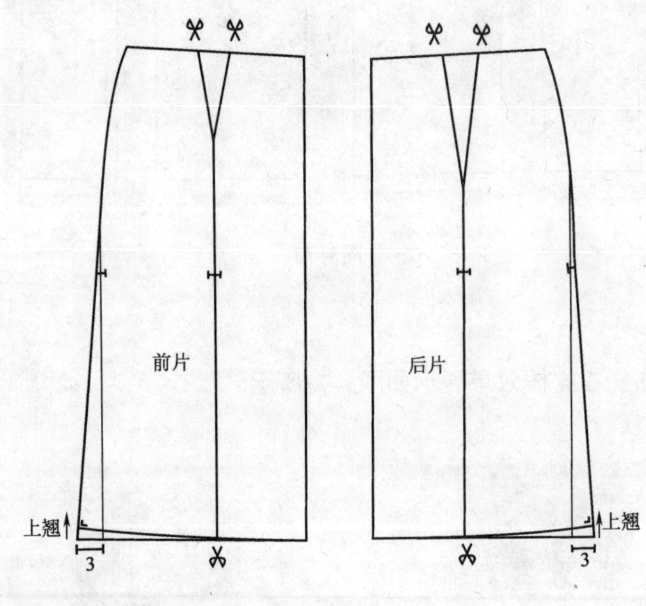

图3–74

四、育克褶裥裙

育克褶裥裙是以育克分割来处理腰臀余量，前后设规律褶裥的裙子，如图3–75所示。

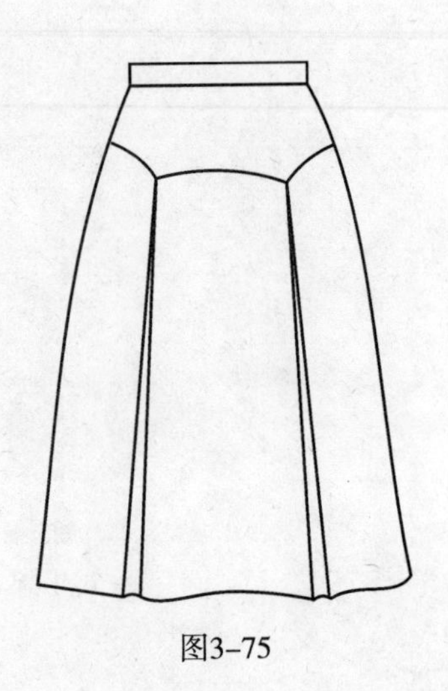
图3–75

（一）立体裁剪操作

1. 坯布准备：坯布准备情况如图3–76所示。

2. 将前育克前中心线与人台的前中心线重合，并用珠针固定，如图3–77所示。

3. 腰围线处加放0.5cm放松量，并用双针固定，如图3–78所示。

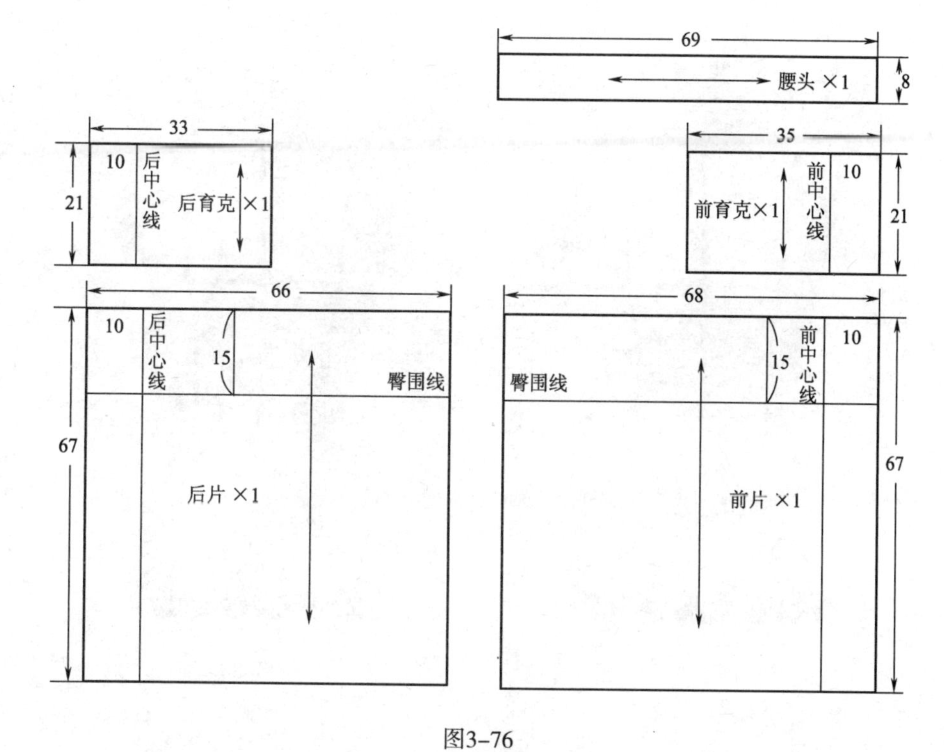

图3-76

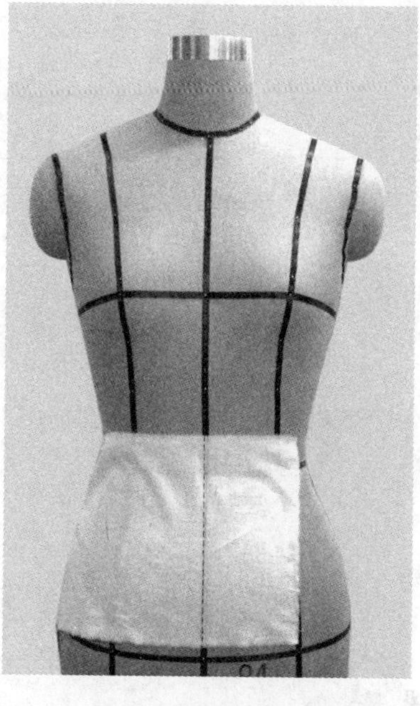

图3-77

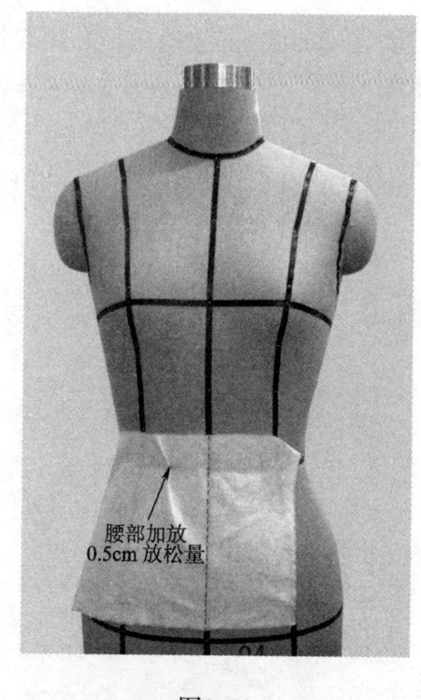

图3-78

4. 固定腰部，在腰围线处打剪口以消除坯布的拉扯力，如图3-79所示。

5. 在坯布上用胶带贴出育克分割线位置，如图3-80所示。

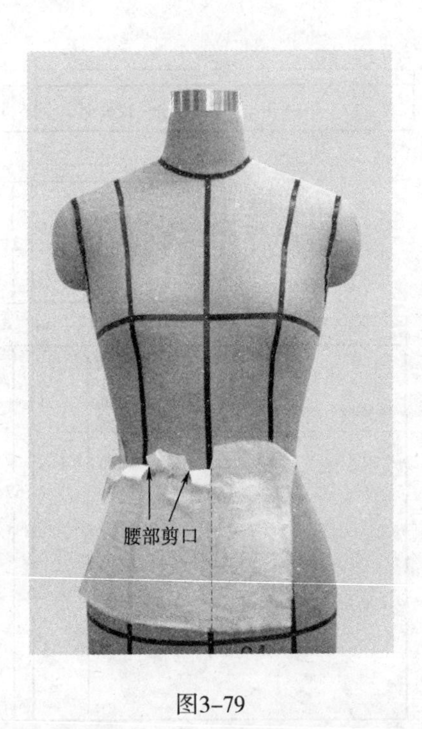

图3-79

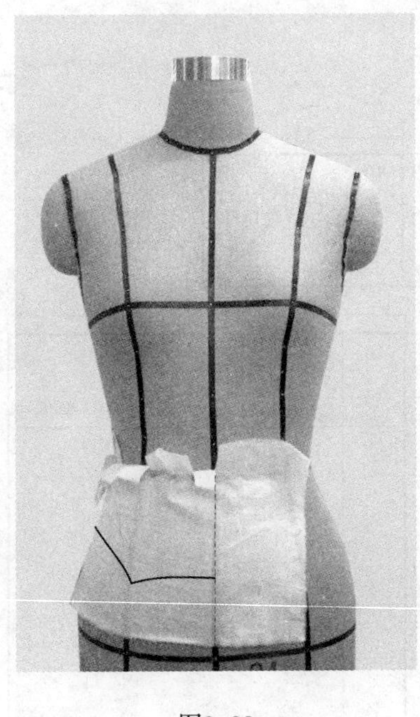

图3-80

6. 将前片的前中心线、臀围线与人台的前中心线、臀围线重合，用珠针固定，如图3-81所示。

7. 在臀围线处加放1cm放松量，并用双针固定，如图3-82所示。

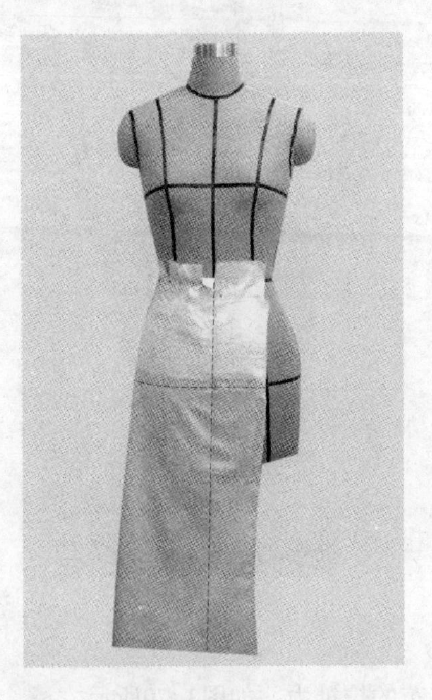

图3-81

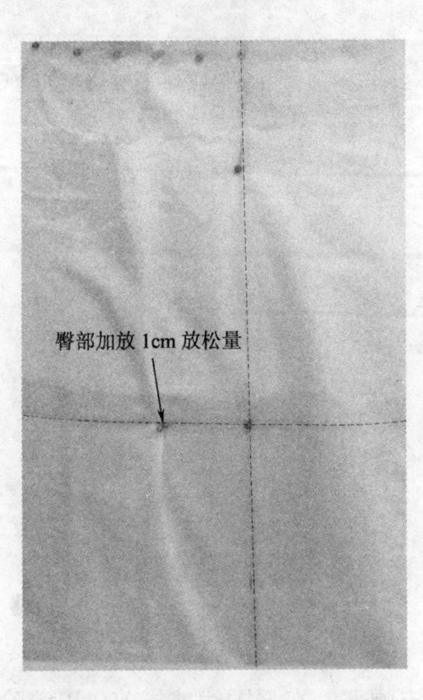

图3-82

8. 用标示线贴出育克分割线及褶裥的位置，如图3-83所示。

9. 将坯布取下放平做出设定好的褶裥量，如图3-84所示。

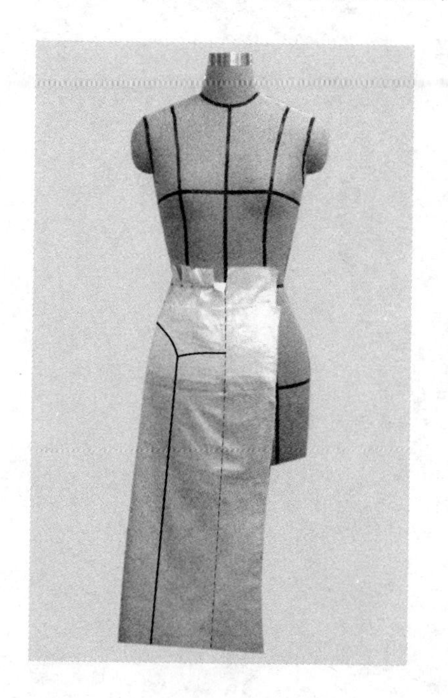
图3-83

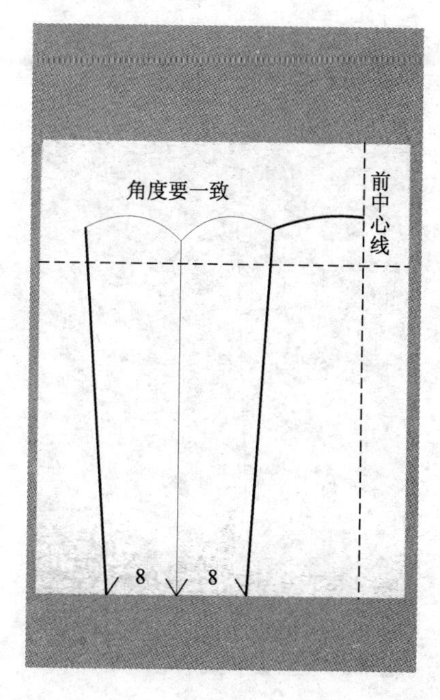

图3-84

10. 叠好工字褶用褶裥固定针法固定褶的外观，如图3-85所示。

11. 再次将坯布的前中心线、育克分割线与人台的前中心线、育克分割线重合，在臀围线处固定，如图3-86所示。

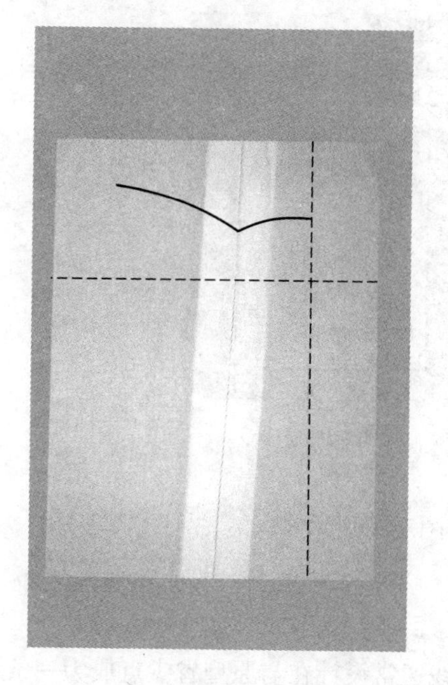
图3-85

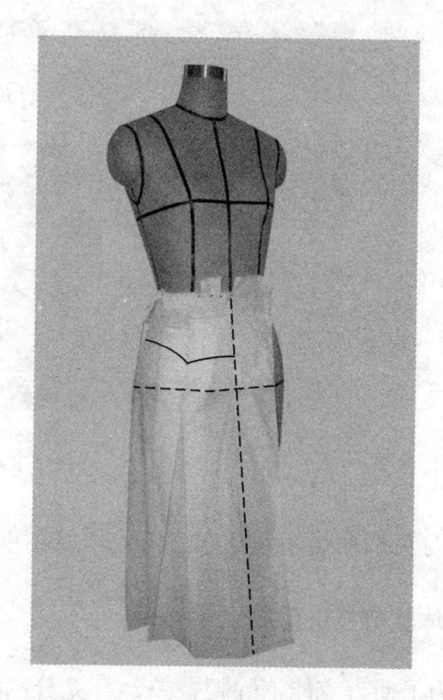
图3-86

12. 抚平布料，用胶带贴出侧缝线位置，如图3-87所示。

13. 拼合前育克与腰头，如图3-88所示。

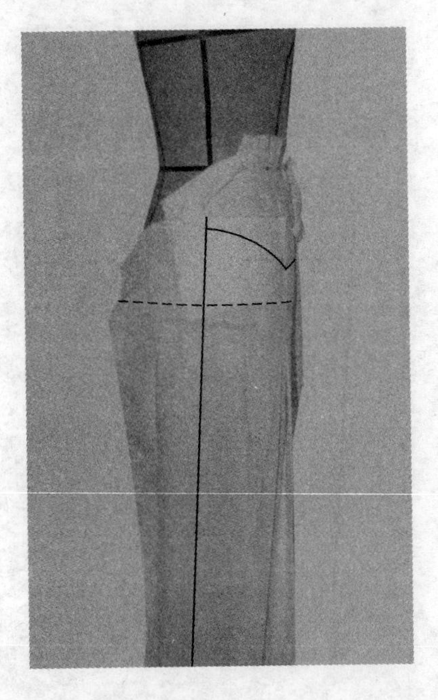

图3-87

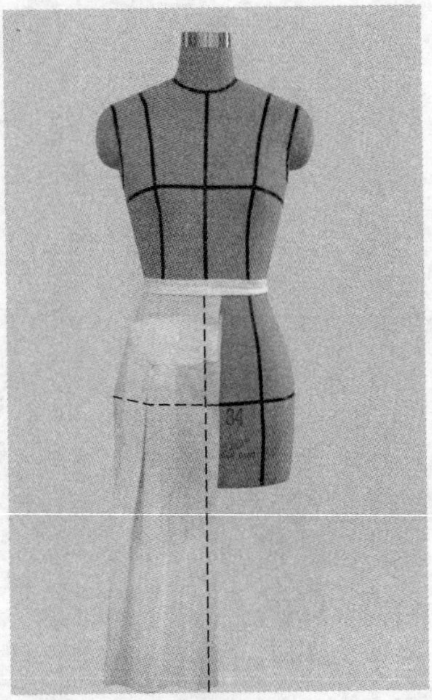

图3-88

14. 将裁好的育克褶裥裙各裁片从人台上取下，进行描图且样板修正和缝份修剪，得到平面结构图如图3-89所示。

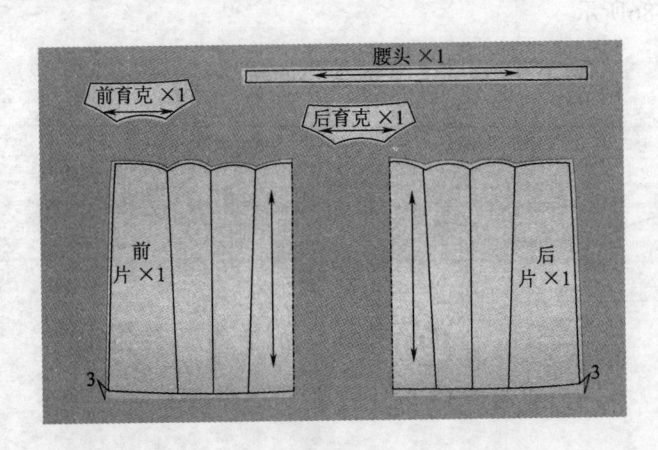

图3-89

15. 育克褶裥裙坯布样衣立体效果展示如图3-90所示。

（二）立体裁剪技法重点

1. 为了使育克能消除腰臀差，育克分割线通常设计在与原型省尖点成为一条水平线的

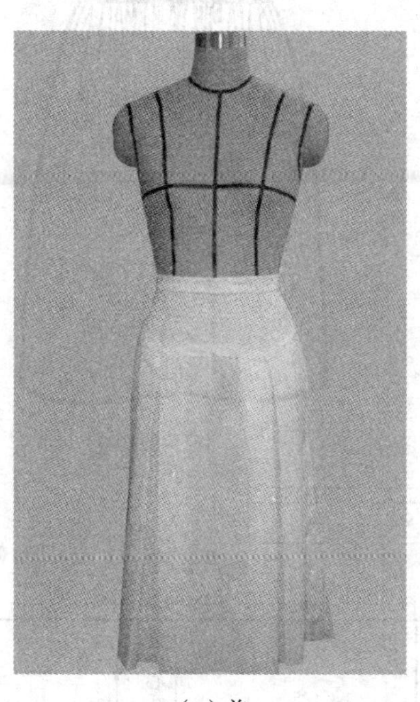
（a）前

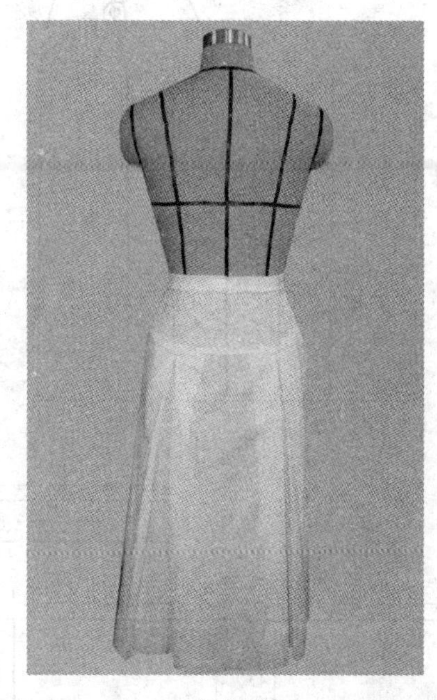
（b）后

图3–90

位置上。

2. 褶裥处立体裁剪通常是将坯布先按照褶裥造型熨烫定型，再放回立体人台上进行裁剪。

3. 褶裥上端需要暗缝一段距离，以保持褶裥外观的稳定。

（三）平面结构分析

育克褶裥裙结构包含两部分原理：一部分是将腰部省量转移至育克（横向分割）处，分割形成独立裁片；另一部分褶裥的结构需要通过切展法增加褶裥量，如图3–91所示。

五、抽褶裙

抽褶裙是将腰臀差化为抽褶量设计的一款裙子。它可以单纯地把腰臀差量自然放松作为抽褶量，还可以追加抽褶量产生更饱满的抽褶效果。如图3–92所示，此款在腰部抽均匀褶，裙身形成蓬松的造型，裙摆量较大。

（一）立体裁剪操作

1. 坯布准备：坯布准备情况如图3–93所示。

2. 将前片前中心线、臀围线与人台的前中心线、臀围线重合并用针固定，如图3–94所示。

3. 在腰部开始用折叠法塑造抽褶造型，并用珠针依次固定，注意腰部抽褶的饱满程度，如图3–95所示。

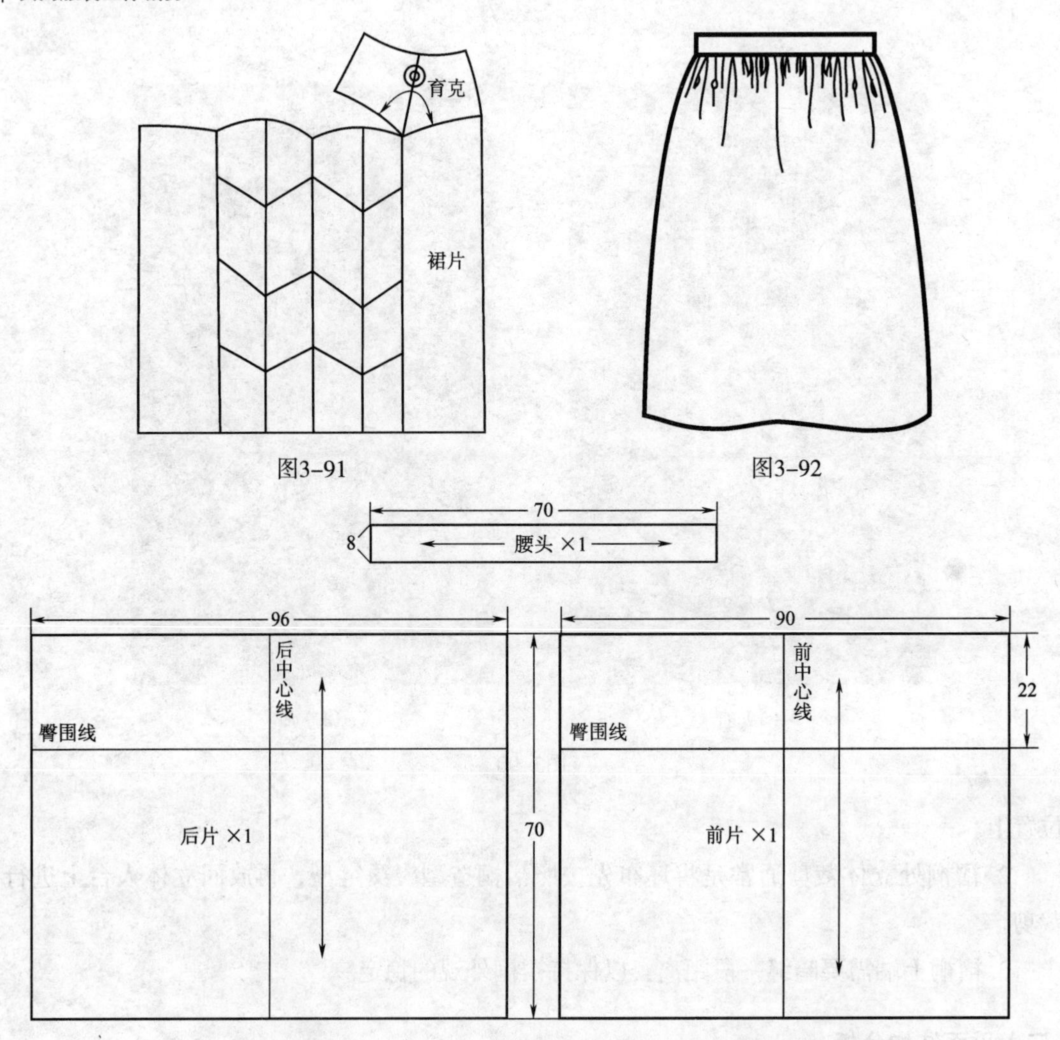

图3-91

图3-92

图3-93

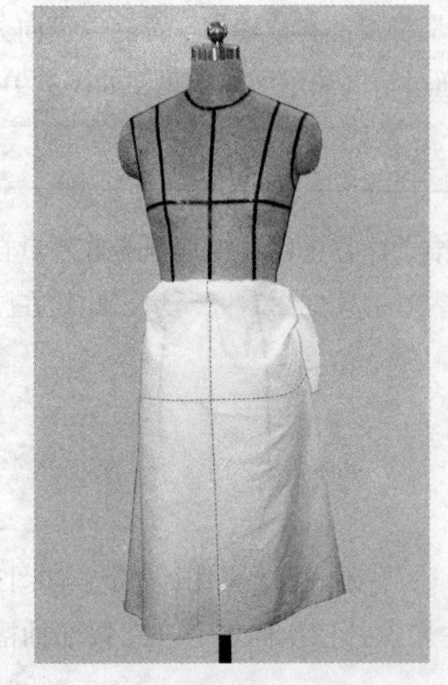

图3-94

图3-95

4. 固定侧缝线，如图3-96所示。

5. 修剪腰围线处、侧缝线处多余布料，如图3-97所示。

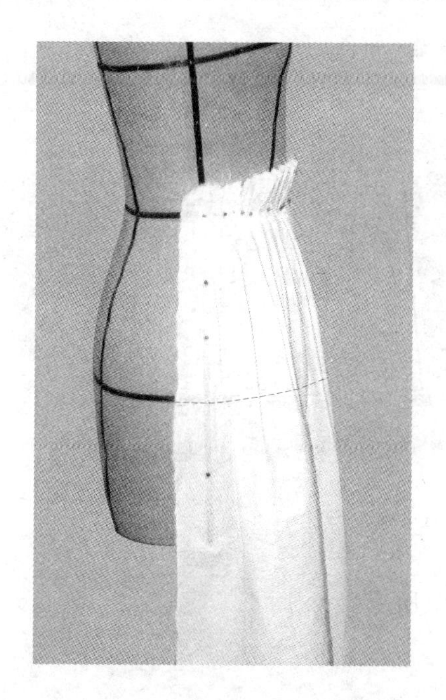

图3-96

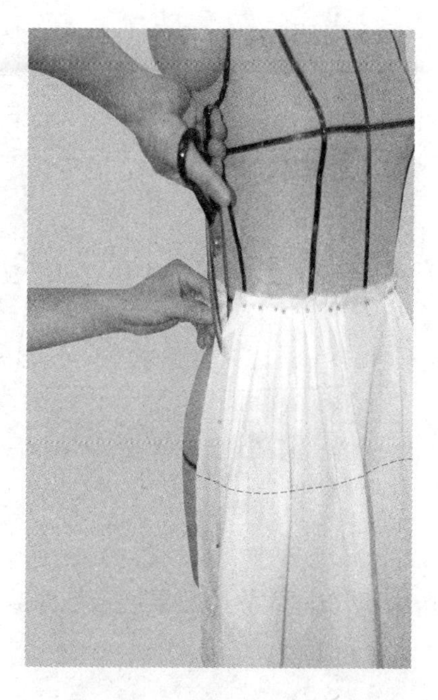

图3-97

6. 后片裁剪方法与前片一致，完成后的后片如图3-98所示。

7. 将腰头坯布与裙片用褶裥针法固定，如图3-99所示。

图3-98

图3-99

8. 将所有裁片从人台上取下进行描图、样板修正且缝份修剪，得到抽褶裙平面结构图如图3–100所示。

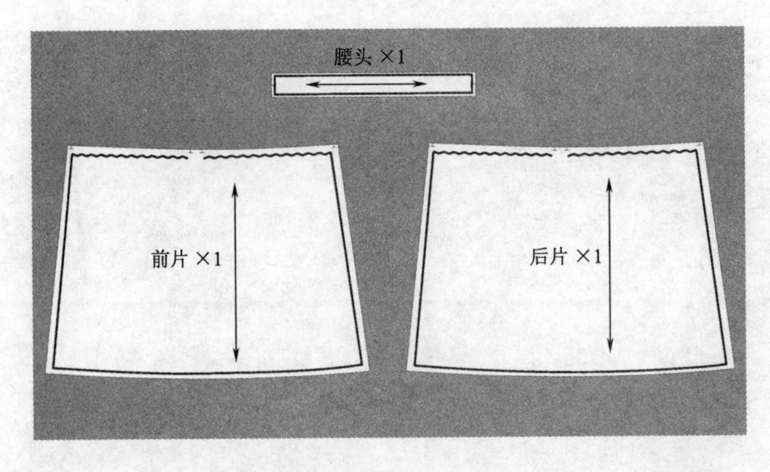

图3–100

9. 抽褶裙坯布样衣立体效果展示如图3–101所示。

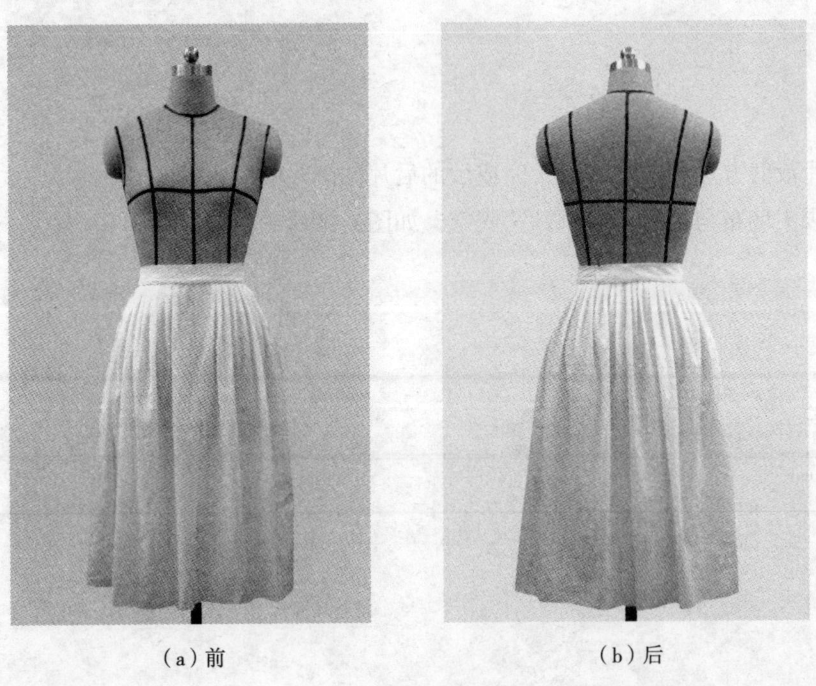

（a）前　　（b）后

图3–101

（二）立体裁剪技法重点

1. 计算抽褶裙立体裁剪坯布宽度时可增加余量（至少增加为原长度的1.5倍），使抽褶效果更饱满，当抽褶量较大时可用缝线法辅助抽褶。缝线法操作要求是每隔一段距离缝一长线段线迹，线头不打结，后再从两边拉扯线头，达到抽缩效果。

2. 抽均匀褶可设计为定位置抽缩余量形成规律抽褶造型。

（三）平面结构分析

抽褶裙的结构比较简单，或是将腰间省道作为余量抽褶、或是继续增加余量即可实现抽褶造型。增加余量的方法可用切展法，如图3–102所示。

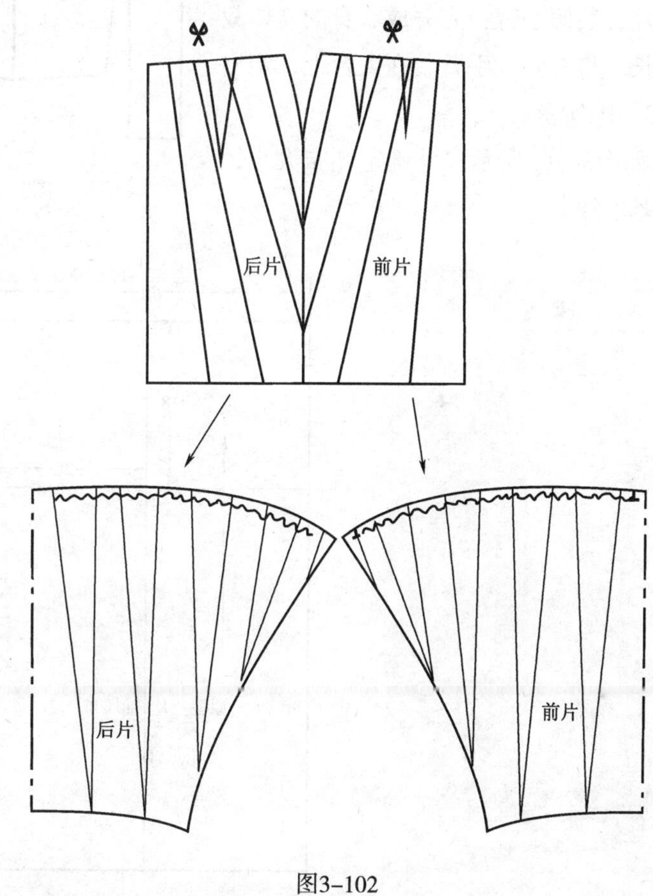

图3–102

第三节 袖子立体裁剪

手臂与身体部分由关节联系在一起，其活动范围较大。从功能设计的角度出发，袖子结构一般都与衣身分开。通过对人体的观察，可以清晰地看到手臂向前弯曲的状态，因此不难理解合体袖向前弯曲的结构规律。在袖子的立体裁剪中较多采用平面与立体相结合的方法。

一、原型一片袖

原型一片袖属基础袖型，各种款式的衣袖都可以通过基础袖型变化得到。由肩端点至腋窝点的长度为基本值定袖山及袖窿深度，根据不同款式的要求加放相应的放松量，才能作为实际袖片结构制图的尺寸。原型一片袖款式图如图3-103所示。

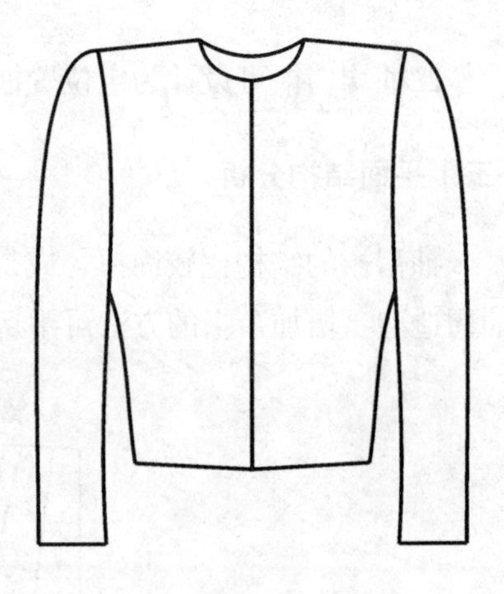
图3-103

（一）立体裁剪操作

1. 制作衣身裁片，装假手臂：先完成衣身的立体裁剪，量出袖窿弧线长。将右侧假手臂装在人台上，定出袖长和袖宽，如图3-104所示。

2. 坯布准备：如图3-105所示尺寸确定坯布大小，标明纵向和横向的基准线。

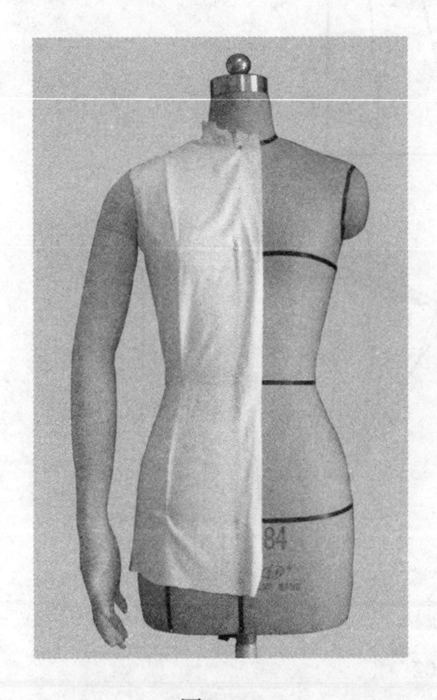

图3-104

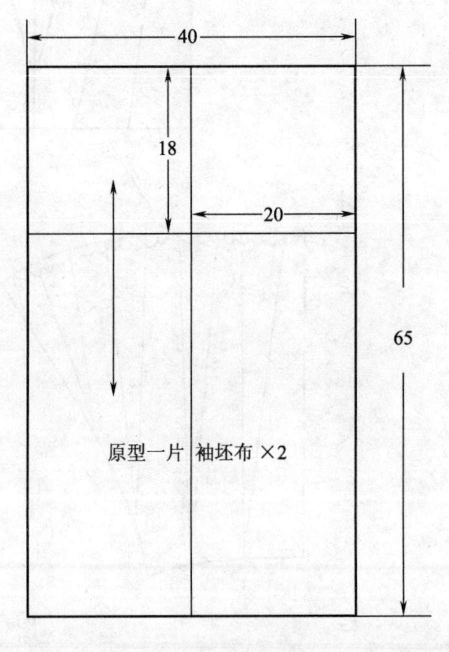

图3-105

3. 固定袖片：将袖片坯布围到假手臂上，纵向基准线同手臂的袖中线重合，横向基准线同衣身的胸围线对齐，确定好坯布的位置后根据人台的肩端点定出袖片的袖山顶点，用珠针将坯布固定在假手臂上，如图3-106所示。

4. 确定袖片轮廓：将假手臂从人台上拆下来，如图3-107所示，预留出袖肥余量，根据手臂内侧的袖缝线将坯布重叠，用珠针固定好，剪掉多余的坯布。

5. 修正袖片：将假手臂装到人台上，手臂和人台的夹角约为45°，从腋下点开始向上整理，将袖片固定在衣身的袖窿上，在袖山处的容缩要均匀、顺滑，如图3-108所示。

6. 完成袖片制作：将袖片从人台上取下，根据缝份描绘出净缝线和对位点，修顺袖片边缘。用熨斗烫平坯布，完成袖片的制作，如图3-109所示。

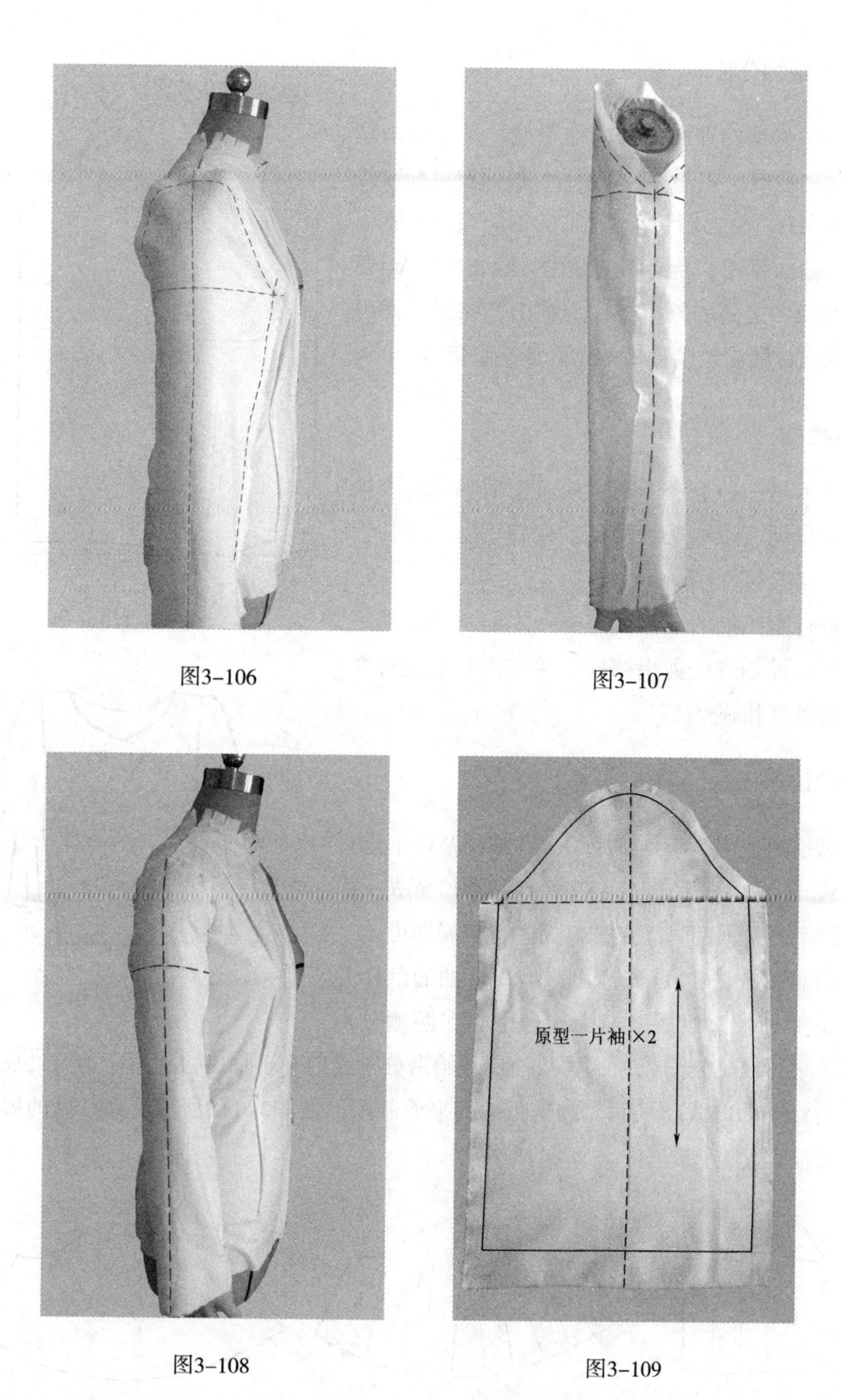

图3-106

图3-107

图3-108

图3-109

（二）立体裁剪技法重点

1. 在处理袖山容缩量时可在袖山顶部类似活褶一样折起来一定量的坯布。

2. 修剪袖山弧线时要将手臂抬起45°左右，以保证衣袖的活动量。

（三）平面结构分析

原型一片袖的平面结构即袖原型，是各种袖型款式变化的基础。如图3-110所示，根据衣身袖窿弧线的长度AH，用公式计算出衣袖的袖山高和袖肥，再绘制出袖山弧线。新绘制的袖山弧线长度比AH要大，它们两者之间的差值被称为袖山容缩量。袖山容缩量的设计能满足装袖后袖山立体造型需要。

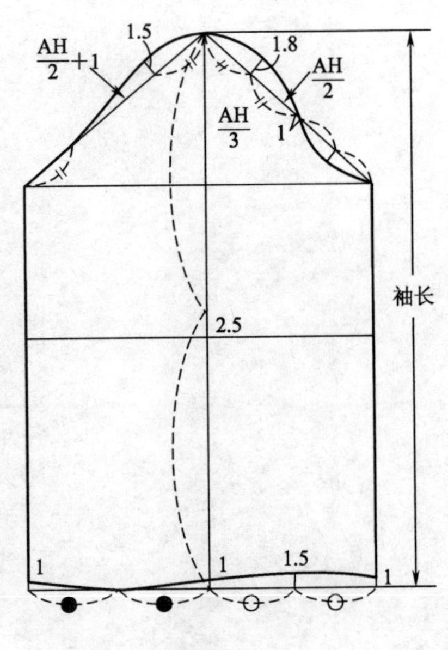

图3-110

二、喇叭袖

喇叭袖是一种上窄下宽、袖口呈喇叭状的衣袖款式，袖口围大于袖肥，常见款式有短型、中长型和长型，如图3-111所示。

图3-111

在进行喇叭袖的立体裁剪操作之前，先根据平面裁剪喇叭袖的方法剪出袖样，再在人台上进行立体造型的修改和调整。

（一）平面结构分析

喇叭袖的平面结构是在原型一片袖的基础上进行变化得到的。由于喇叭袖的结构特点是袖口宽大，而袖山保持不变，因此只需在袖口处进行切展即可。

平面制图方法：首先描出原型一片袖的纸样并确定合适的袖长，然后以袖中线为中心在两侧分别画出数条平行线（分割线），再从袖口开始沿分割线剪开至袖山，在每个剪开处展开一定量，最后修顺袖口线，从而完成喇叭袖的平面制图，如图3-112所示。袖口处的展开量可随袖口波浪程度进行调整。

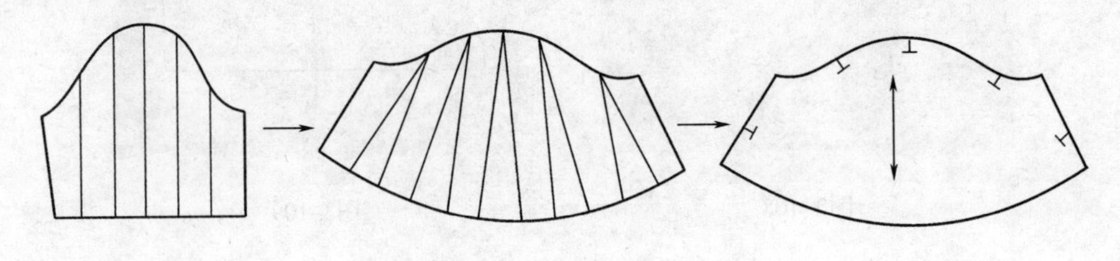

图3-112

（二）立体裁剪操作

1. 坯布准备：如图3-113所示尺寸确定坯布大小，标明纵向和横向的基准线。

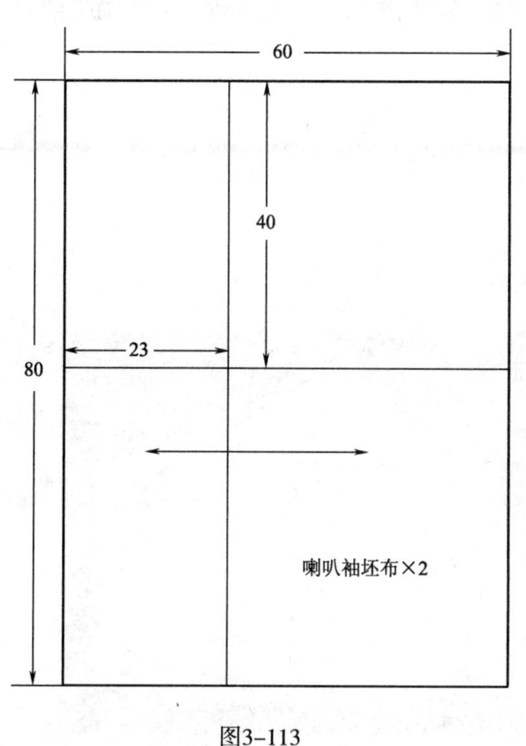

图3-113

2. 确定袖片轮廓：取原型一片袖样板，覆盖在准备好的坯布上，对齐基准线，在袖中线两侧分别画两条平行的展开线，然后包括袖中线一同剪开至袖山，再在每个剪开处放出相同的展开量，剪出喇叭袖基础袖样，如图3-114所示。

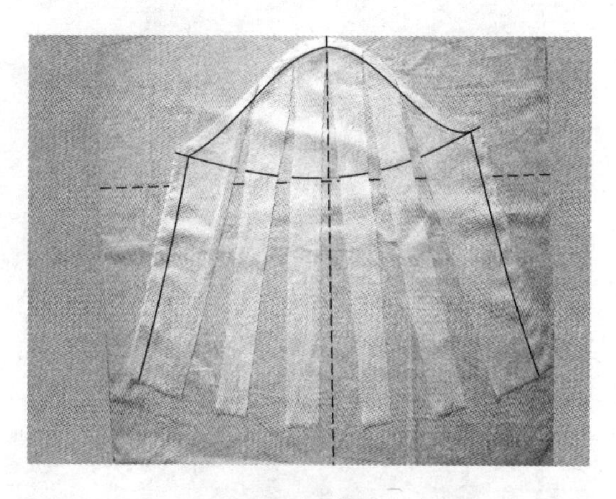

图3-114

3. 修改袖片：将喇叭袖基础袖样坯布覆盖在肩臂处，使袖山顶点与肩端点对齐，将袖山弧线固定在衣身袖窿上，从前面、侧面和后面三个方向检查造型是否符合要求，确认后用笔做标记，如图3-115~图3-117所示。

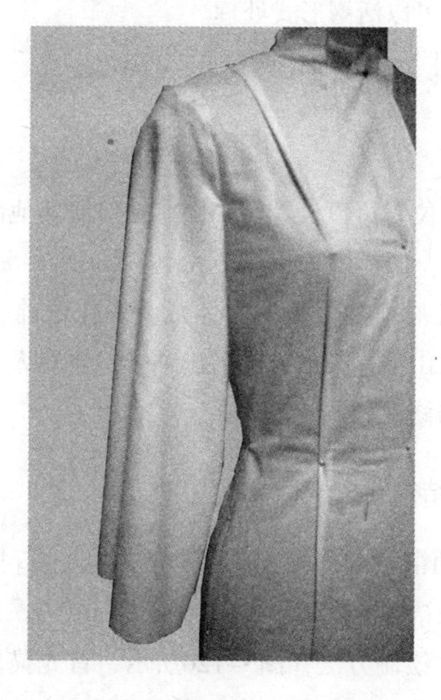

图3-115

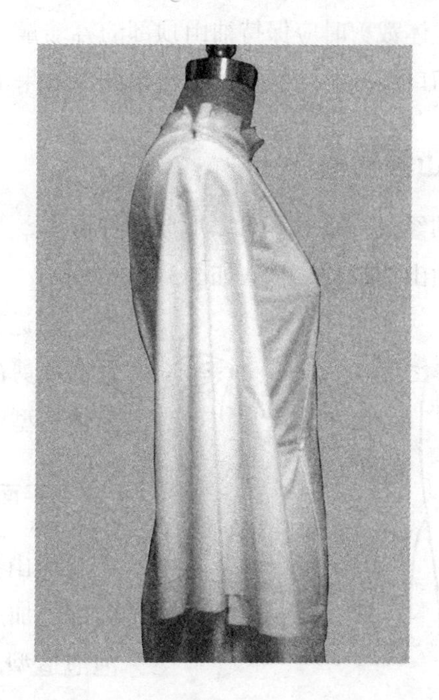

图3-116

4. 完成袖片：从人台上取下袖片，展平并重新修正轮廓线，用熨斗烫平完成喇叭袖的制作，如图3–118所示。

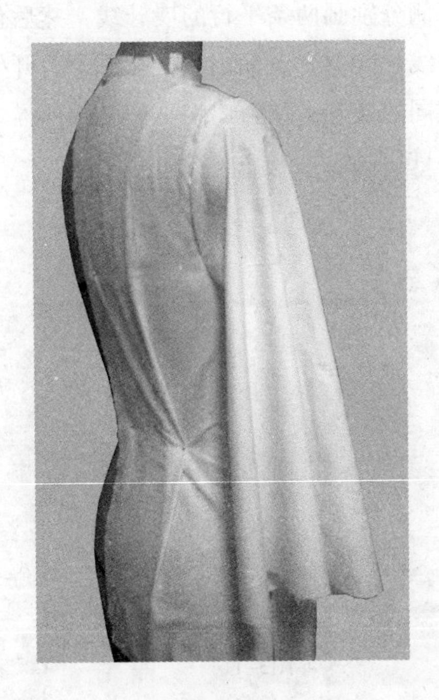

图3–117

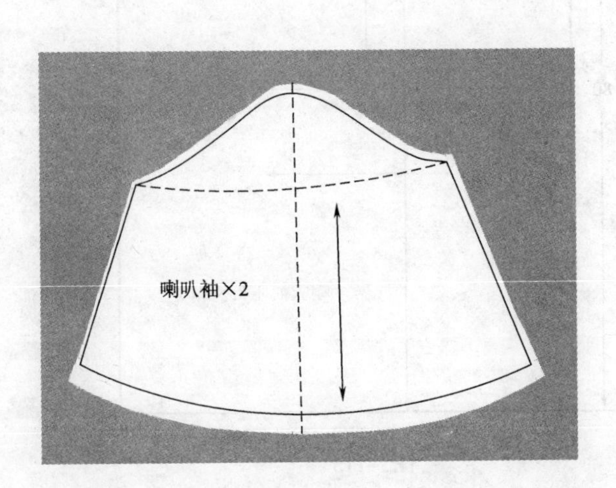

图3–118

（三）立体裁剪技法重点

1. 立体裁剪时应保持袖山顶部的容缩量，可以活褶形式处理。

2. 袖口展开不同的量可制作出波浪效果不同的喇叭袖。

三、袖山抽褶袖

衣袖经过抽褶处理可以形成多种造型，其位置可以设计在袖山、袖口或其他部位。这里介绍袖山抽褶袖，款式如图3–119所示。

在进行袖山抽褶袖的立体裁剪操作之前，先根据平面裁剪袖山抽褶袖的方法剪出袖样，再在人台上进行立体造型的修改和调整。

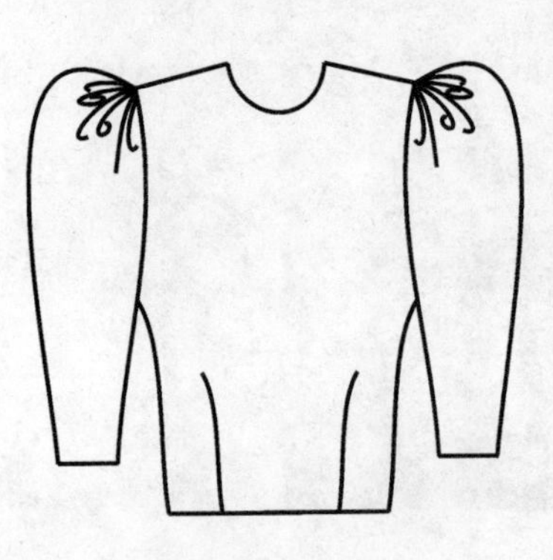

图3–119

（一）平面结构分析

袖山抽褶袖的平面结构原理是将要进行抽褶处理的部位加入褶量，在缝合的时候再进行缩缝，从而得到泡泡造型。绘制方法如图3–120所示，首先描出原型一片袖的纸样并确定合适的袖长，然后以袖中线为中心在两侧分别画数条平行线，再从袖山处开始沿线剪开，在每个剪开处展开一定的量，最后修顺袖山弧线，从而完成泡泡袖的平面制图。

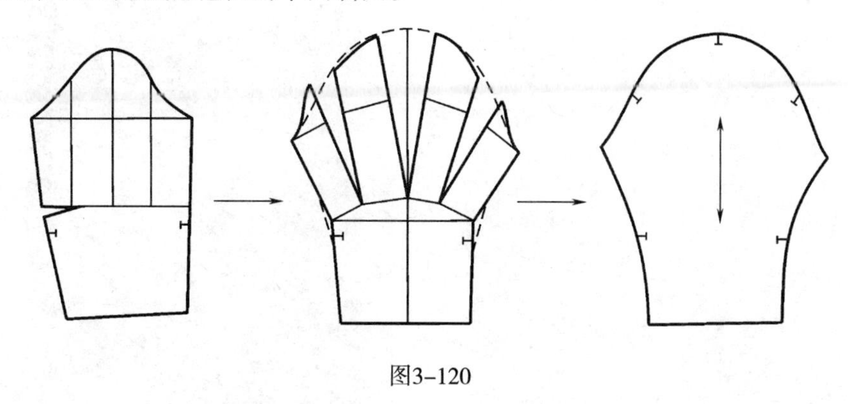

图3-120

（二）立体裁剪操作

1. 坯布准备：如图3-121所示尺寸确定坯布大小，标明纵向和横向的基准线。

2. 确定衣袖基础布样：取原型一片袖样板覆盖在布料上，对齐基准线，将肘线以上的部分按四等份剪开，在每个剪开处展开至所需的宽度，画顺袖山弧线，预留出缝份，剪出袖山抽褶袖袖样，如图3-122所示。

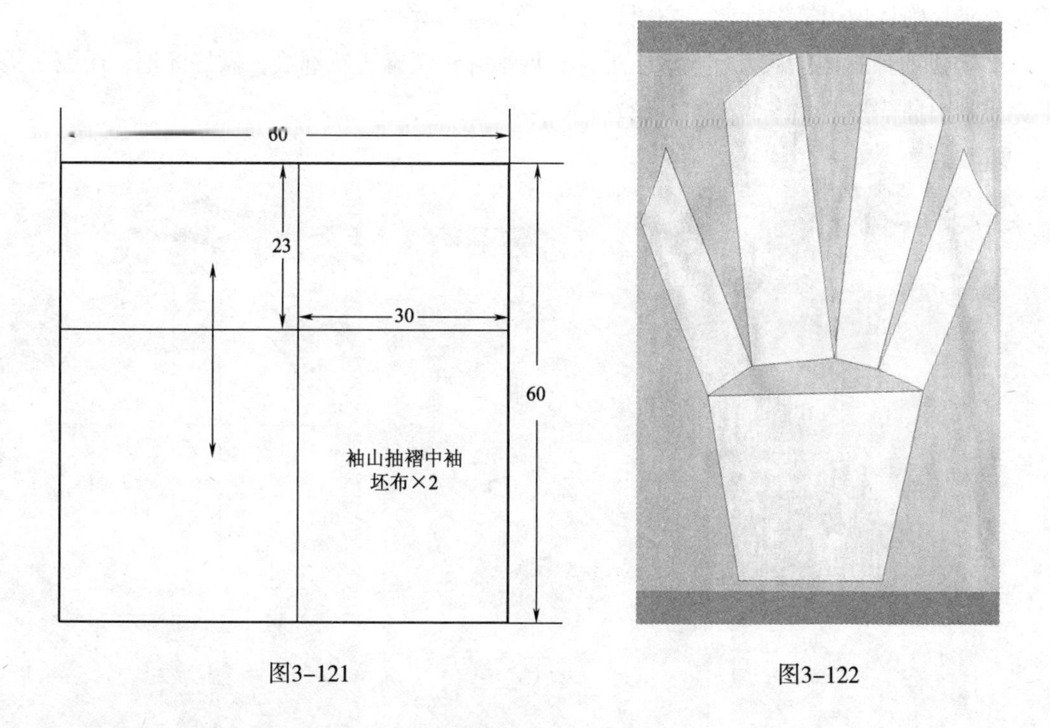

图3-121　　图3-122

3. 确定袖片轮廓：将袖山抽褶袖袖样覆盖在肩臂处，使袖山顶点与肩端点对齐，将袖山弧线固定在衣身袖窿上，如图3-123所示。袖底缝用珠针固定好，从腋下开始将袖片固定在人台上，在袖山处折出活褶造型，并用珠针固定，如图3-124所示。

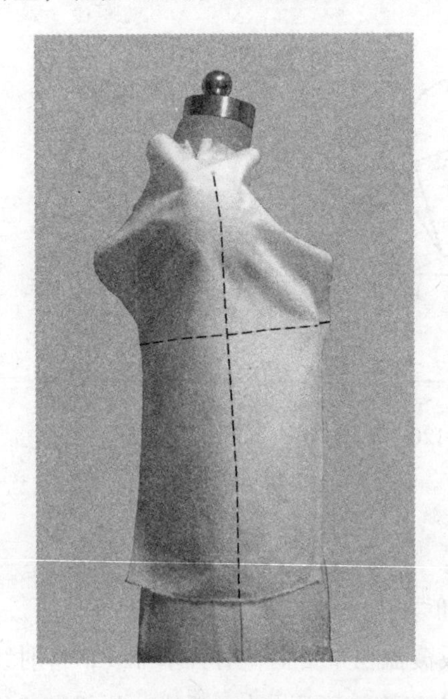

图3-123

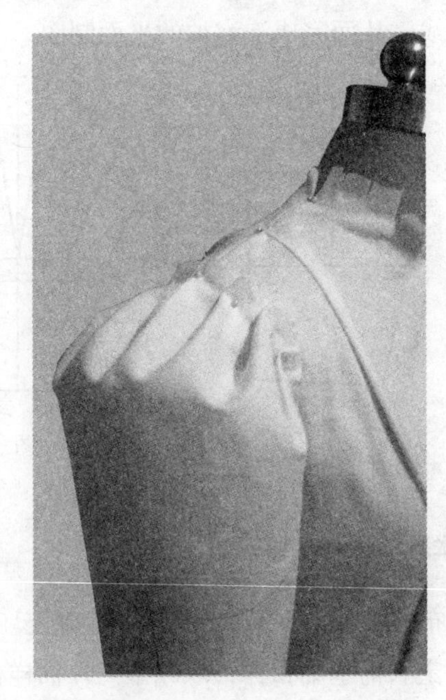

图3-124

4. 修改袖片：整理好缝份，用珠针将衣袖固定在衣片上，从前面和后面检查造型是否符合要求，确认后用笔做标记，如图3-125、图3-126所示。

5. 完成袖片布样：从人台上取下袖片，展平并重新修正轮廓线，做好标记，用熨斗烫平完成袖山抽褶袖的制作，如图3-127所示。

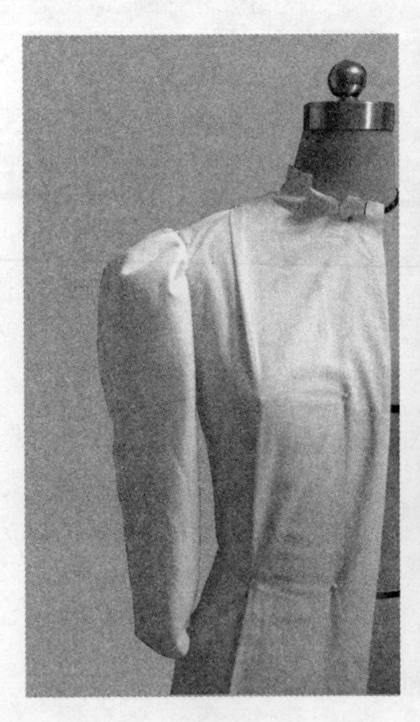

图3-125

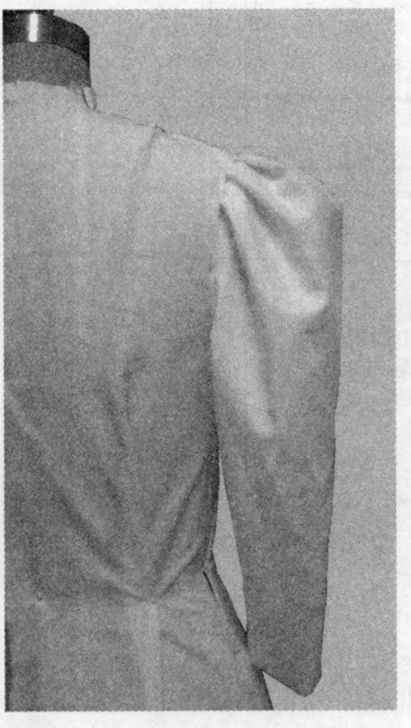

图3-126

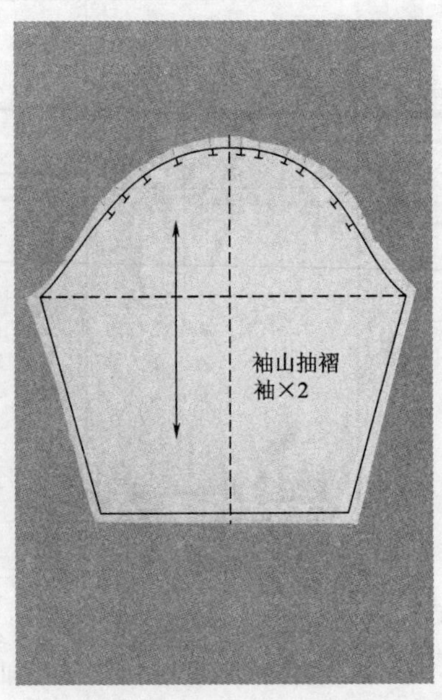

图3-127

（三）立体裁剪技法重点

1. 袖山抽褶造型跟袖山张开的量有关，张开的量越大，袖山隆起越明显。

2. 操作时切展线可不剪至袖口，切展后袖山隆起的状态更饱满。

四、袖口抽褶袖

袖口抽褶袖是一种在袖口有缩褶、较宽松的衣袖造型，款式如图3-128所示。

在进行袖口抽褶袖的立体裁剪操作之前，先根据平面裁剪袖口抽褶袖的方法剪出袖样，再在人台上进行袖样立体造型的修改和调整。

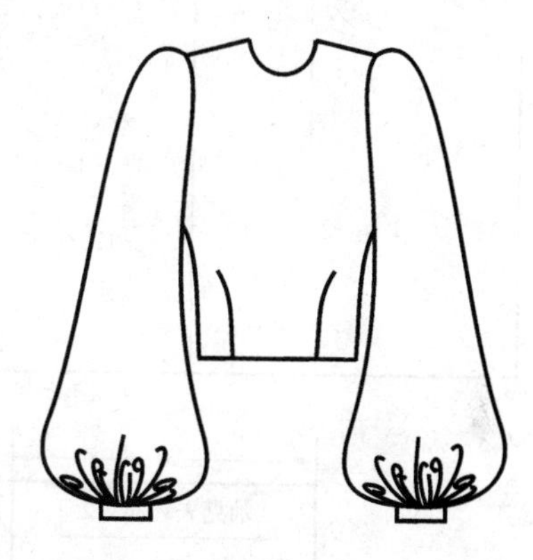

图3-128

（一）平面结构分析

袖口抽褶袖的平面结构原理同喇叭袖相似，袖口抽褶量由袖口切展而得。为了使袖口抽褶造型更加饱满，可将后袖切展量设计成比前袖切展量大一倍，袖侧缝长度加长1~1.5cm，并按后袖长、前袖短修顺新的袖口弧线，如图3-129所示。

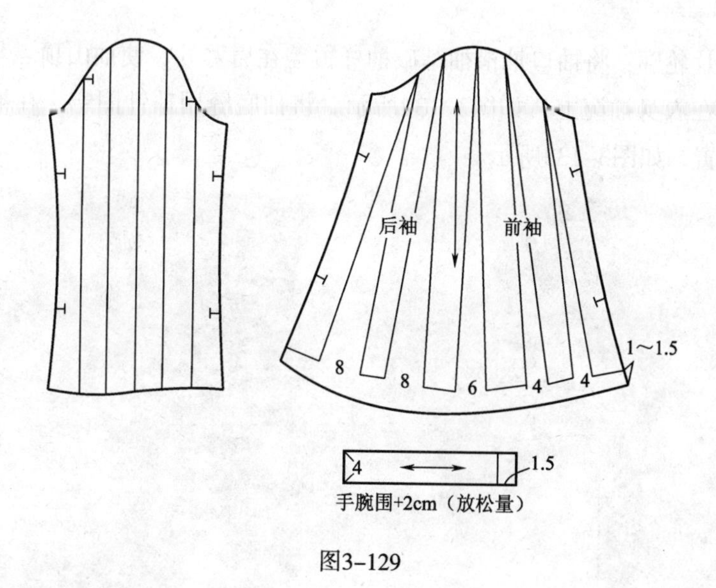

图3-129

（二）立体裁剪操作

1. 坯布准备：如图3-130所示尺寸确定袖口抽褶袖袖片坯布和袖克夫坯布大小，标明纵向和横向的基准线。

2. 确定衣袖基础布样：取原型一片袖样板，覆盖在布料上，对齐基准线，在袖中线两侧分别画两条平行的展开线，然后按剪口位置，包括袖中线一同剪开至袖山，再在袖口处展开所需的抽褶量，剪出袖口抽褶袖基础袖样，如图3-131所示。

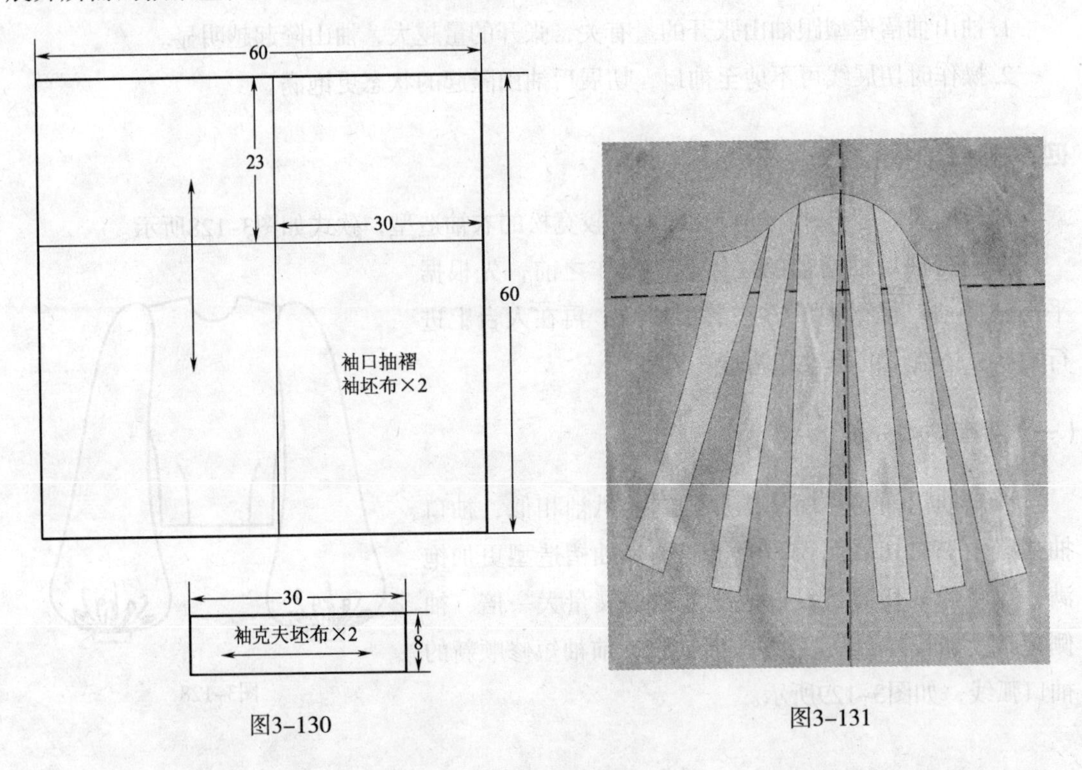

图3-130　　图3-131

3. 确定袖片轮廓：将袖口抽褶袖基础袖样覆盖在肩臂处，使袖山顶点与肩端点对齐，将袖山线固定在衣身袖窿上，如图3-132所示。将袖底缝用珠针固定，在袖口处用针线确定抽褶量和位置，如图3-133所示。

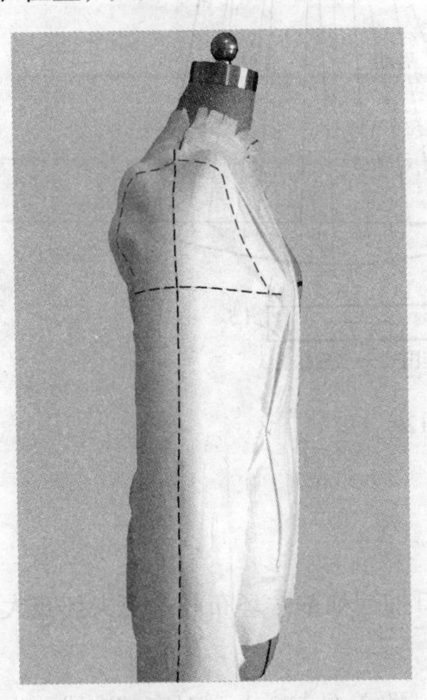

图3-132

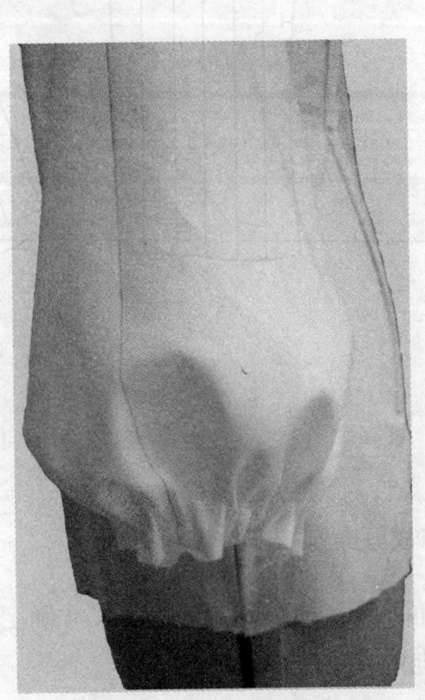

图3-133

4. 修改袖片：将袖克夫装在袖口上，从前面和后面检查造型是否符合要求，确认后用笔做标记，如图3-134所示。

5. 完成袖片：从人台上取下袖片，展平并重新修正轮廓线，做好标记，用熨斗烫平完成袖口抽褶袖的制作，如图3-135所示。

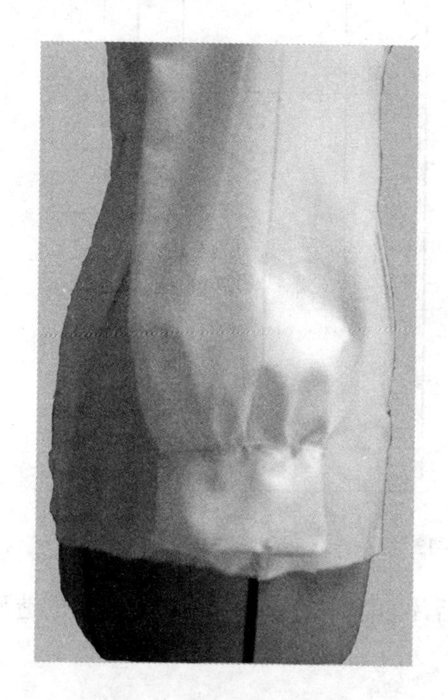

图3-134

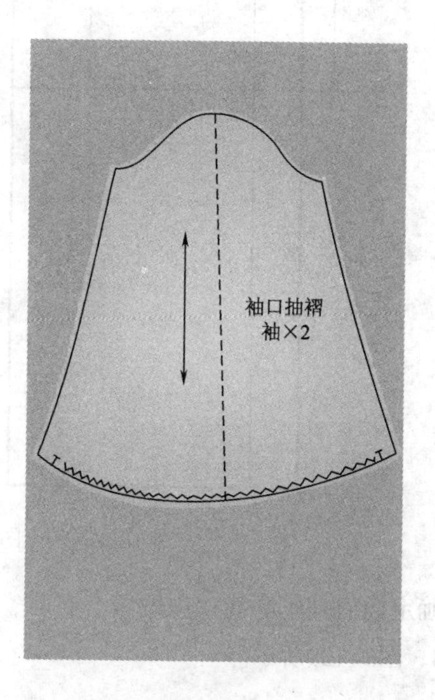

图3-135

（三）立体裁剪技法重点

1. 袖口抽褶袖袖口造型饱满与前、后袖展开的量有关，操作时后袖抽褶密一些，到前袖时抽褶疏一些。抽褶操作可以手针大针脚缝线后抽缩进行。

2. 袖口抽褶袖款式长度设计可以调整，只要按照袖口抽褶袖的技术处理方法操作，就可以制出不同长度的袖型。

五、插肩袖

插肩袖是一种连身袖款式，其袖子和衣身连在一起。插肩袖多用于风衣、雨衣、套装等，穿用舒适，功能性好，如图3-136所示。

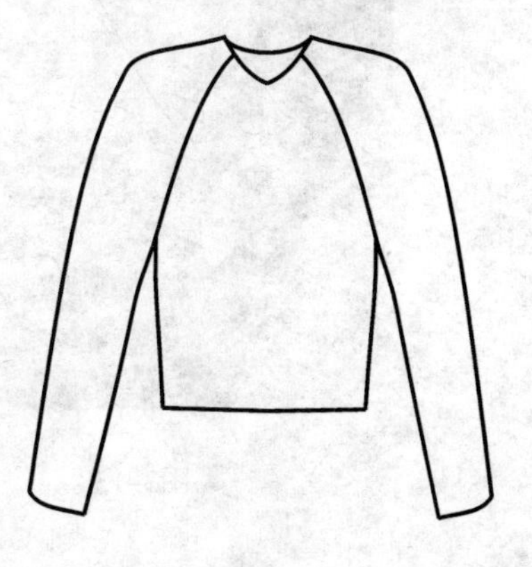

图3-136

（一）立体裁剪操作

1. 坯布准备：如图3-137所示尺寸确定袖片坯布，标明纵向和横向的基准线。

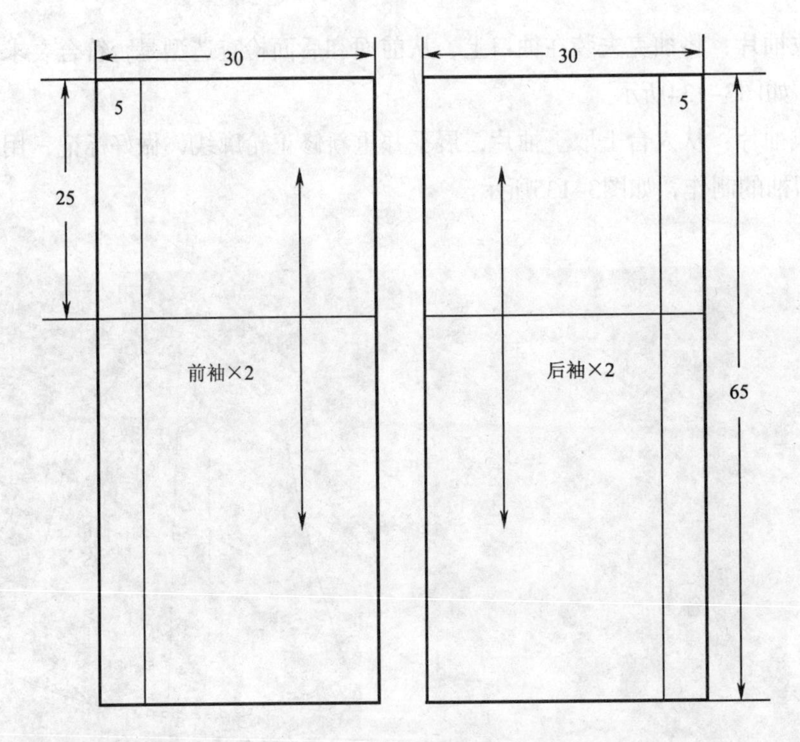

图3-137

2. 确定插肩袖轮廓线：先做好上衣前、后片的立体裁剪，并确定插肩袖的造型线，如图3-138、图3-139所示。

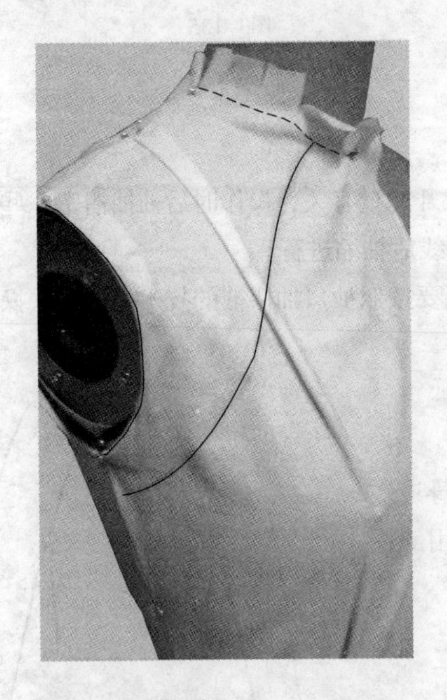

图3-138

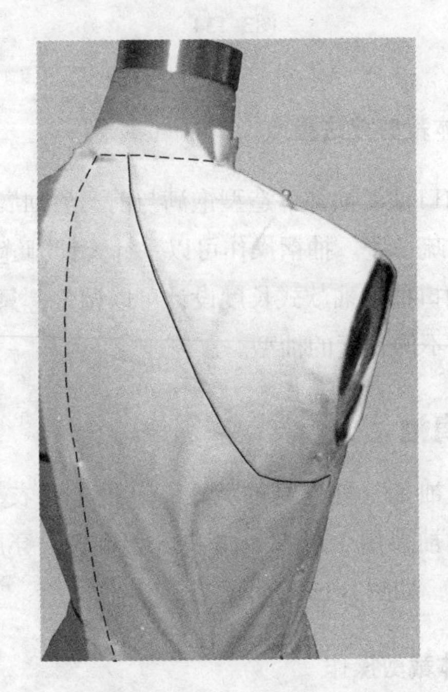

图3-139

3. 衣片预留缝份之后将其沿插肩袖造型线剪开，用珠针沿造型线固定好衣片坯布，如

图3-140、图3-141所示。

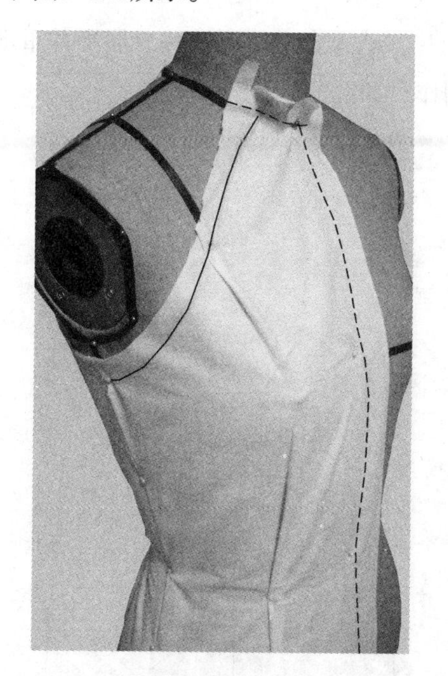

图3-140

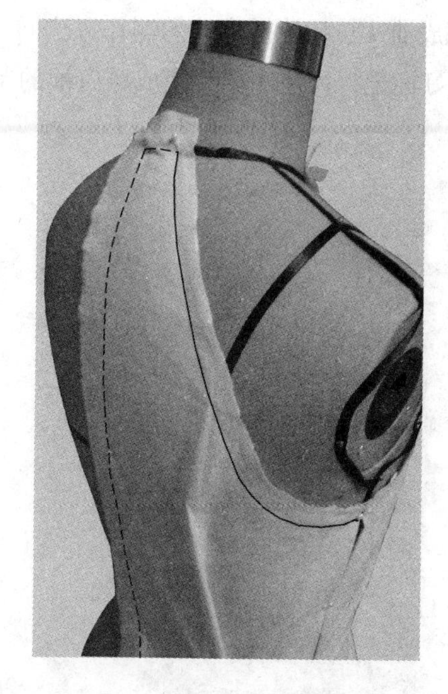

图3-141

4. 将前片基础袖样覆盖在肩臂处，使纵向基准线与袖中线重合，横向基准线与胸围线对齐，在袖片上描出插肩袖的造型线，如图3-142所示。

5. 抬起假手臂，将腋下布料抚平，描出腋下部分的插肩袖造型线，做好袖中线的标记，如图3-143所示。

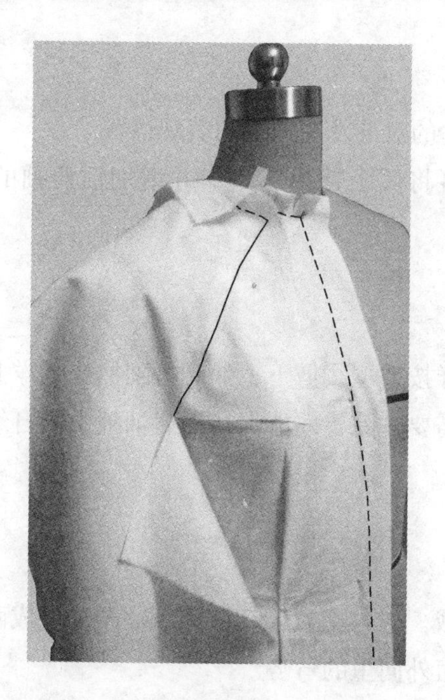

图3-142

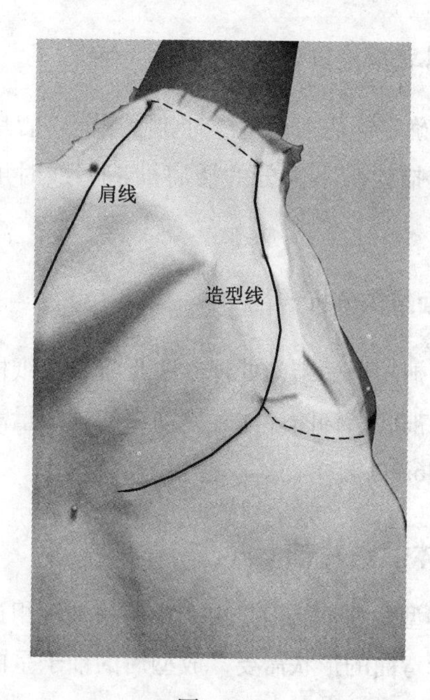

图3-143

6. 预留出缝份，剪掉多余的坯布，如图3-144所示。

7. 完成袖片：后片插肩袖的制作方法同前片。从人台上取下袖片，展平并重新修正轮廓线，做好标记，用熨斗烫平完成插肩袖的制作，如图3-145所示。

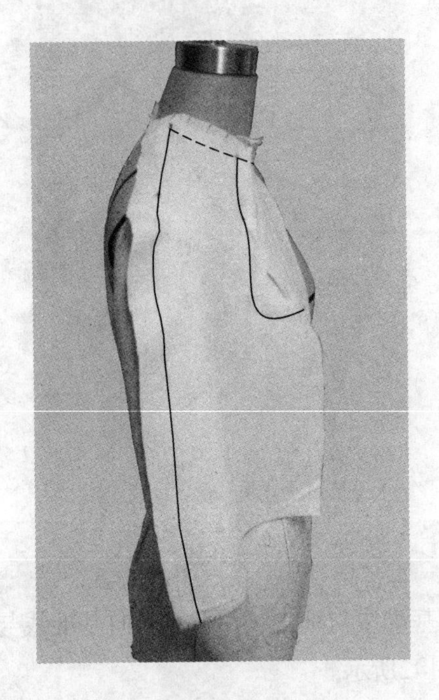

图3-144

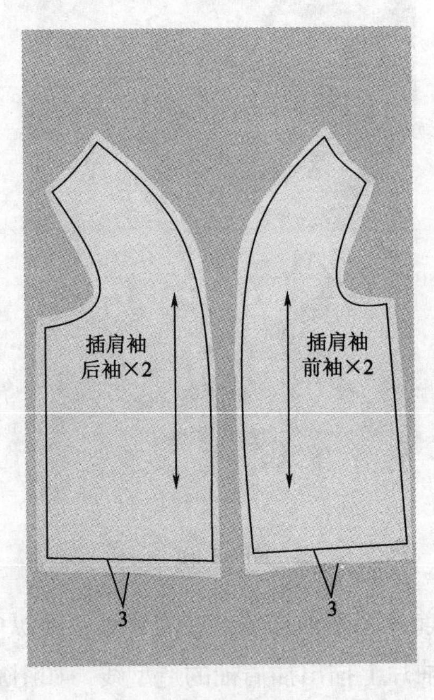

图3-145

（二）立体裁剪技法重点

1. 在确定插肩袖造型线时要注意前、后片的对称及造型线的美观性。

2. 在描绘腋下部分的插肩袖造型线时可将假手臂抬起来，并增加插肩袖的腋下活动量。

（三）平面结构分析

插肩袖的平面结构处理方法是将衣身纸样按造型线剪下，然后拼到袖片纸样上，从而得到插肩袖的结构图。注意原袖山的容缩量需要去除，才能保持插肩袖袖山的自然状态，如图3-146所示。

六、合体型两片袖

合体型两片袖结构是由大小两块袖片组成。它与上衣配套使用，袖子开剪成两片袖，符合手臂弯曲的形状需要，成型后的袖子呈由外向里的弯势。

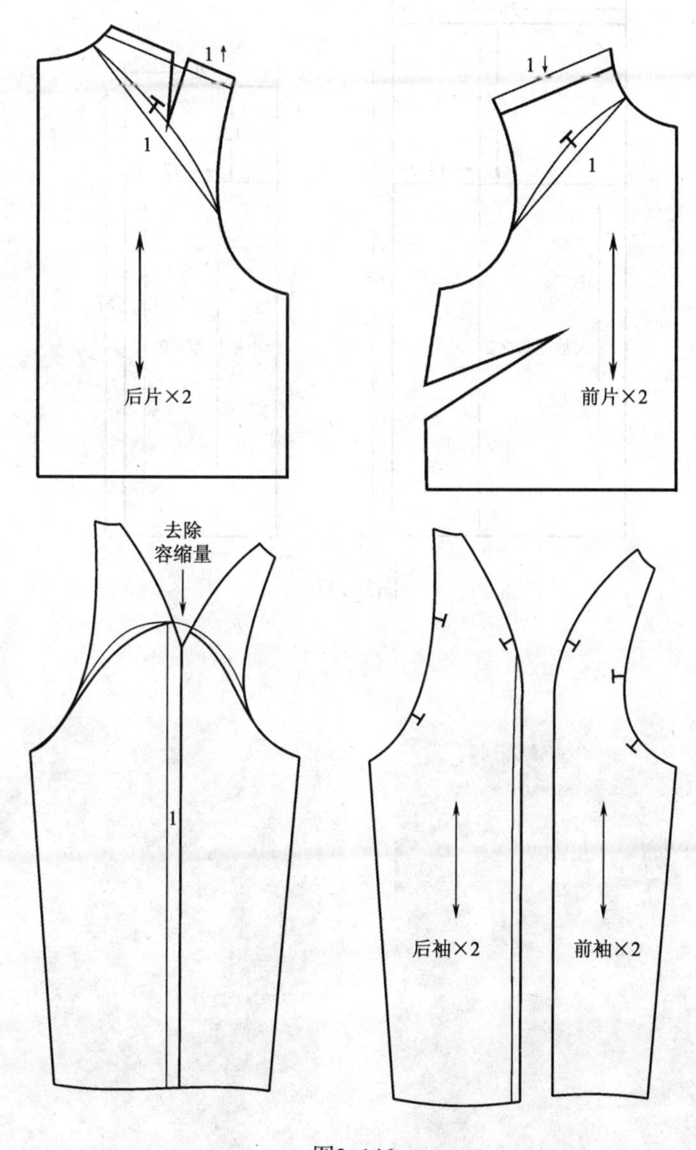

图3-146

（一）立体裁剪操作

1. 坯布准备：如图3-147所示尺寸确定袖片坯布，标明纵向和横向的基准线。

2. 大袖的制作：将大袖坯布固定在人台上，纵向基准线与前袖中线重合，横向基准线与胸围线对齐，如图3-148所示。在纵向基准线处折起3cm作为袖的放松量，用珠针固定，如图3-149所示。

3. 确定大、小袖的缝合线位置，然后用珠针沿缝合线将袖片固定在手臂上，预留出缝份，剪掉多余的坯布，如图3-150、图3-151所示。

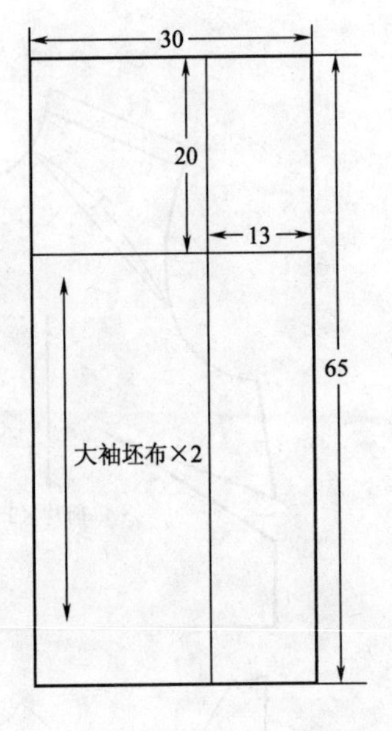

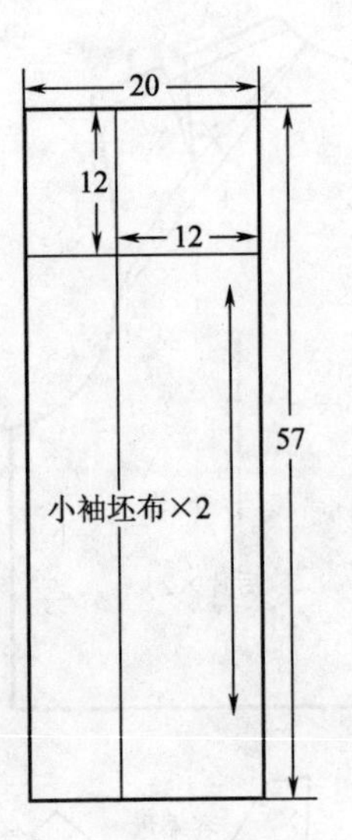

图3-147

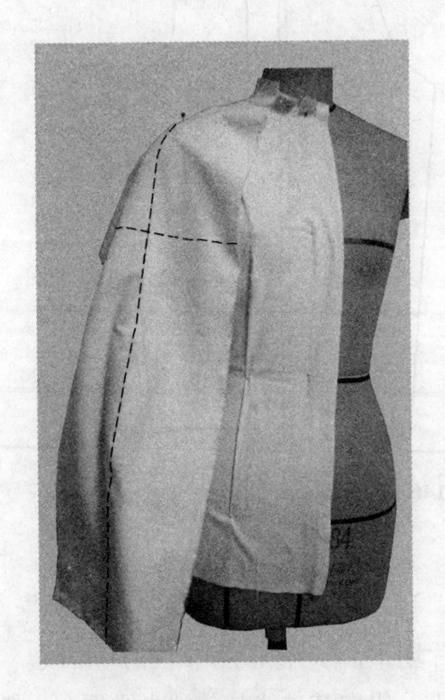

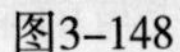
图3-148

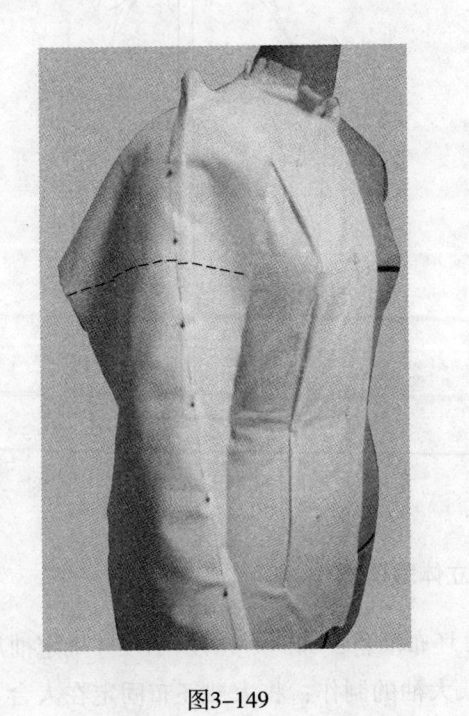

图3-149

4. 小袖的制作：将假手臂拆卸下来，把小袖坯布固定在手臂上，纵向基准线与袖底线对齐，横向基准线与大袖横向基准线对齐，如图3-152所示。沿纵向基准线折起3cm作为袖的放松量，如图3-153所示。

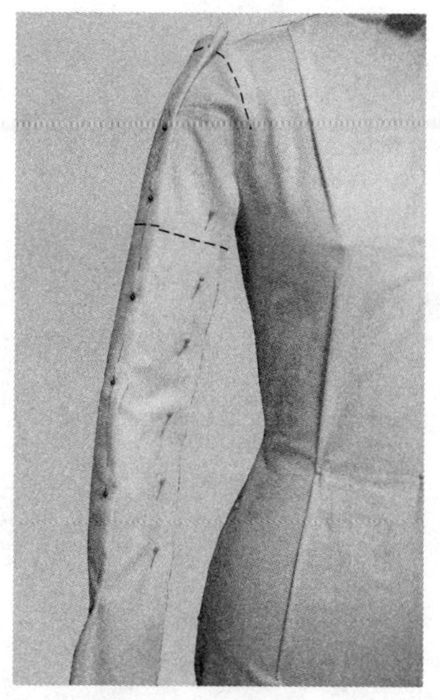

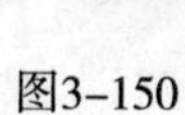
图3-150

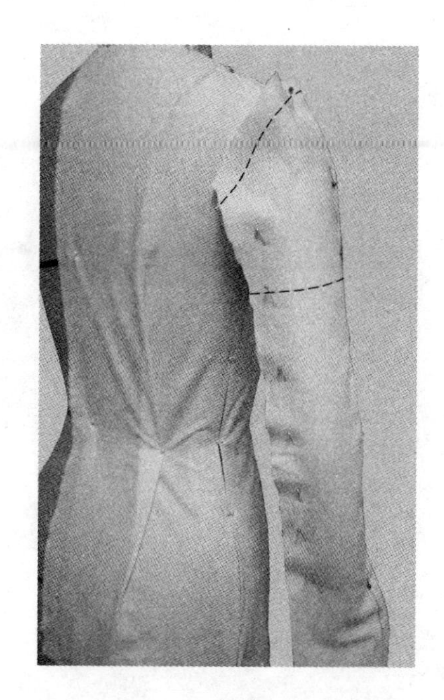

图3-151

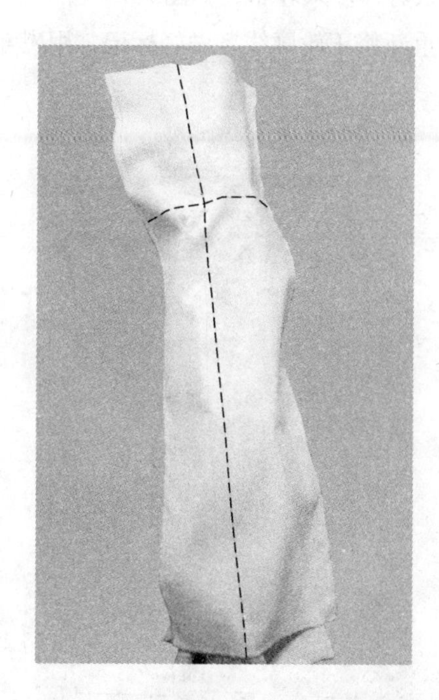

图3-152

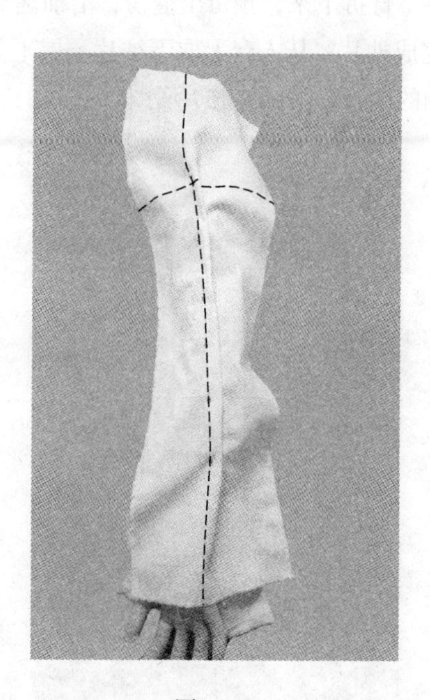

图3-153

5. 将手臂装到人台上，沿大、小袖缝合线将小袖固定在手臂上，预留出缝份，并剪掉多余的坯布，如图3-154、图3-155所示。

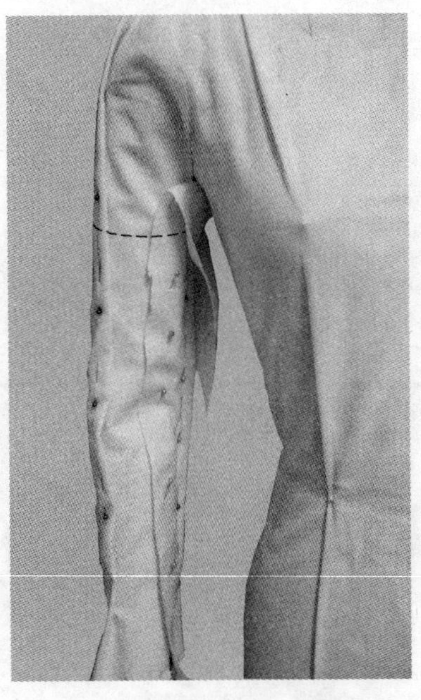

图3-154

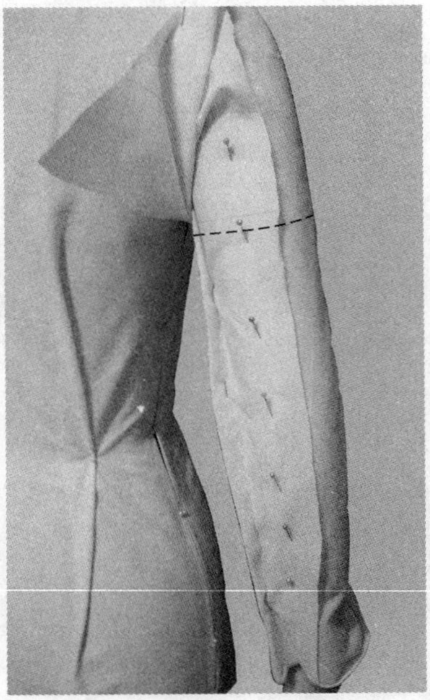

图3-155

6. 将手臂拆下来，预留出缝份，沿袖窿形状剪掉多余坯布，如图3-156所示。

7. 完成袖片：从人台上取下袖片，展平并重新修正轮廓线，做好标记，用熨斗烫平完成两片袖的制作，如图3-157所示。

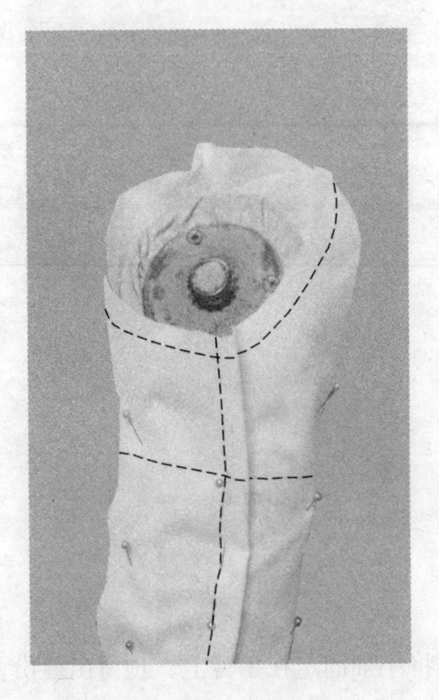

图3-156

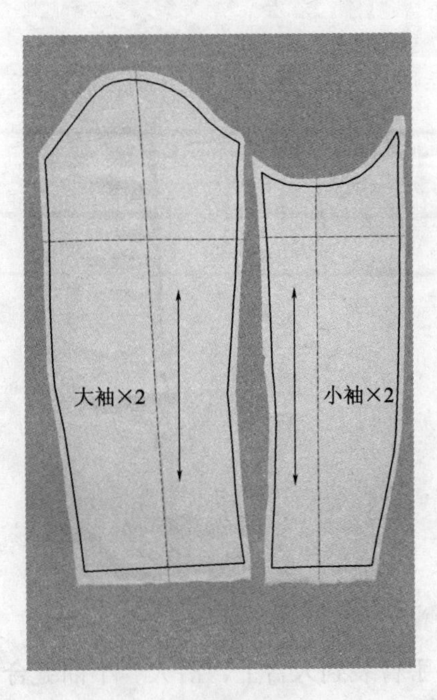

图3-157

（二）立体裁剪技法重点

1. 在制作合体型两片袖时把假手臂向前弯曲成人体手臂自然下垂时的状态，有助于确定大、小袖的形状。

2. 在确定大、小袖的袖肥时要把袖松量加进去，不能紧贴在假手臂上。

3. 在修剪袖窿时可将手臂抬起一定的角度，使袖底具有一定的活动量。

（三）平面结构分析

合体型两片袖的平面结构原理是通过互补的方法做出大、小袖的纸样。先找出大、小袖的两条公共线，这两条线符合手臂自然弯曲的要求，然后以这两条线为界，大袖片增加的部分在对应的小袖片中减掉，从而得到小袖片。互补量越大，衣袖越立体，但是工艺难度就会随之变大。合体型两片袖的平面结构如图3-158所示。

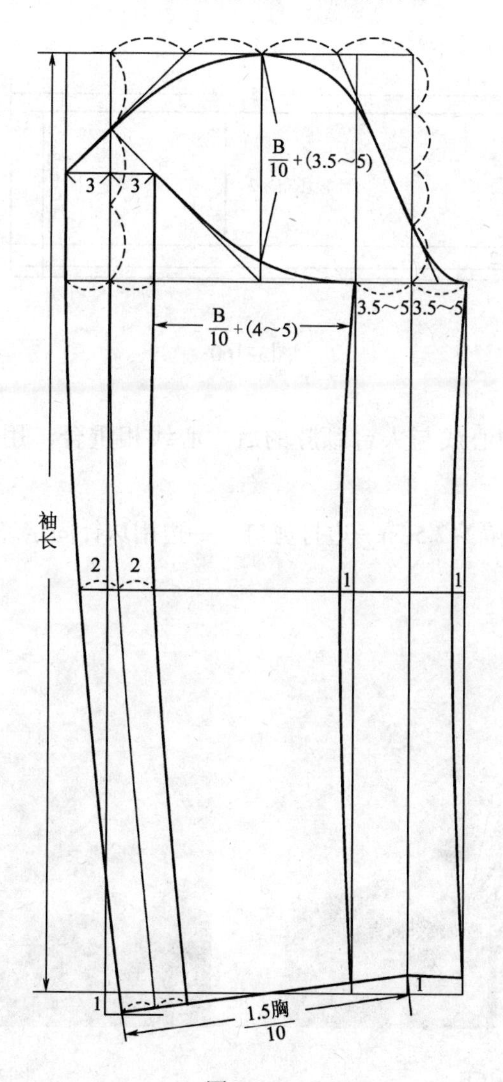

图3-158

第四节　领子立体裁剪

一、旗袍领

旗袍领是单立领结构的一种，是由一块布料围裹住颈脖形成环形状的领型。在结构上又可分为贴颈型和离颈型两种，其中贴颈型立领结构是基础，因而只介绍贴颈型旗袍领立体裁剪方法。旗袍领款式如图3-159所示。

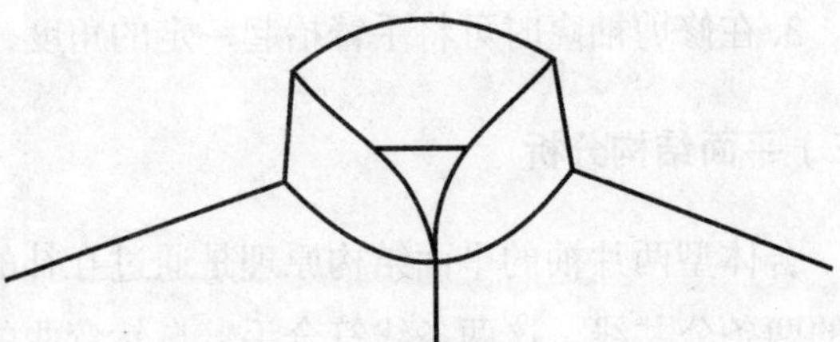

图3-159

(一) 立体裁剪操作

1. 坯布准备：坯布准备情况如图3-160所示。

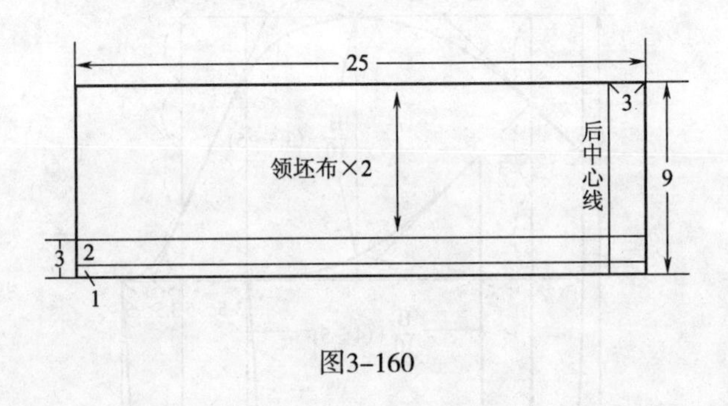

图3-160

2. 将领坯布的后中心线与人台颈脖的后中心线相重合，用珠针固定，如图3-161所示。

3. 然后沿领围线每隔2~2.5cm一边打剪口，一边用珠针固定坯布，坯布从后往前绕，如图3-162所示。

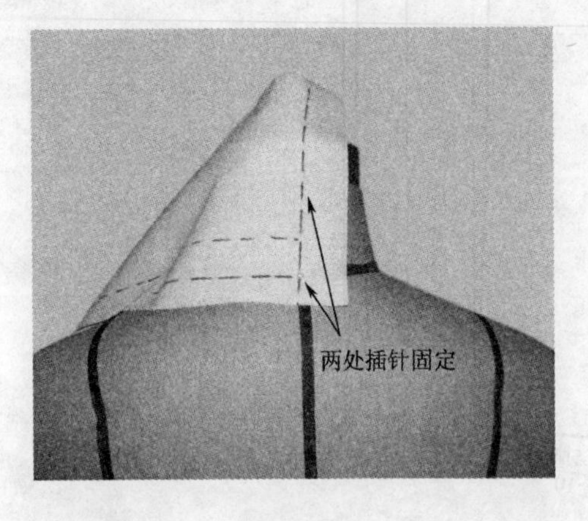

图3-161

图3-162

4. 当布绕至前面时，一边调节领上口与颈脖间的松量，一边将领下口的缝份向上翻折，固定前领围线位置，领子自后向前领片缝份越来越大，如图3-163所示。

5. 在前领围线处打剪口，抚平翻折的缝份，如图3-164所示。

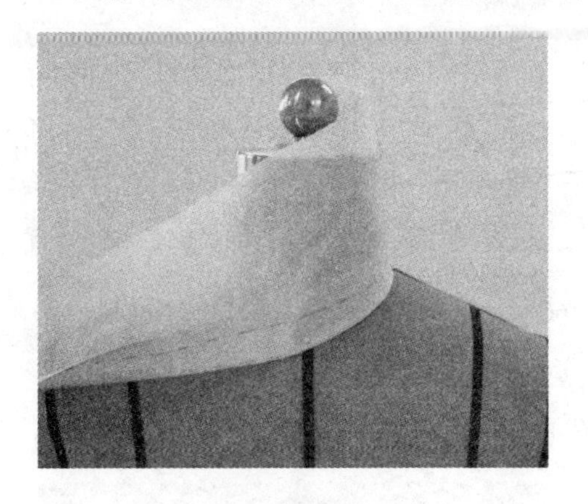

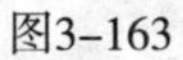

图3-163

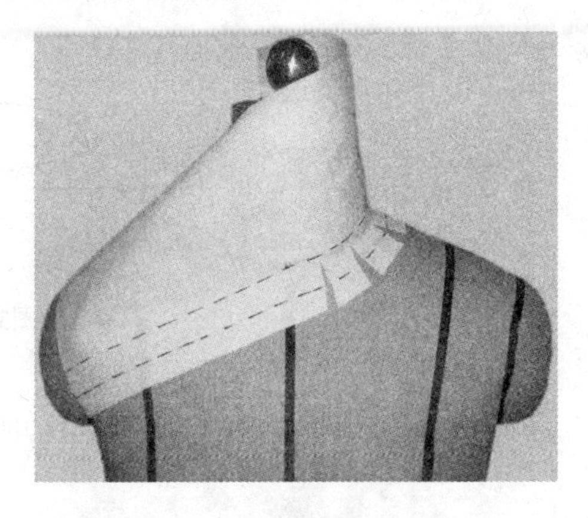

图3-164

6. 确定领上口线的造型（用记号笔点影或用胶带粘贴），如图3-165所示。

（a）前

（b）侧

（c）后

图3-165

7. 将从人台上取下的领片进行描图，得到旗袍领的平面结构图，如图3-166所示。

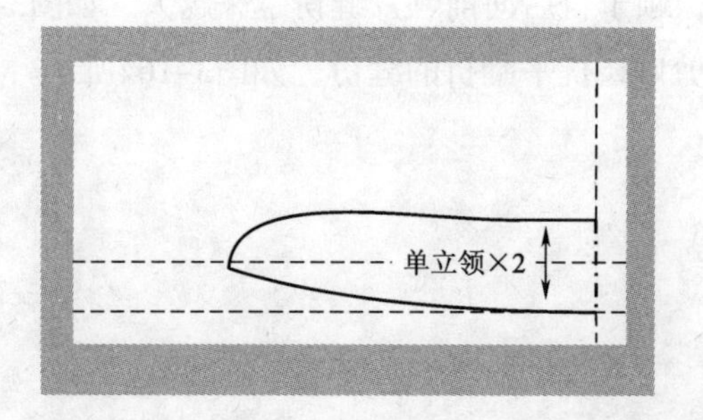

图3-166

8. 旗袍领款式立体效果展示如图3-167所示。

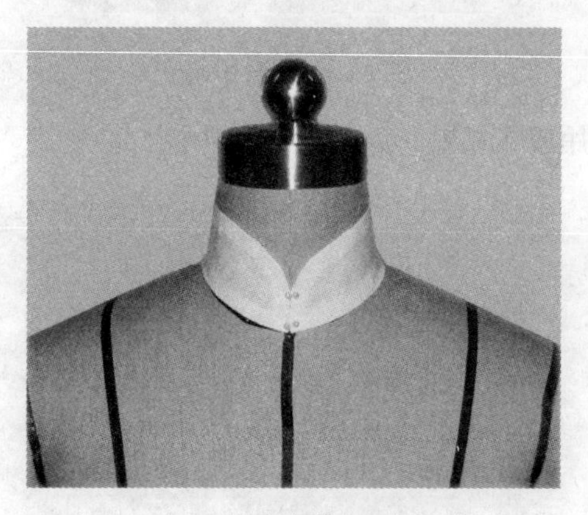

（a）前

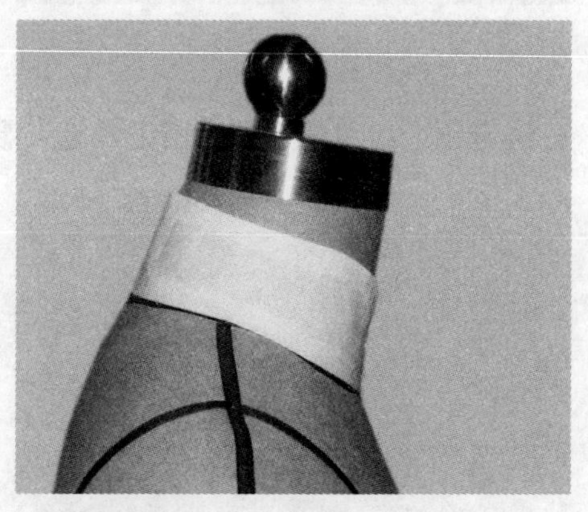

（b）侧

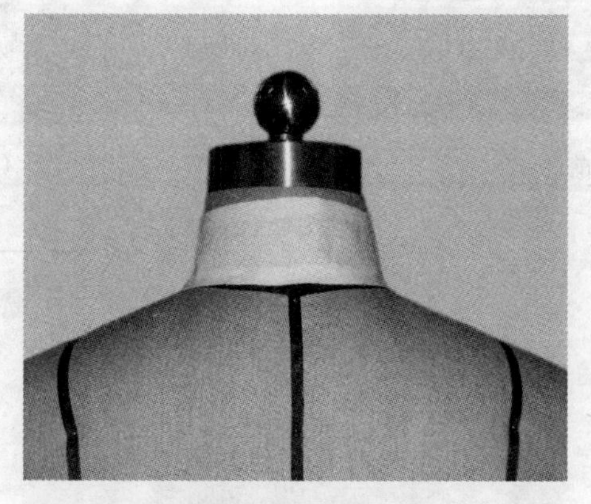

（c）后

图3-167

（二）立体裁剪技法重点

1. 领上口与颈脖之间的放松量是通过翻折领下口的缝份来确定。

2. 将翻折的领下口缝份打剪口可使其平贴于肩部。

（三）平面结构分析

旗袍领的平面构图技术应从它与颈脖的状态开始。由于人体颈脖呈上小下大的台形，若要设计出贴颈状态的旗袍领结构，只需要将领外口线长度变短。这样领子就呈现往上翘的趋势，如图3-168所示。

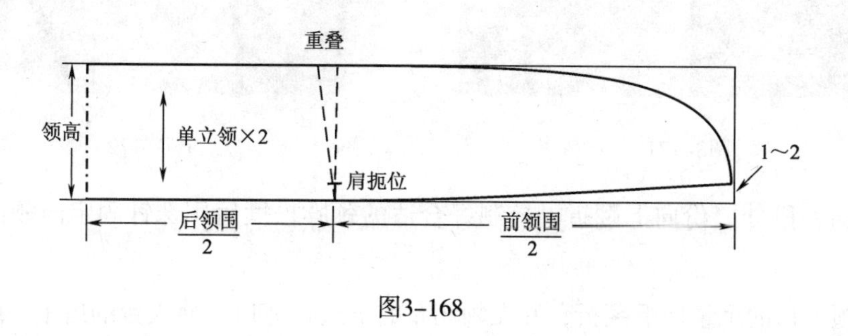

图3-168

二、两用领

两用领广泛用于衬衫、连衣裙、春秋套装、大衣、风衣等。两用领可以是独立的一片结构，也可以是由翻领和领座两部分组成。两用领款式如图3-169所示。

（一）立体裁剪操作

1. 坯布准备：坯布准备情况如图3-170所示。

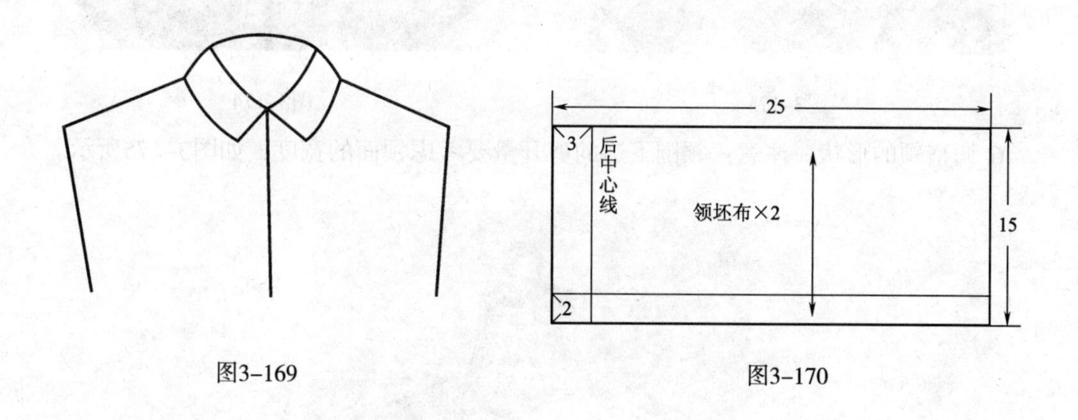

图3-169　　图3-170

2. 将领坯布的后中心线与人台颈脖的后中心线重合，用珠针上下固定，如图3-171所示。

3. 然后沿领围线每隔2~2.5cm一边打剪口，一边用珠针固定坯布，坯布从后往前绕，如图3-172所示。

图3-171

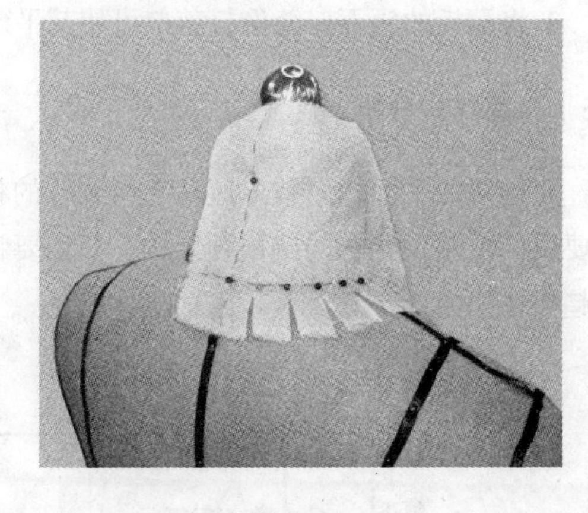

图3-172

4. 将前领围处缝份向上翻折，控制好合适的颈脖松度后用珠针固定前领围线，如图3-173所示。

5. 将领上口的余量向下翻折，并在领坯布的下边打剪口，使人台的后中心线与领片后中心线吻合，如图3-174所示。

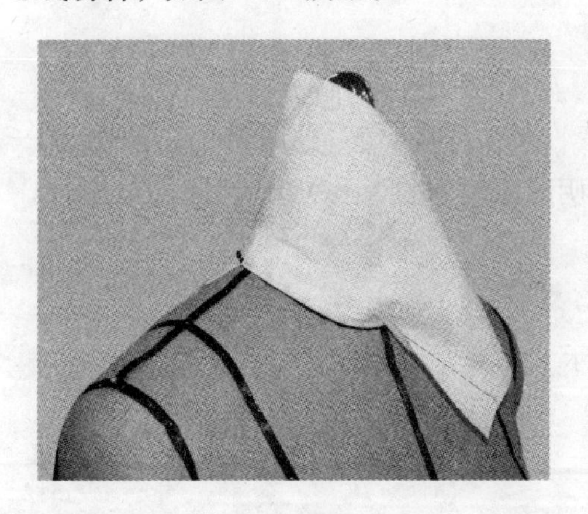

图3-173

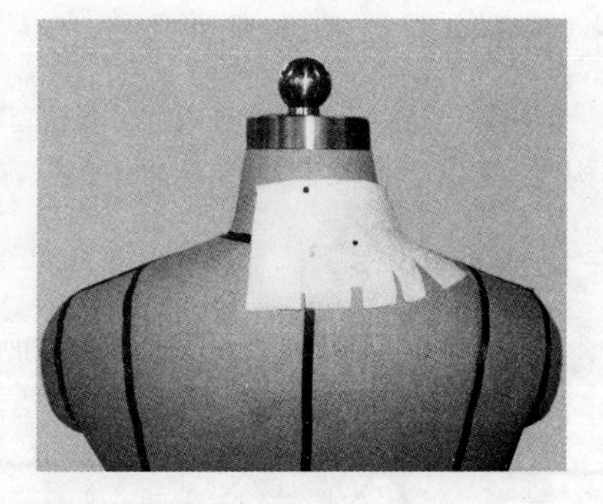

图3-174

6. 调整领的形状。注意：领围下边的剪开量要考虑领面的宽度，如图3-175所示。

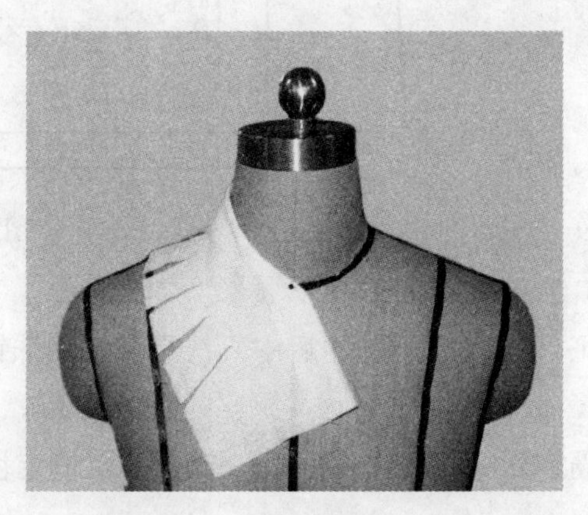

图3-175

7. 调整好两用领形状后用记号笔在领口处做记号，并用胶带粘贴出两用领的造型，如图3-176所示。

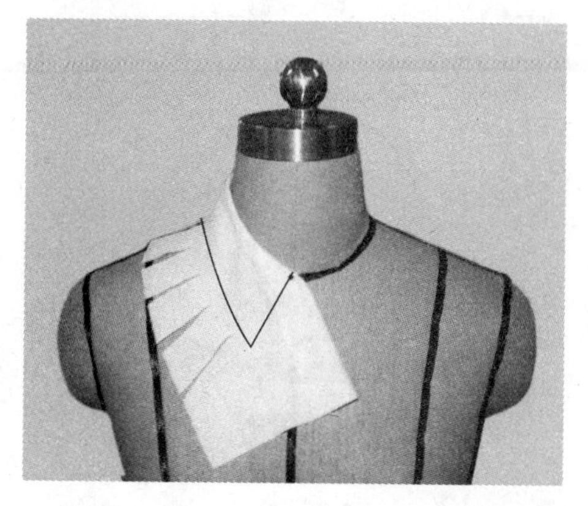

（a）前

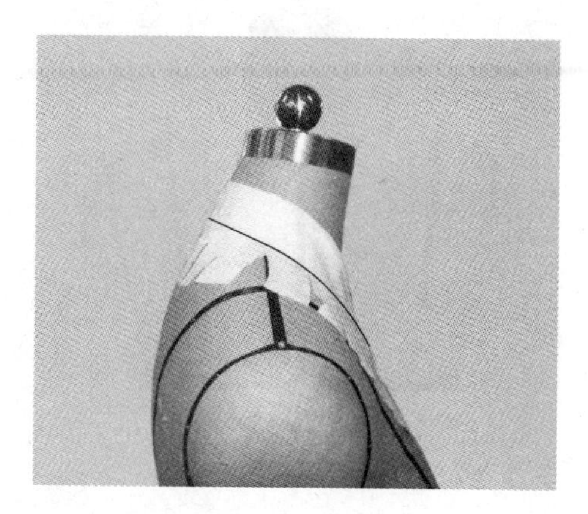

（b）侧

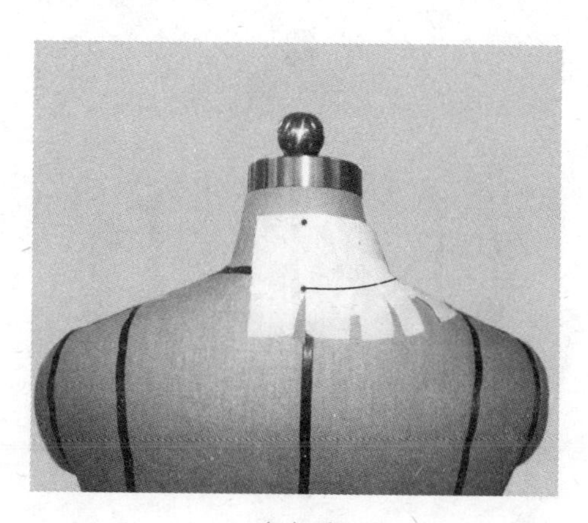

（c）后

图3-176

8. 从人台上取下裁好的领布样，进行描图，得到两用领的平面结构图如图3-177所示。

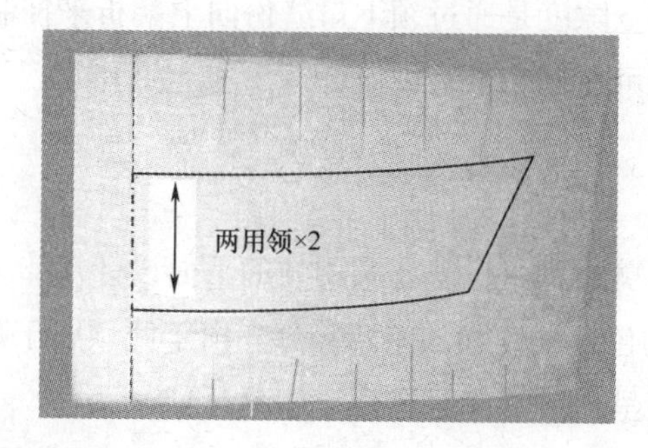

图3-177

9. 两用领款式立体效果展示如图3-178所示。

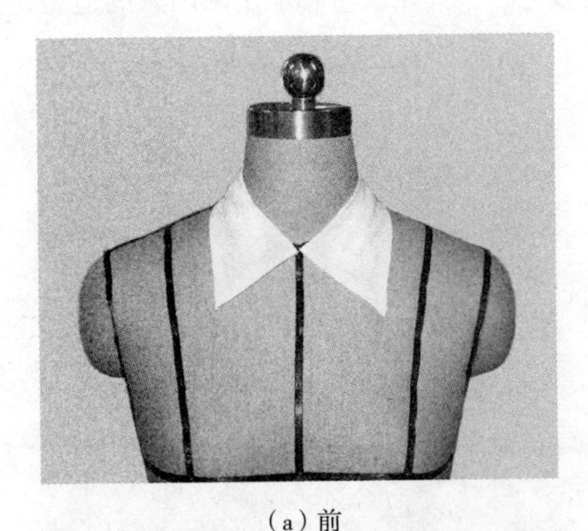
（a）前

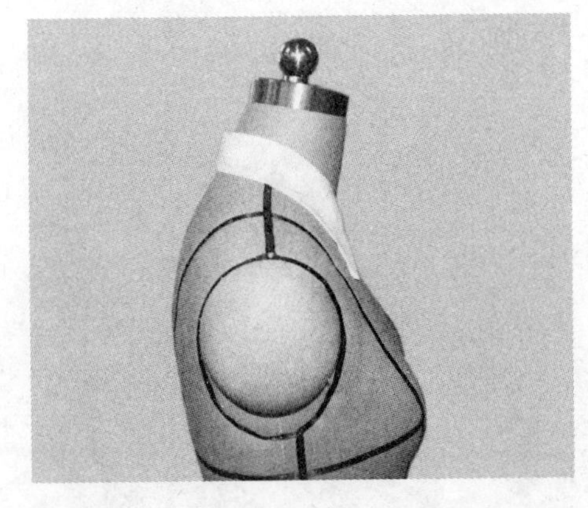
（b）侧

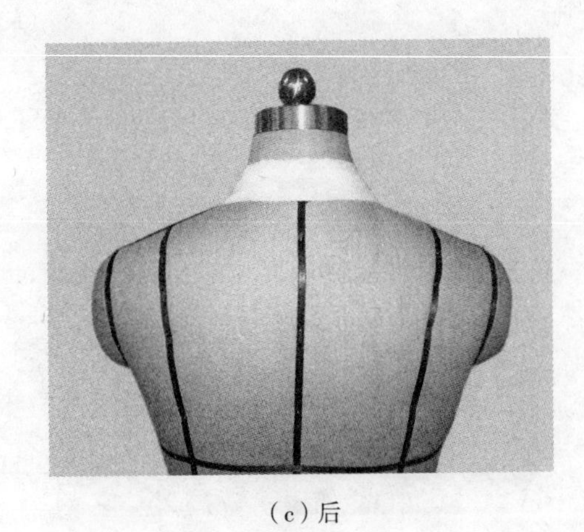
（c）后

图3-178

（二）立体裁剪技法重点

1. 领子与颈脖之间的空隙度是通过领下口缝份向上翻折来控制的。

2. 两用领领型的设计可在坯布上自由设计。

（三）平面结构分析

从以上两用领立体裁剪过程可反映出两用领的平面设计规律。

1. 两用领的平面结构包含翻领和领座两部分。由于此领属于贴颈型，故翻领纸样呈现向上翘的结构外形，领座呈现下弯趋势造型，如图3-179所示。

2. 当两用领为一片时，领座部分可直接上翘后再按照领型画出领款式线，如图3-180所示。

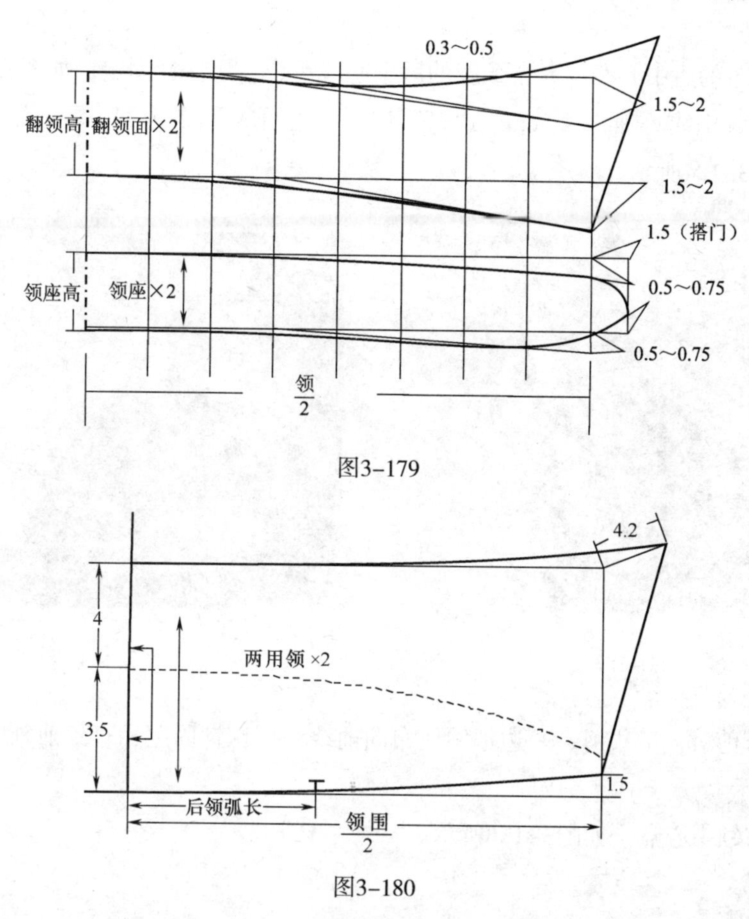

图3-179

图3-180

三、校服领

校服领又称为坦领，其结构特点是几乎没有领座并贴于肩上。它属于平领结构。校服领款式如图3-181所示。

（一）立体裁剪操作

1. 坯布准备：坯布准备情况如图3-182所示。

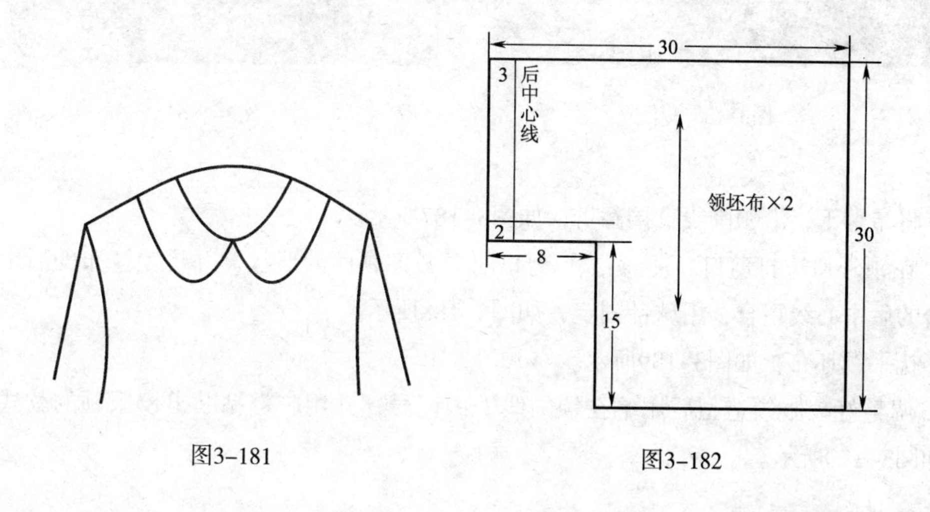

图3-181

图3-182

2. 将领坯布的后中心线与人台颈脖的后中心线重合，用珠针固定，如图3-183所示。

3. 然后沿领围线每隔2～2.5cm一边打剪口，一边用珠针固定后领围线位置，坯布从后往前绕，如图3-184所示。

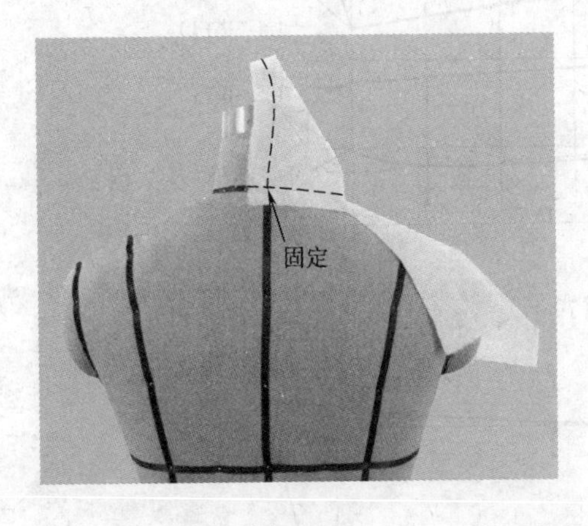

图3-183

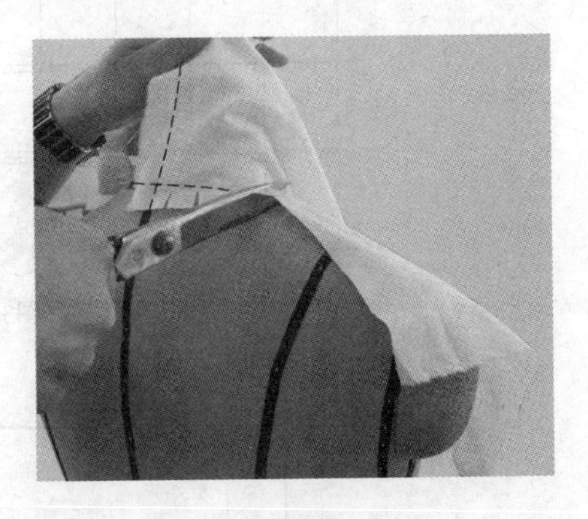

图3-184

4. 继续打剪口，一边剪、一边把领坯布向前绕并用珠针固定，直到前领中心点位置，如图3-185所示。

5. 固定前领中心点，如图3-186所示。

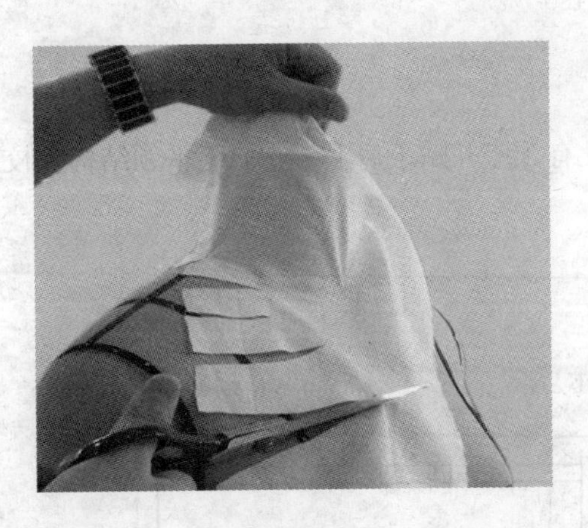

图3-185

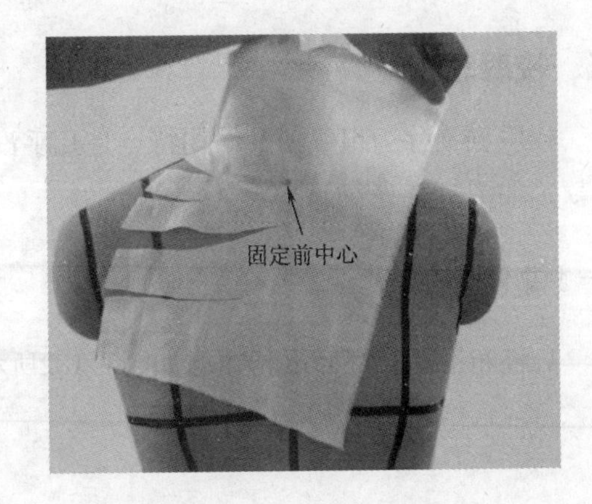

图3-186

6. 将布翻下，沿领围线直接翻折，如图3-187所示。

7. 在领外口边打剪口。注意：打剪口时要考虑领面的形状，并将领坯布的后中心线与人台的后中心线重合，用珠针固定，如图3-188所示。

8. 抚平领坯布，如图3-189所示。

9. 调整好校服领造型后用笔在领围线处做记号，并用胶带粘贴出校服领的款式造型线，如图3-190所示。

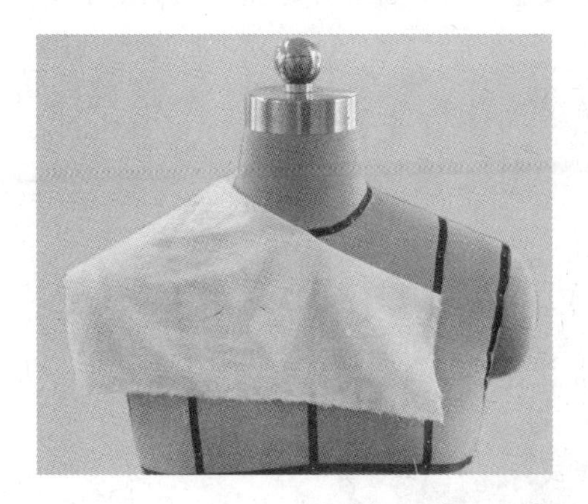

图3-187

图3-188

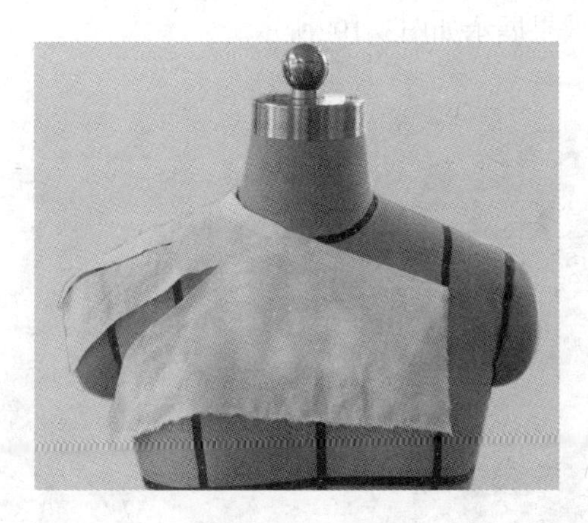

图3-189

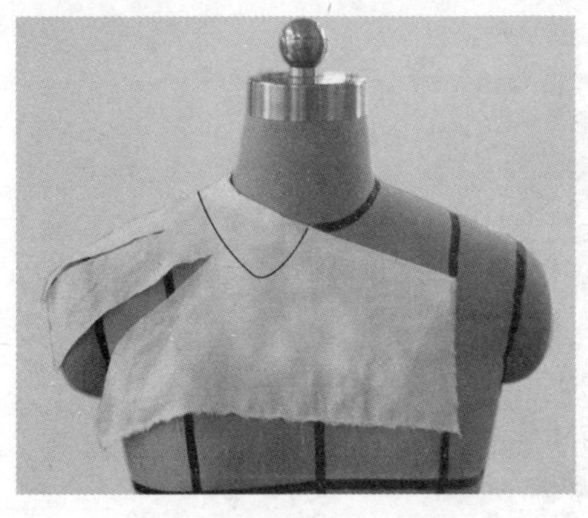

（a）前

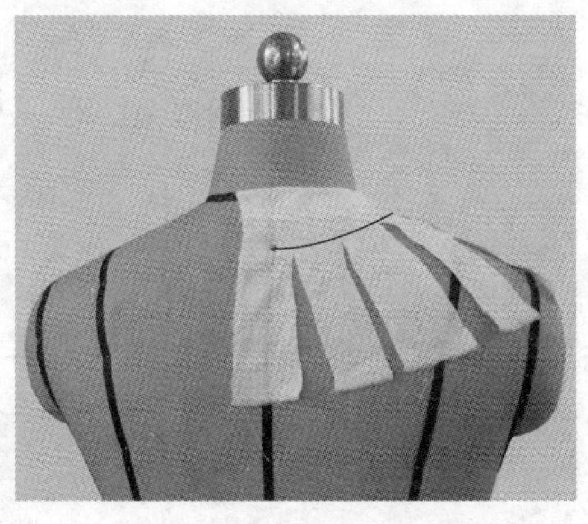

（b）后

图3-190

10. 从人台上取下领布样，进行描图，得到校服领的平面结构图如图3-191所示。

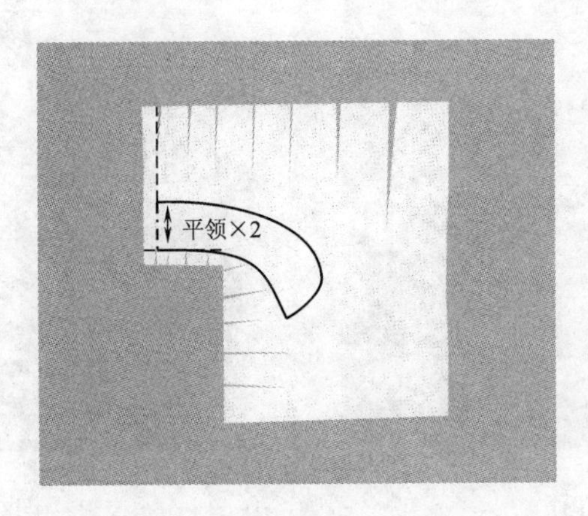

图3-191

11. 校服领款式立体效果展示如图3-192所示。

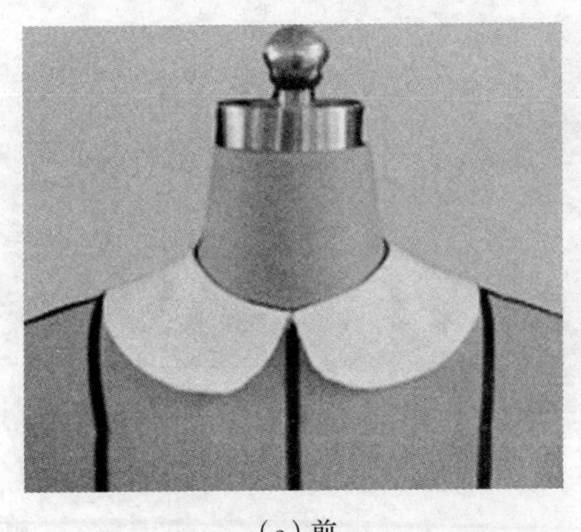

（a）前

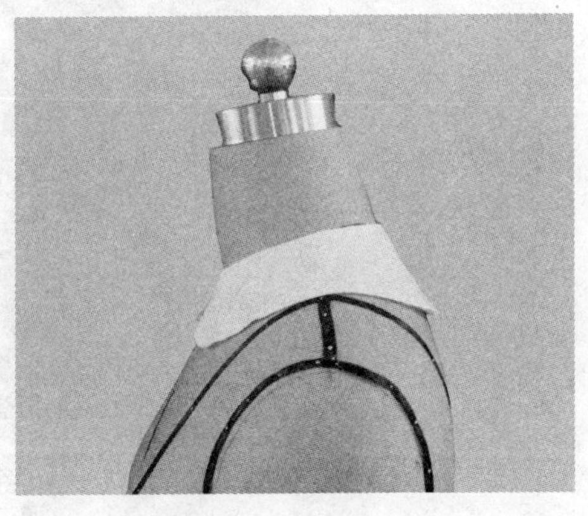

（b）侧

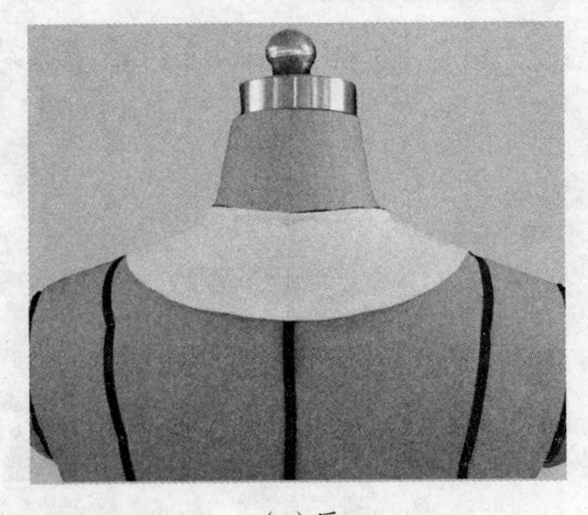

（c）后

图3-192

（二）立体裁剪技法重点

1. 校服领坯布准备时需要首先裁去方形后领口位置，这样有利于坯布前领围线的裁剪。

2. 坯布与前、后领围线以珠针固定时，在裁去的方形布片周围打剪口，便于丝缕的顺直。

（三）平面结构分析

校服领是一种领片翻覆在肩部的领型。校服领的平面构图原理可以理解为：校服领是一片翻立领的领底线下弯曲度逐步与领窝曲度达到完全吻合的结果，使领座几乎全部都变成领面而平贴在肩上。但通常，将校服领的领底线曲度设计小于原领窝曲度，使校服领仍保留很小一部分领座，促使领底线遮蔽领口接缝线（装领线），同时可以造成校服领靠近颈部位置微微隆起的微妙造型效果。为了实现这一造型效果，平面上一般采用重叠肩线方法，使领底线曲度小于原领窝曲度，如图3–193所示。

四、十字型驳头西装领

十字型驳头西装领是由翻折领和驳头组成，形成独特的领结构。十字型驳头西装领款式如图3–194所示。

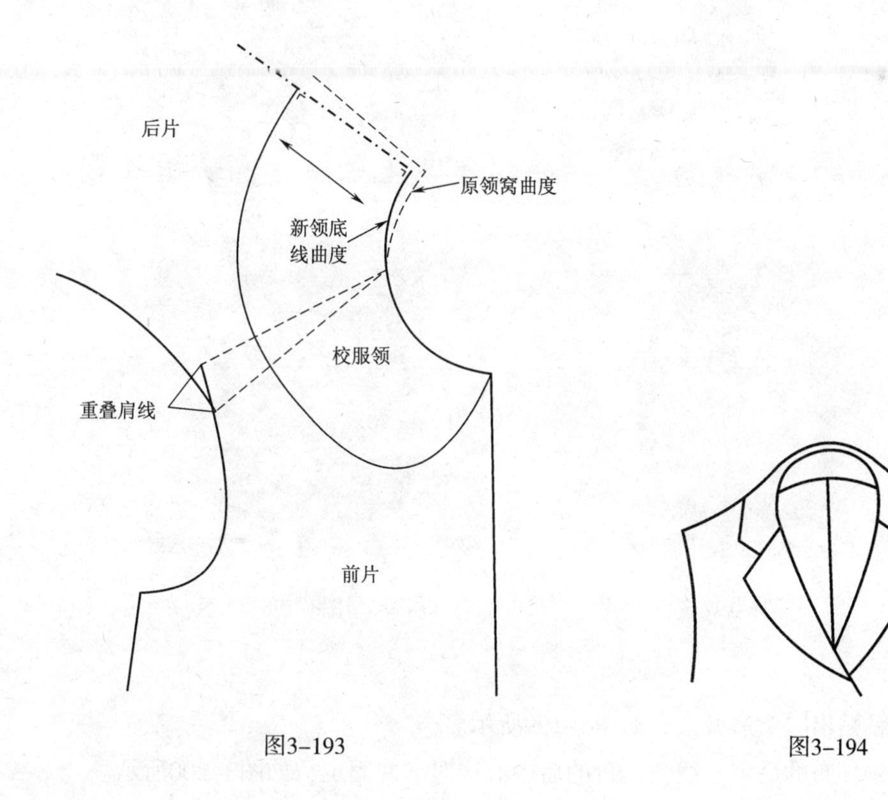

图3–193

图3–194

(一)立体裁剪操作

1. 坯布准备：准备两块坯布，一块为驳头布样如图3-195所示，另一块为翻折领布样如图3-196所示。

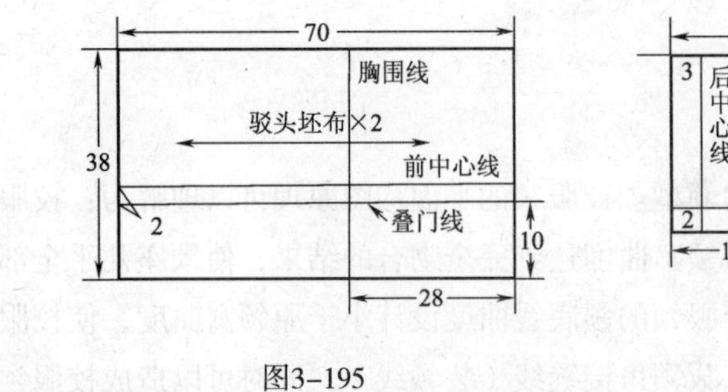

图3-195

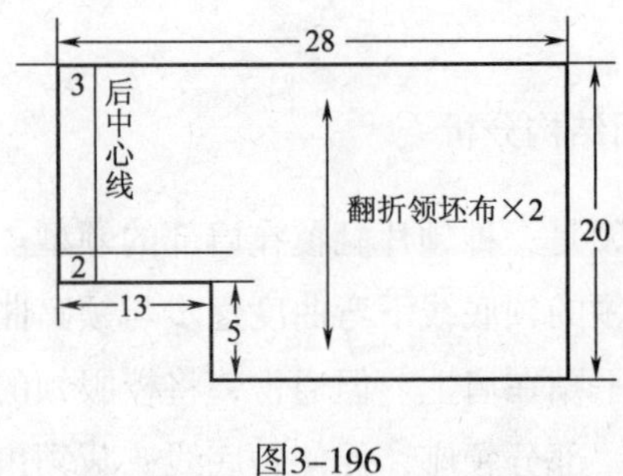

图3-196

2. 将驳头坯布的前中心线、胸围线与人台的前中心线、胸围线重合，在叠门线上确定驳领深点，如图3-197所示。

3. 在颈肩端点位置开始翻折坯布，并确定驳头翻折线，如图3-198所示。

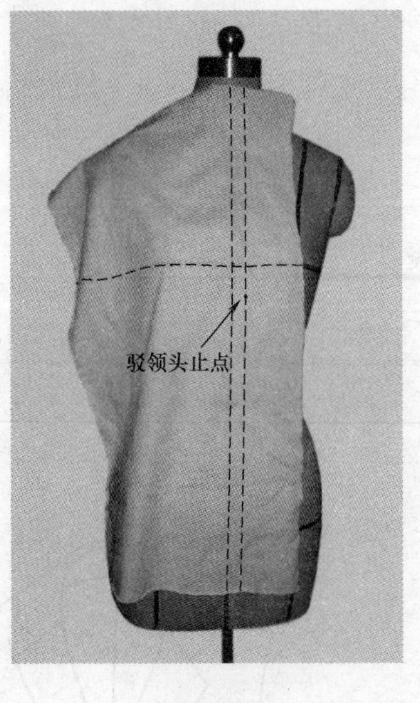

图3-197

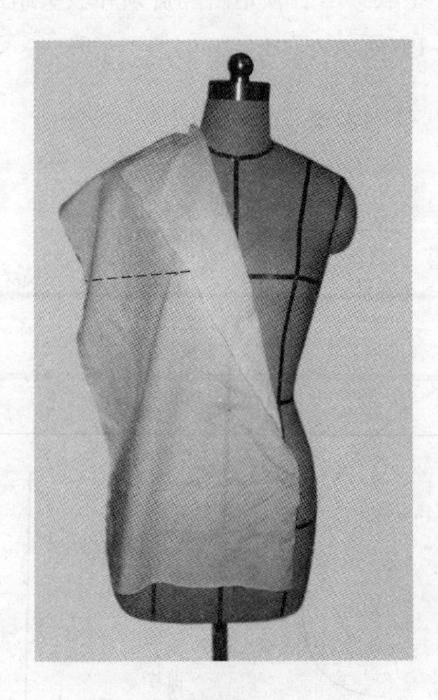
图3-198

4. 用胶带粘贴出驳头造型线，如图3-199所示。

5. 将翻折领坯布的后中心线与人台的后中心线对准并固定，如图3-200所示。

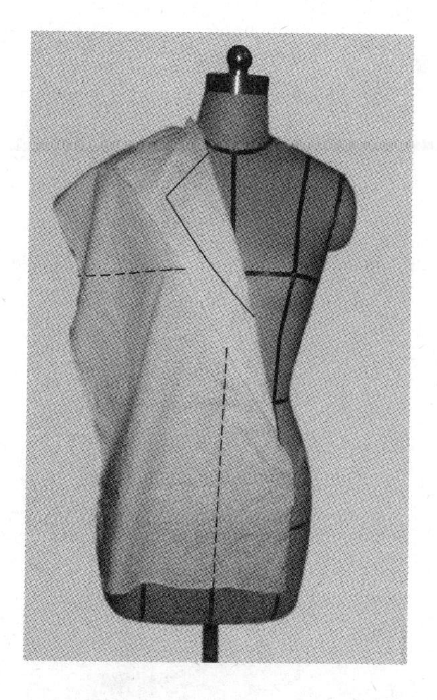

图3-199

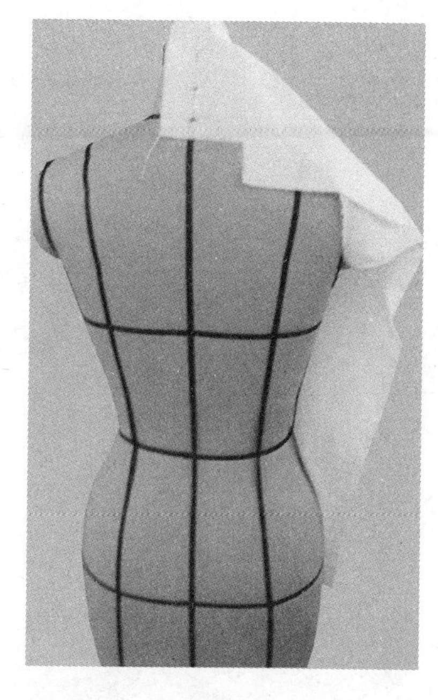

图3-200

6. 将翻折领坯布从后往前绕，沿后领围线打剪口，并用珠针固定，如图3-201所示。

7. 将后领按翻折线翻折，在领外口打剪口，固定后领中心线，并观察其是否平整，如图3-202所示。

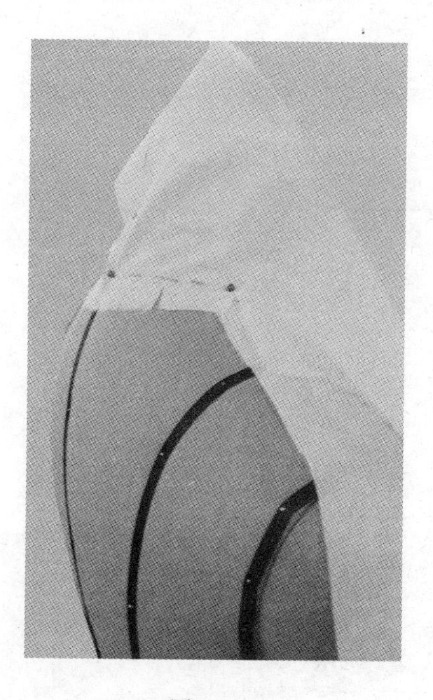

图3-201

图3-202

8. 将翻折领坯布的前端与驳头覆合一致，如图3-203所示。

9. 根据领的造型在翻折领坯布上调整好翻折领的形状，并用胶带粘贴出外轮廓造型（或用记号笔点影画出翻折领的外轮廓造型），如图3-204所示。

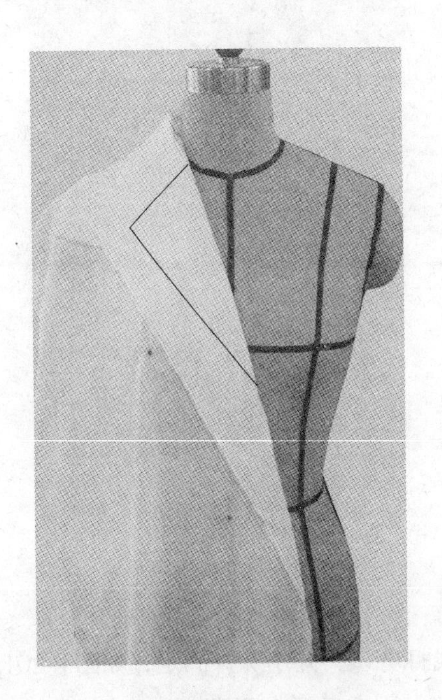

图3-203

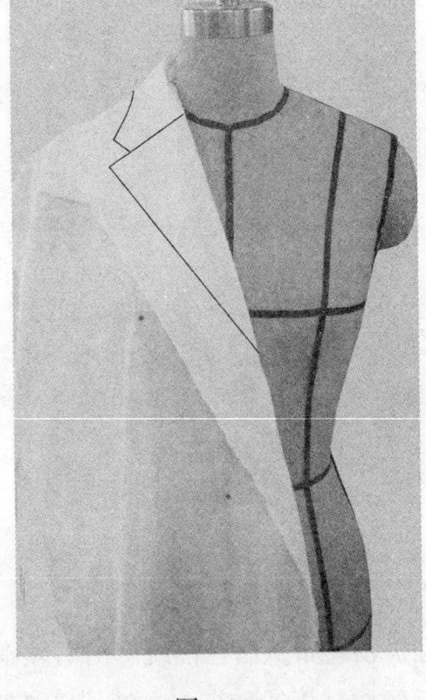

图3-204

10. 把人台上的布样取下进行描图，得到十字型驳头西装领的结构图，如图3-205所示。

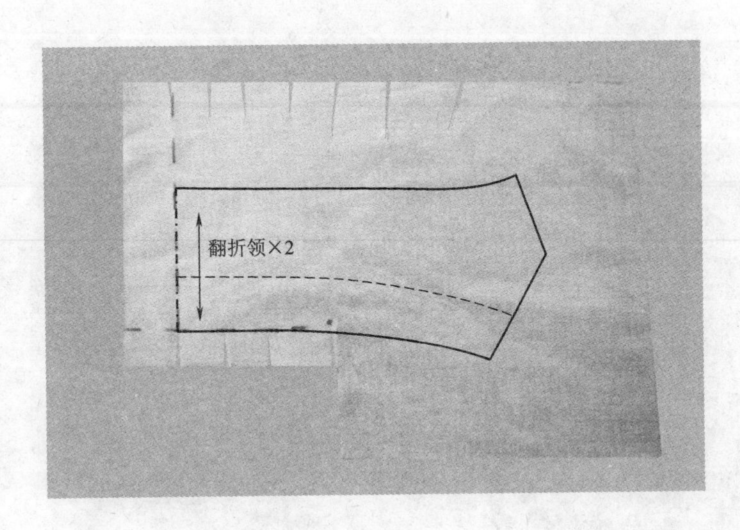

图3-205

11. 十字型驳头西装领立体效果展示如图3-206所示。

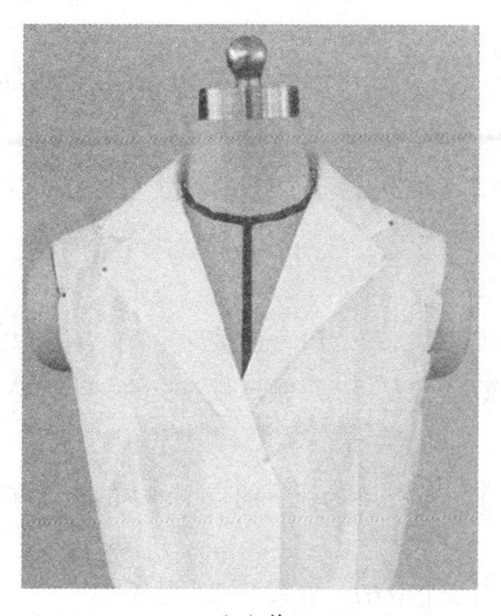

（a）前

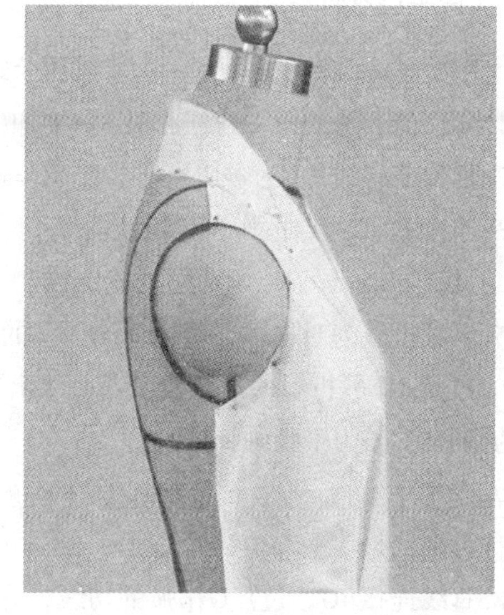

（b）侧

（c）后

图3-206

（二）立体裁剪技法重点

1. 驳头的翻折止点（即第一粒纽扣位置）处注意增加搭门量。一般西服的搭门量设计会比单穿的服装多一些量（2.5~5cm）。

2. 驳头与领子用藏针法进行假缝合。

3. 翻折领部分要注意领子与颈部之间的松度。

（三）平面结构分析

十字型驳头西装领平面制图通常采用公式法，如图3-207所示。公式法制图步骤如下：

1. 先在前衣片的第一粒纽扣处（A）加出搭门量2.5cm。

2. 延长前肩线（B为颈肩点），作BC=领座宽（取3cm），CD=翻领宽（取4.5cm）。

3. 连接A、C两点，作为驳折线。

4. 过D、E、F、A点画顺领外轮廓线。

5. 以驳折线为对称轴，确定D、E、F的对称点D'、E'、F'，连接D'、E'、F'、A。

6. 过点B作驳折线的平行线，在此线上取点B至点G等于后领口弧线长的一半，然后以点B为圆心，BG为半径画弧。

7. 在弧上量取$\overset{\frown}{GH}$ =（上级领高-下级领高）×3/2，H为弧上的点，$\overset{\frown}{GH}$ 的长度在结构上被称为倒伏量（平均值为2.5cm）。

8. 直线连接BG，过点G作弧的切线，并在切线上取HI=领座宽，IJ=翻领宽。

9. 完成十字型驳头西装领制图。

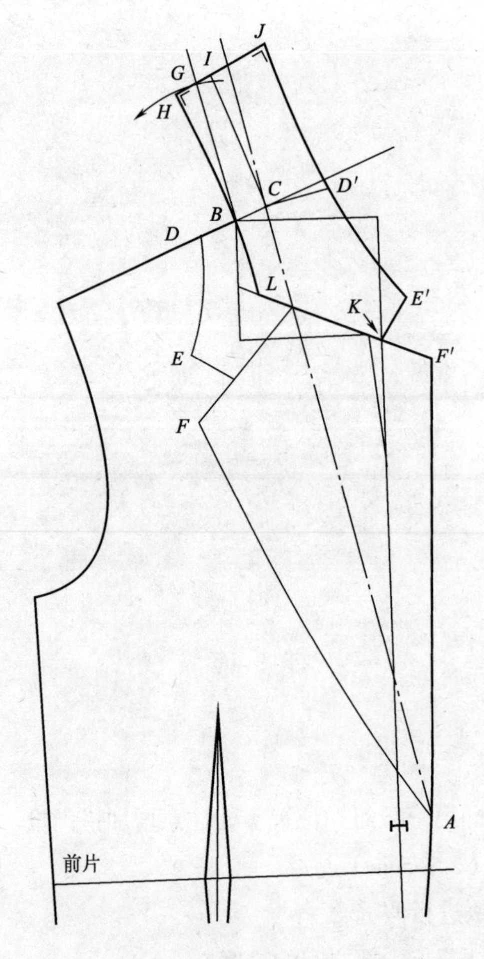

图3-207

五、连身领

连身领实质上属于立领结构，其款式造型为领身相连。由于在结构上连身领涉及领省的处理，故在立体裁剪上另立门户。连身领款式如图3-208所示。

（一）立体裁剪操作

1. 坯布准备：坯布准备情况如图3-209所示。

图3-208

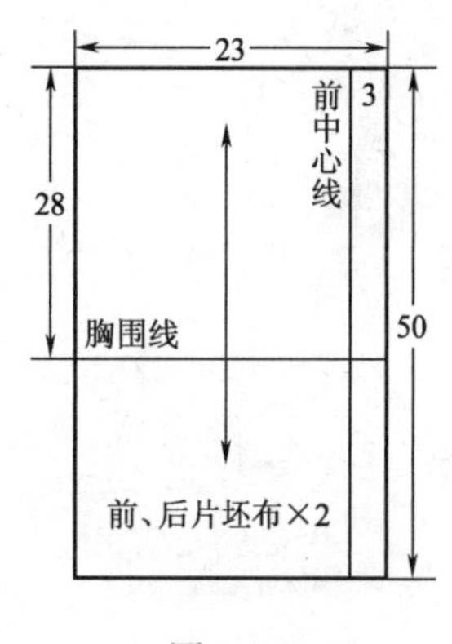

图3-209

2. 将前片坯布的前中心线、胸围线与人台的前中心线、胸围线重合，如图3-210所示。
3. 把胸围线以上多余的量推至领口处，如图3-211所示。

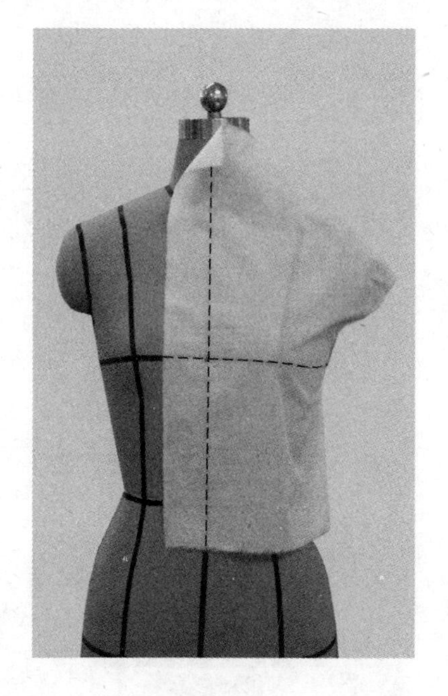

图3-210

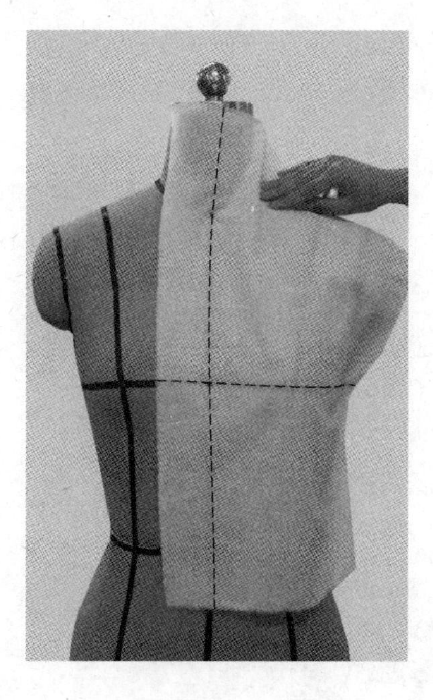

图3-211

4. 将前颈位置多余的量捏合成省道并固定，如图3-212所示。

5. 将后片坯布的后中心线、胸围线与人台的后中心线、胸围线重合，如图3-213所示。

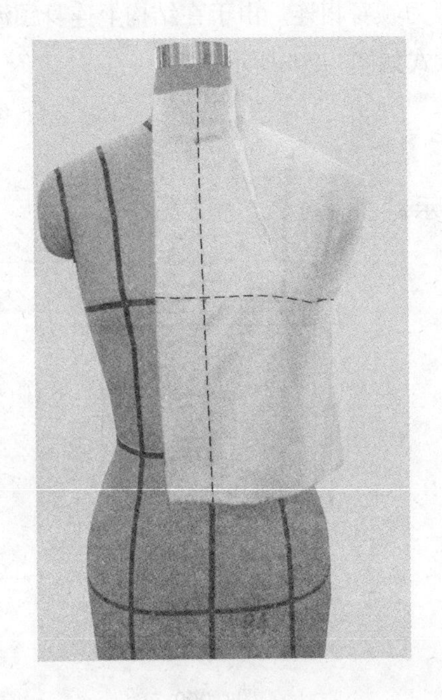

图3-212

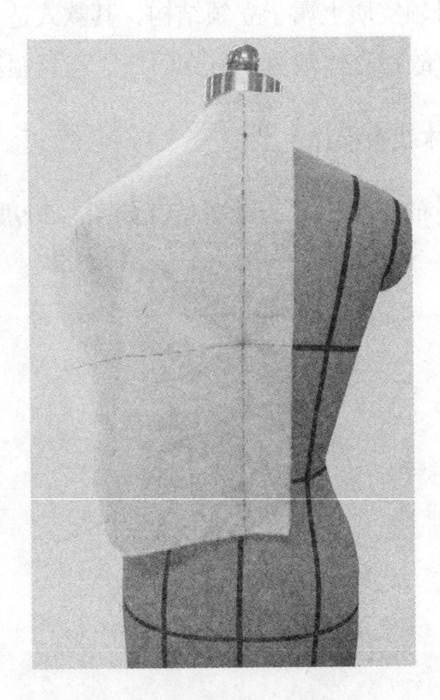

图3-213

6. 把胸围线以上多余的量推至领口处，如图3-214所示。

7. 将后颈位置多余的量捏合成省道，用捏合针法固定，如图3-215所示。

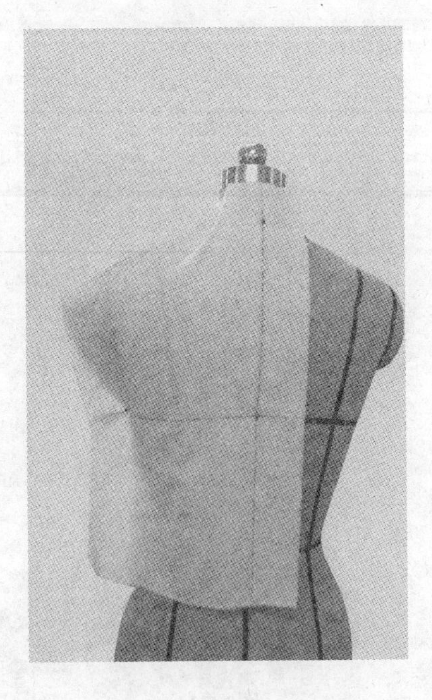

图3-214

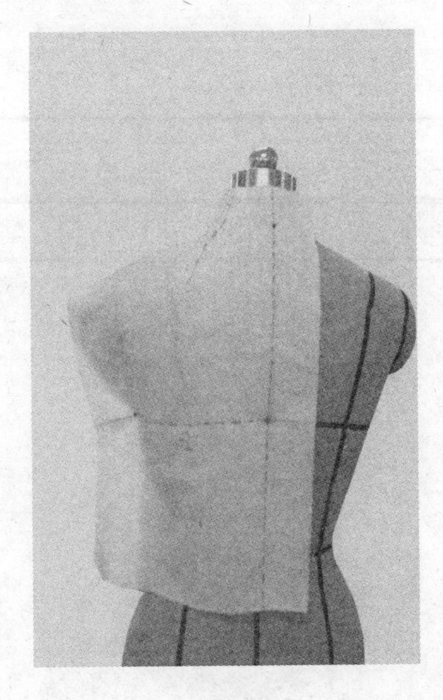

图3-215

8. 将前后片的肩缝、侧缝用捏合针法固定，如图3-216所示。

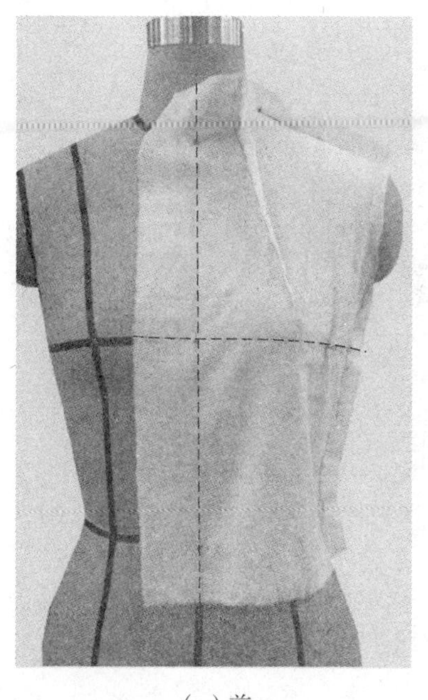

（a）前

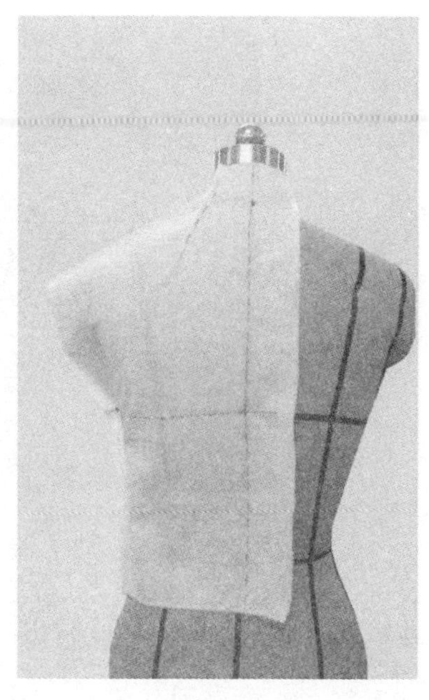

（b）后

图3-216

9. 根据设计的要求，在坯布上调整好领的空隙量，用胶带粘贴出领造型线、肩线及袖窿弧线，如图3-217所示。

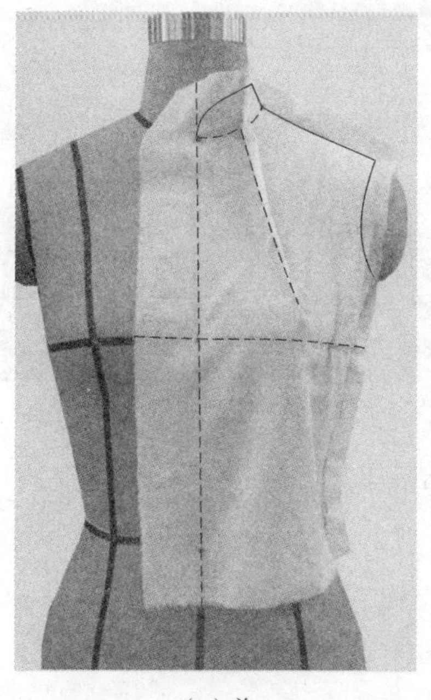

（a）前

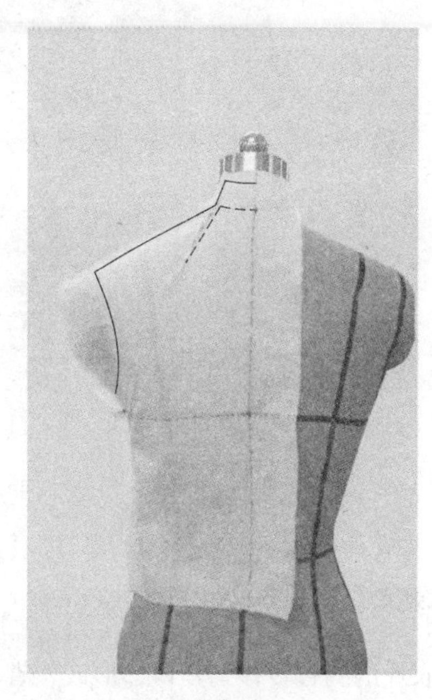

（b）后

图3-217

10. 从人台上取下布样进行描图，得到连身领的平面结构图，如图3-218所示。

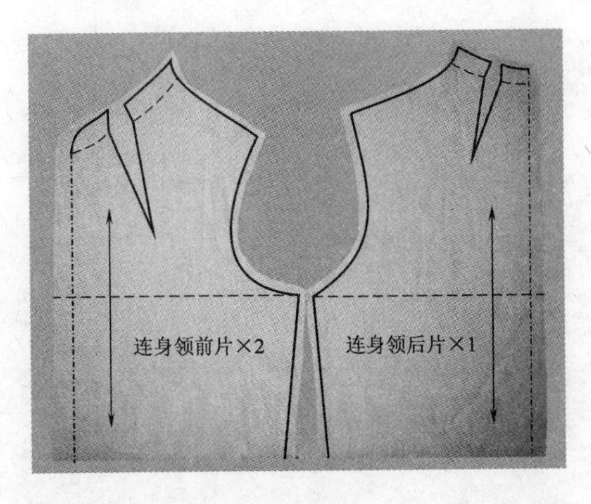

图3-218

11. 连身领款式立体效果展示如图3-219所示。

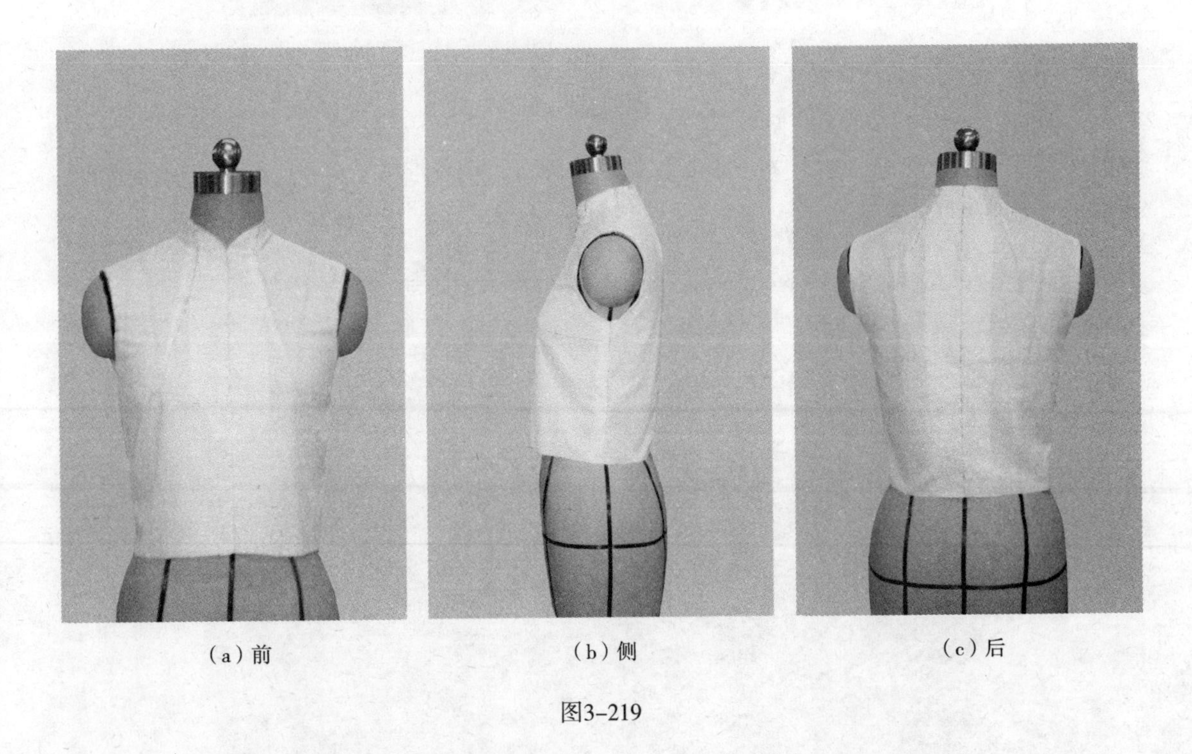

（a）前　（b）侧　（c）后

图3-219

（二）立体裁剪技法重点

1. 前衣片的胸省转移到领口，形成领省。
2. 连身领在颈部要注意通过调节领省量来确定合适的空隙度。

（三）平面结构分析

连身领的平面结构制图主要依靠领省来调节，设计大小合适的领省对于保持连身领的颈部穿着舒适起关键作用，如图3-220所示。

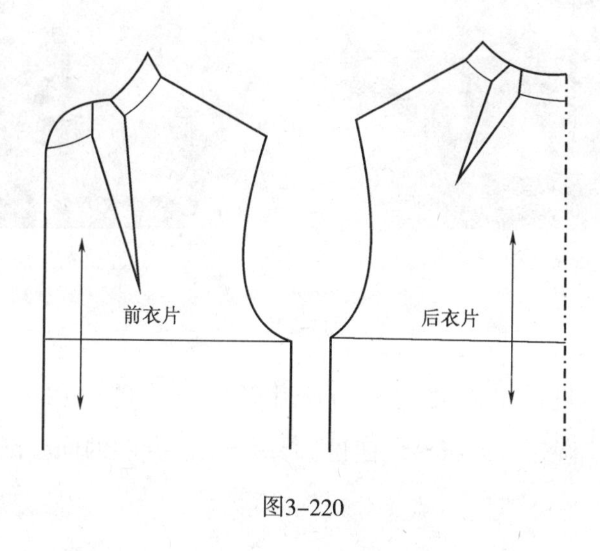

图3-220

六、荷叶领

荷叶领是领口处设计成荷叶边的造型。它可以是单层，也可以是双层。荷叶领款式如图3-221所示。

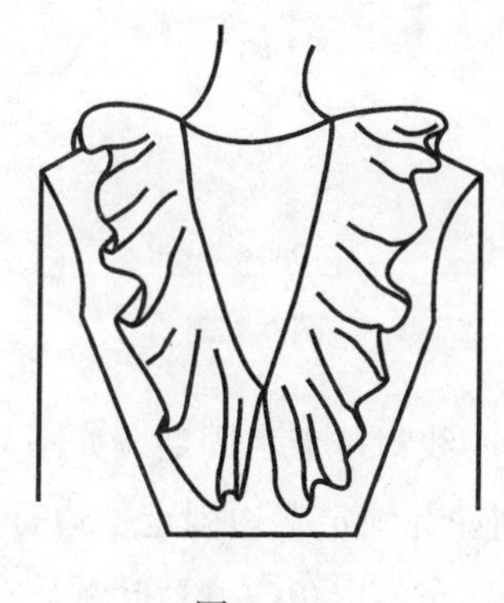

图3-221

（一）立体裁剪操作

1. 在人台上标示出将要做荷叶领的位置（即荷叶边领口造型线的位置），如图3-222所示。

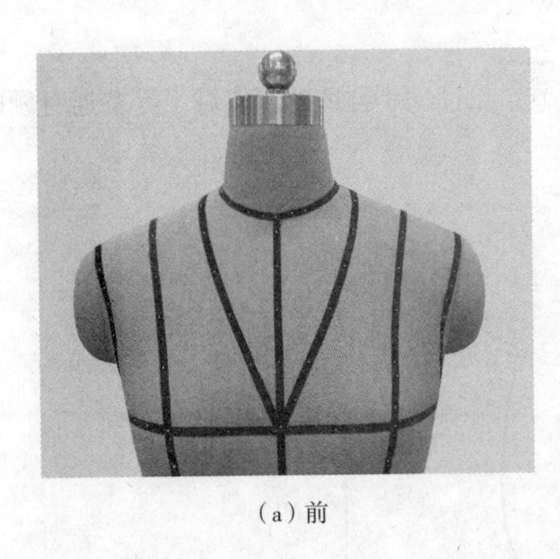
（a）前

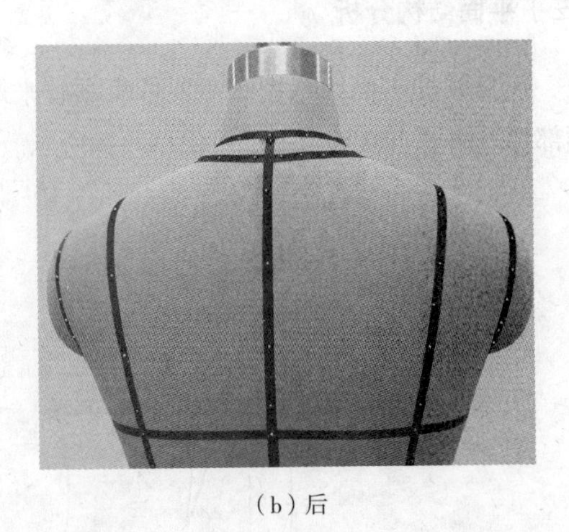
（b）后

图3–222

2. 坯布准备：测量出需要完成的荷叶领领口线的长度a，先画一个半径为$\left(领宽+5cm+\frac{a}{2\pi}\right)$的$\frac{1}{4}$圆弧，后折叠成四份，剪去半径为$\frac{a}{2\pi}$的同心圆，再在圆弧一端剪开，如图3–223所示。

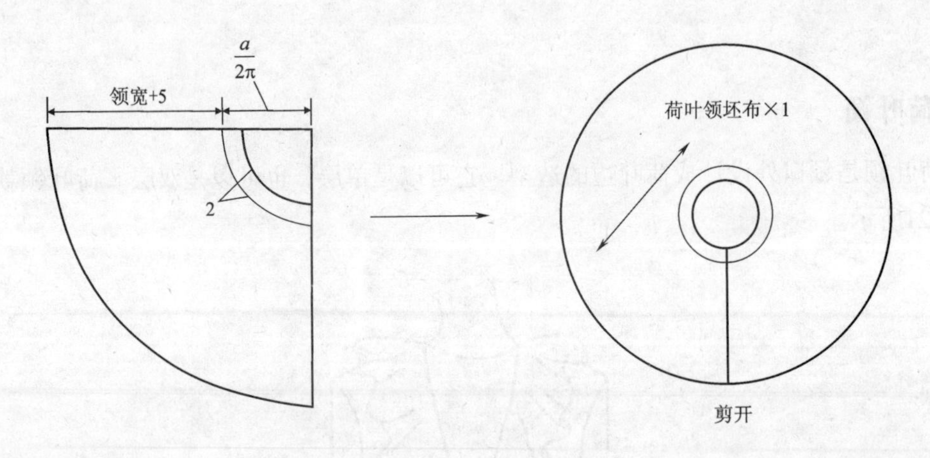

图3–223

3. 将荷叶领坯布在人台前中心线对位点上固定，如图3–224所示。

4. 沿领口线将荷叶领坯布用珠针固定，边固定、边打剪口，如图3–225所示。注意：在别针时，不要用力拉伸荷叶领坯布，以免改变荷叶领坯布的纱向。

5. 沿后领口线用珠针将荷叶领坯布固定，如图3–226所示。

6. 将领面翻下，整理好，如图3–227所示。

7. 在荷叶领坯布上根据领的造型做出领的形状，并用胶带粘贴出领外轮廓弧线（或用记号笔画出），如图3–228所示。

8. 把人台上的布样取下进行描图，形成荷叶领的平面结构图，如图3–229所示。

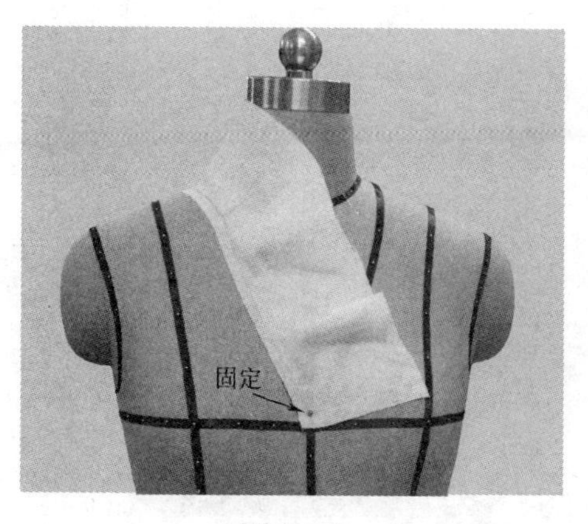

图3-224

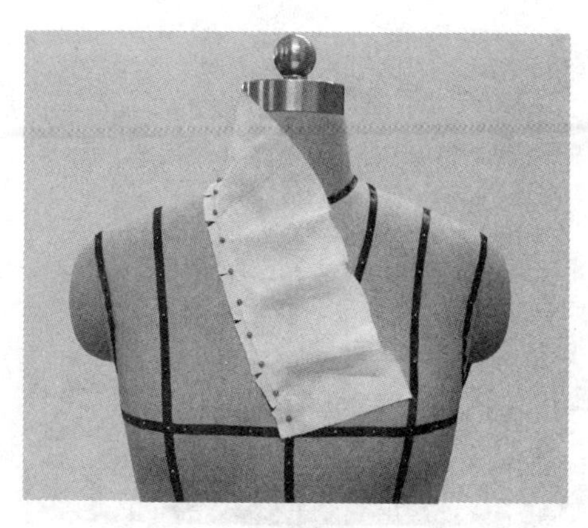

图3-225

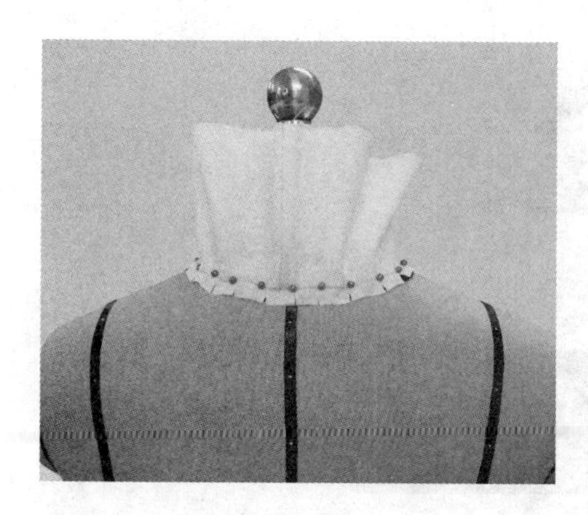

图3-226

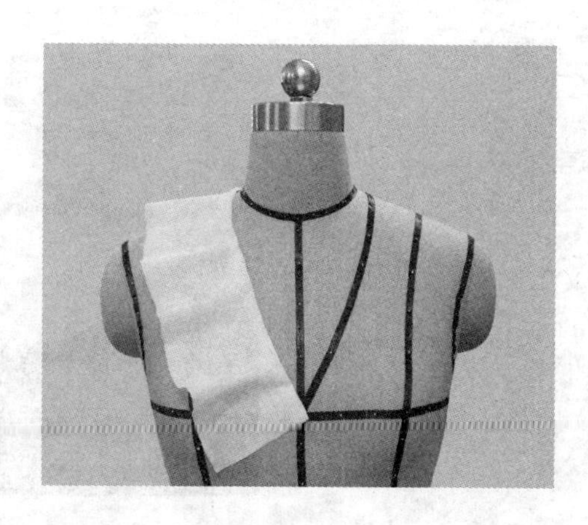

图3-227

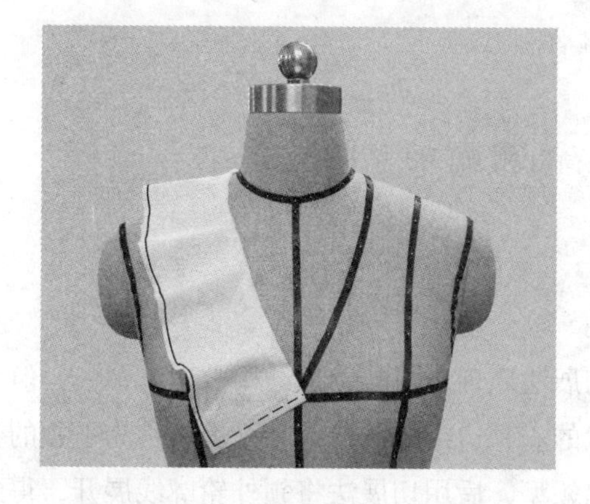

图3-228

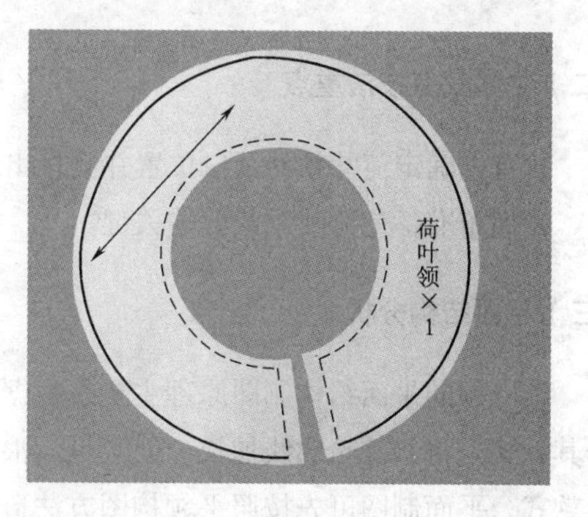

图3-229

9. 荷叶领款式立体效果展示如图3-230所示。

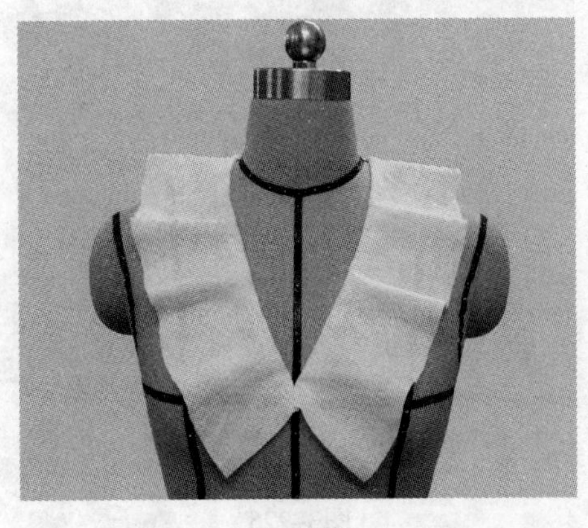

（a）前

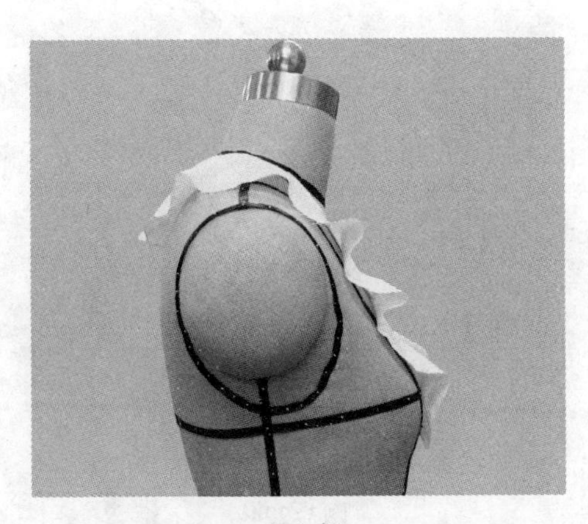

（b）侧

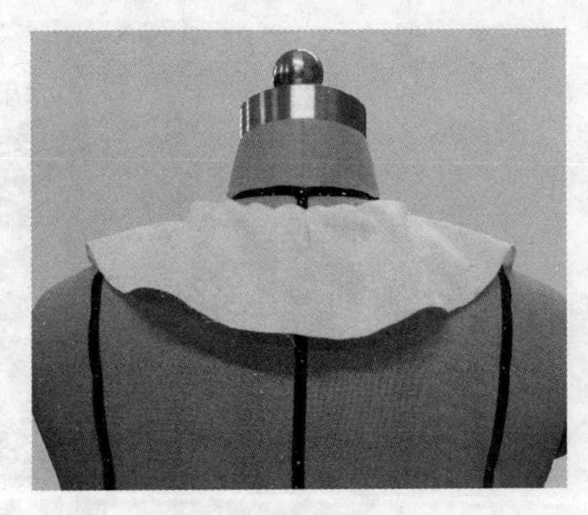

（c）后

图3-230

（二）立体裁剪技法重点

1. 首先确定荷叶领的领口位置并测量出装荷叶领领口线总长度。
2. 坯布准备是荷叶领裁剪的关键。

（三）平面结构分析

荷叶领的平面结构制图原理主要是根据切展法原理。荷叶领从结构上属于平领，但由于其款式是将领外轮廓线加长，使其呈波浪状的衣领边缘，所以荷叶领也可称为平领的变化款式。平面制图可先按照平领构图方法造出领型，后用切展法将领外轮廓线展开，得到需要的荷叶领平面结构图，如图3-231所示。

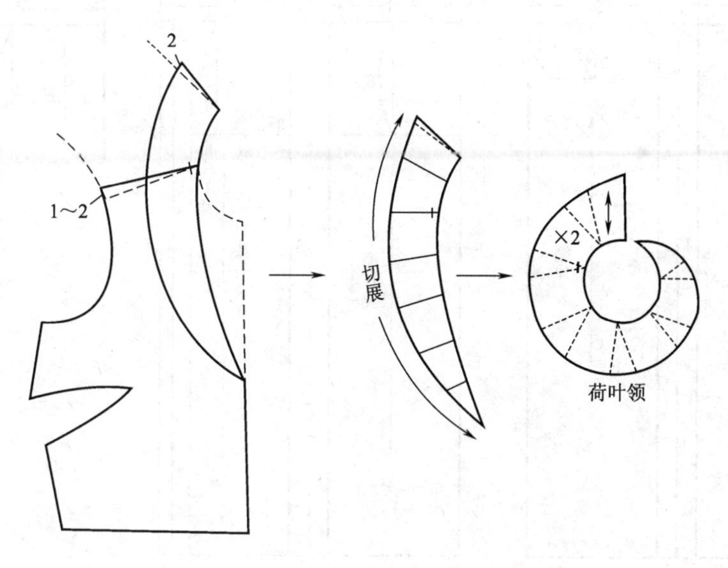

图3-231

第五节 成衣立体裁剪

一、公主线分割连衣裙

图3-232为公主线分割连衣裙款式图。此连衣裙的款式特点为：贴身型，前、后公主线及后中心线分割，短袖，钥匙领开口形式，下摆呈微波浪状。

图3-232

（一）立体裁剪操作

1. 坯布准备：坯布准备情况如图3-233所示。

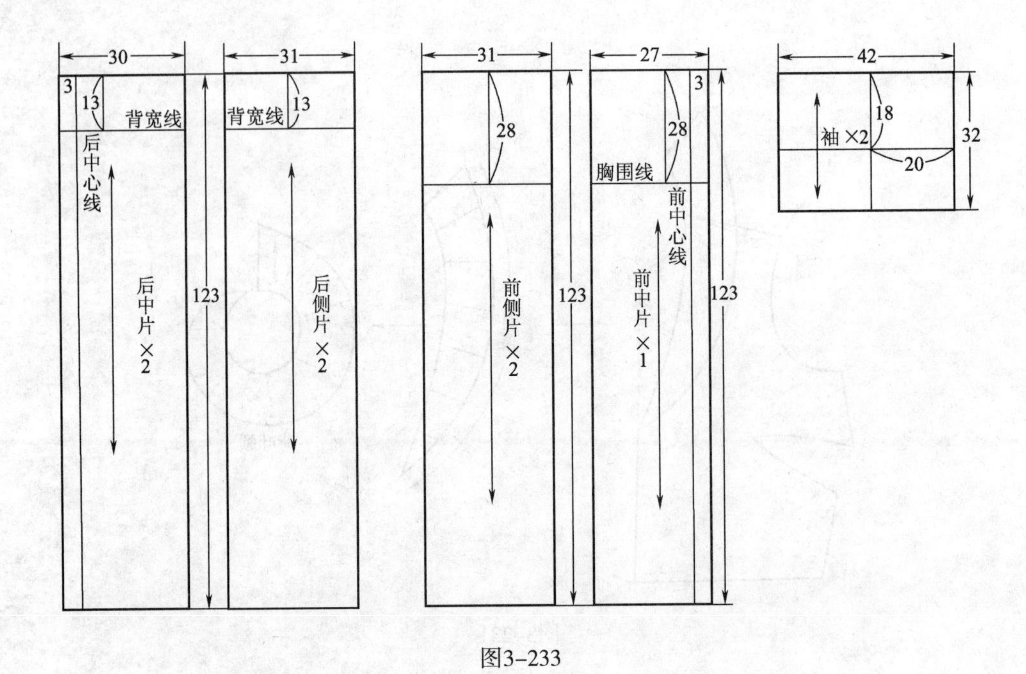

图3-233

2. 将前中片坯布的前中心线、胸围线分别与人台的前中心线、胸围线重合，并在颈部、胸围线、腰围线处单针固定，如图3-234所示。

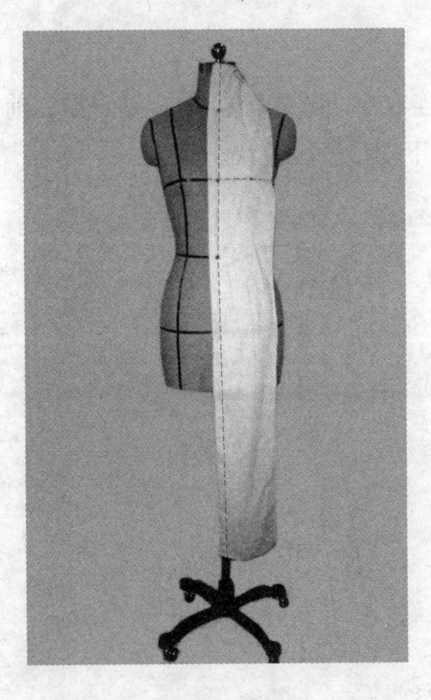

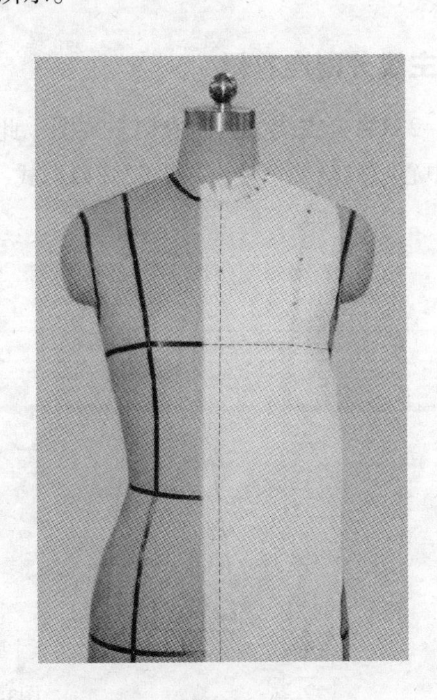

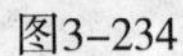

图3-234　　图3-235

3. 胸高点以上抚平布料，沿人台领围线打剪口以消除坯布的拉扯力，如图3-235所示。

4. 腰部打剪口并固定，使前中片在腰部平服，如图3-236所示。

5. 沿领围线、肩线、公主线用胶带粘贴（也可做点影标记）标示线，注意领口修成钥匙领开口形状，如图3-237所示。

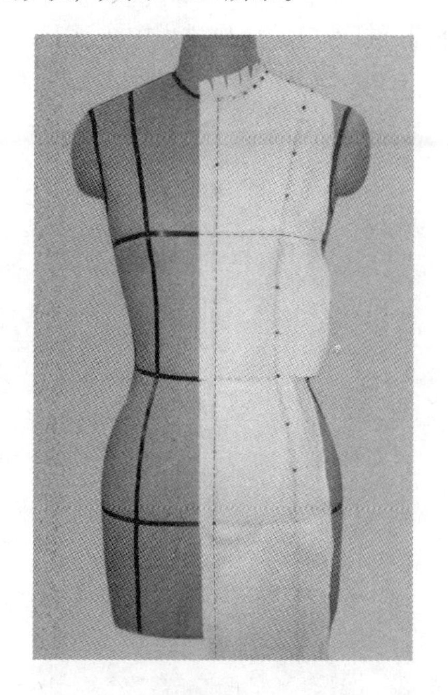

图3-236

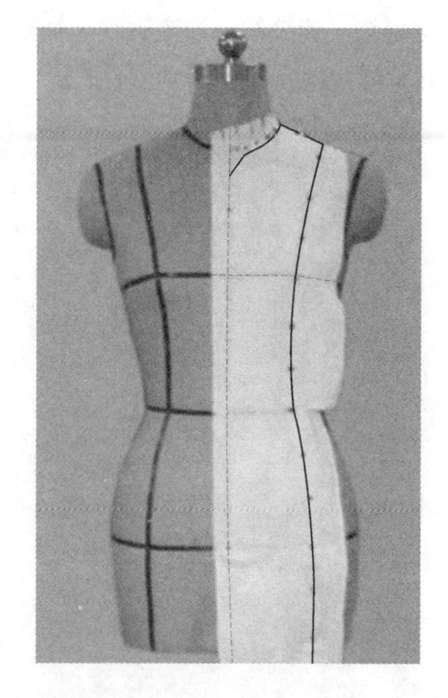

图3-237

6. 将前侧片坯布的胸围线与人台的胸围线对齐并固定，胸部居中位置加放0.5cm放松量，并用双针固定，如图3-238所示。

7. 顺势向下，腰围处加放0.5cm放松量，臀围处加放1cm放松量，并用双针固定，如图3-239所示。

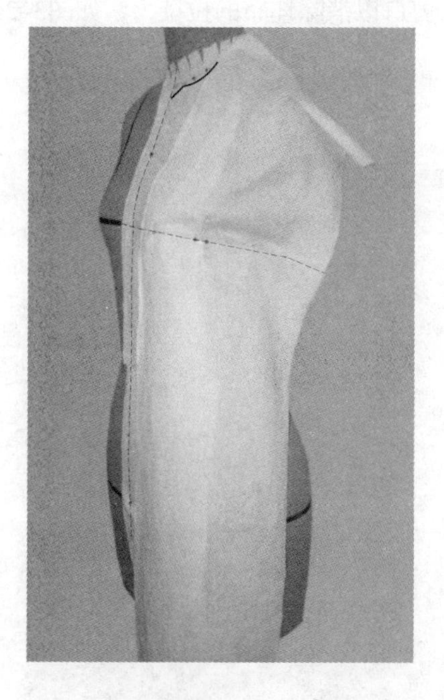

图3-238

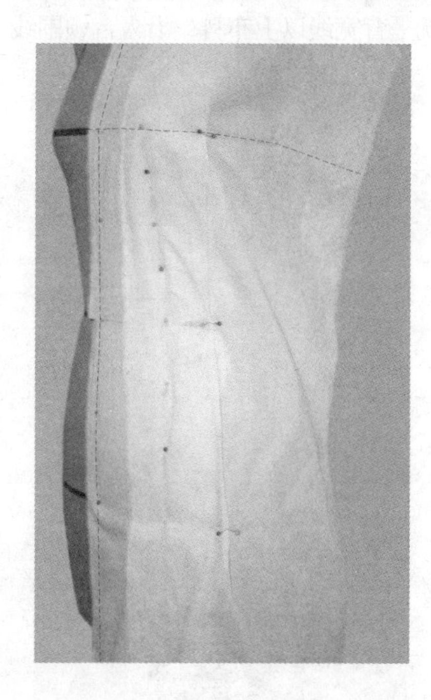

图3-239

8. 将前侧片和前中片沿公主线用叠缝针法固定（缝份向内折），如图3-240所示。

9. 固定肩线、侧缝线、袖窿弧线。袖窿外围可打剪口，操作过程中注意上、下、左、右的平衡和丝缕的顺直，如图3-241所示。

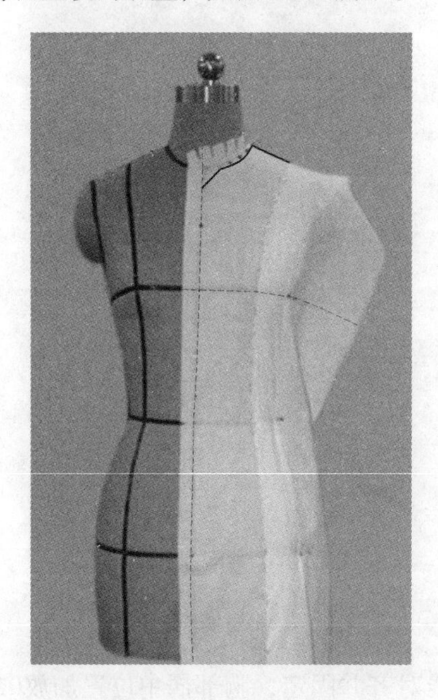
图3-240

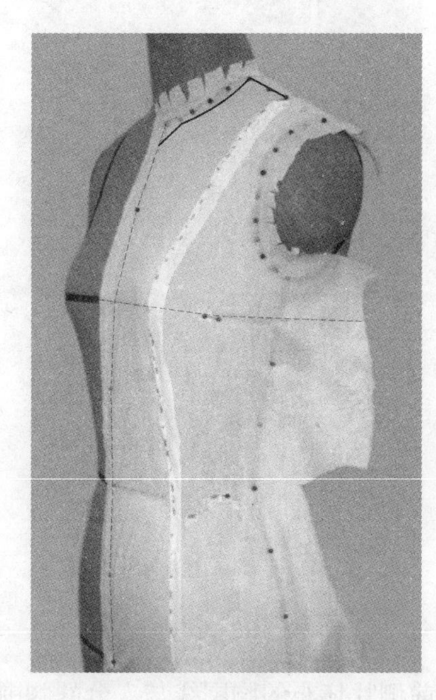
图3-241

10. 将后中片坯布的后中心线、背宽线与人台的后中心线、背宽线对齐，并在颈部、背宽线、腰围线处单针固定，如图3-242所示。

11. 抚平背宽线以上布料，沿人台领围线打剪口以消除坯布的拉扯力，如图3-243所示。

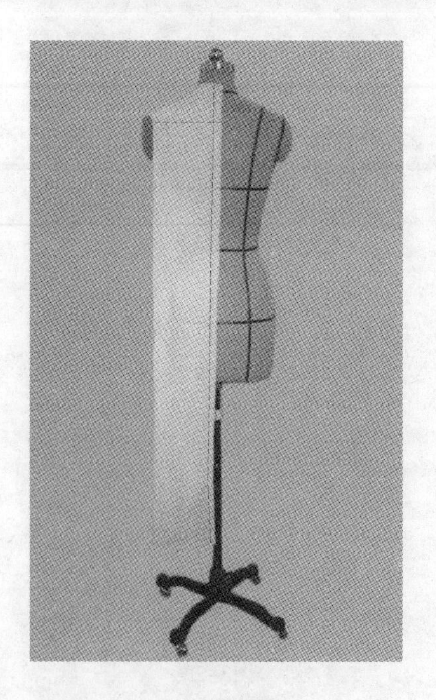
图3-242

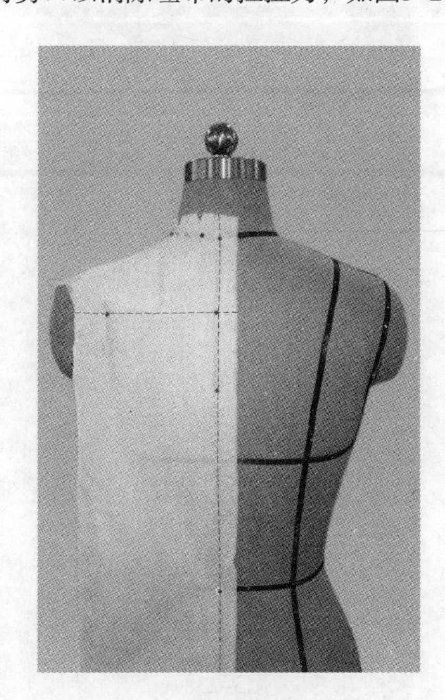
图3-243

12. 腰部打剪口并固定，使后中片在腰部平服，沿公主线、领围线、肩线粘贴胶带，如图3-244所示。

13. 使后侧片坯布的背宽线与人台的背宽线重合并固定，背部加放0.3cm放松量，并用双针固定，如图3-245所示。

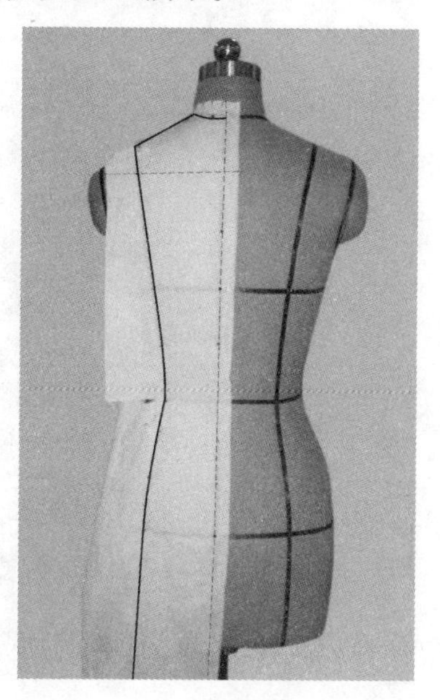

图3-244

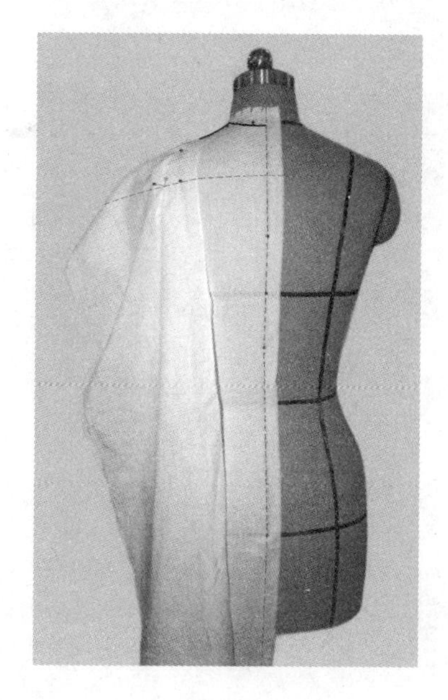

图3-245

14. 顺势向下，胸部、腰部各加放0.5cm放松量，臀部加放1cm放松量，并用双针固定，如图3-246所示。

15. 将前侧片和前中片沿公主线用叠缝针法固定（缝份向内折），如图3-247所示。

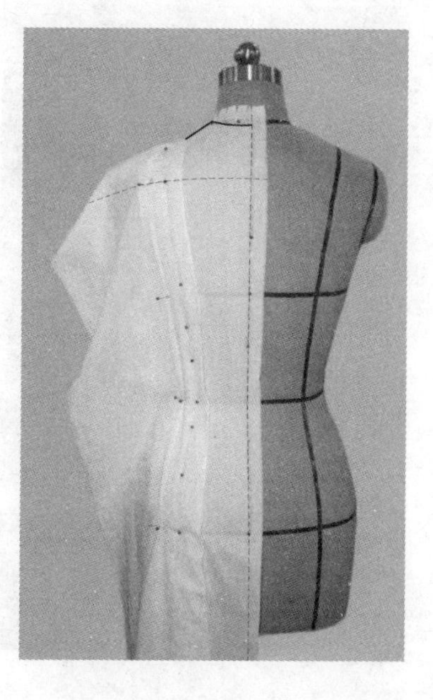

图3-246

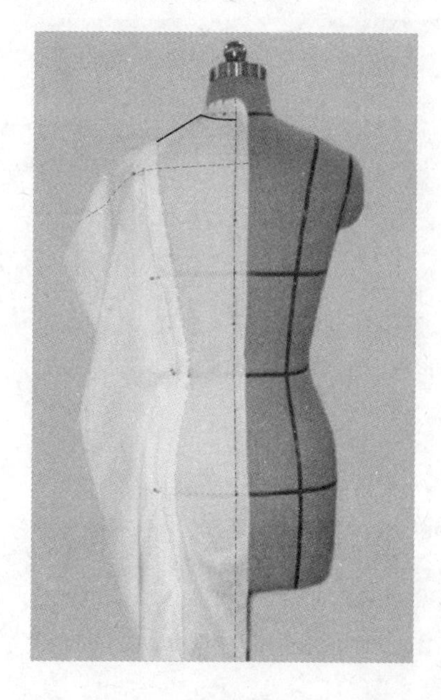

图3-247

16. 固定肩线、侧缝线及袖窿弧线，如图3–248所示。

17. 检查衣身放松量、腰部收腰情况、分割线流畅与否等，调整好以后用胶带粘贴肩线、袖窿弧线及侧缝线（或做点影标记），如图3–249所示。

图3–248

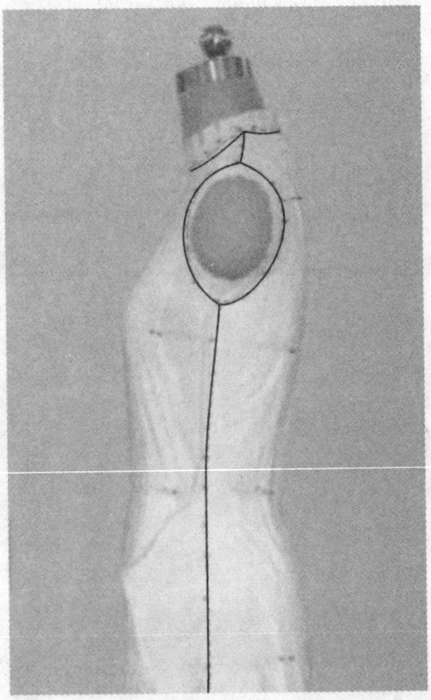

图3–249

18. 在袖坯布上先进行袖山绘图，袖山放缝2cm进行修剪，如图3–250所示。

19. 将袖侧缝先叠合缝固定，袖底放缝3cm，如图3–251所示。

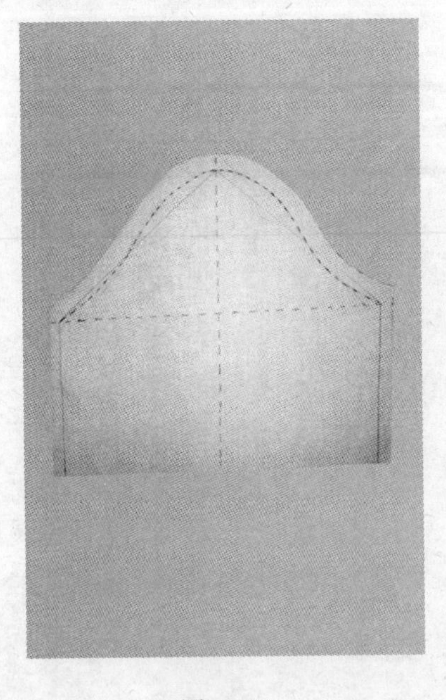

图3–250

图3–251

20. 袖子的别样分两段进行。第一段的操作是从侧缝起沿袖窿向左、右各5cm距离用珠针固定，然后紧挨着5cm处在袖子缝份上各打一个剪口；第二段的操作是打完剪口后，将袖子向上提起，使袖中心点与肩端点对齐，袖山缩缝量合理分配，别针固定。观察袖子造型是否优美，丝缕是否顺直，袖山是否饱满、圆顺，袖山高及缩缝量是否合适等，如图3-252、图3-253所示。

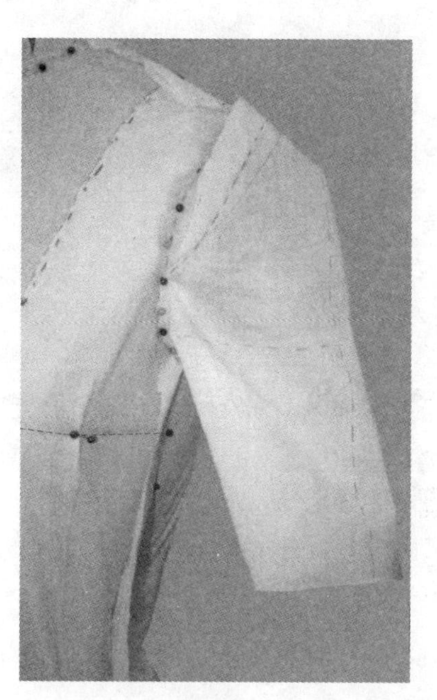

图3-252 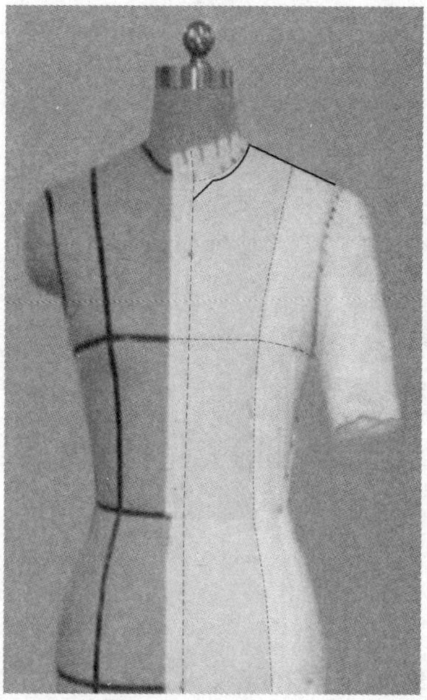　　图3-253

21. 将各裁片取下平铺并进行缝份修剪，得到平面结构图如图3-254所示。

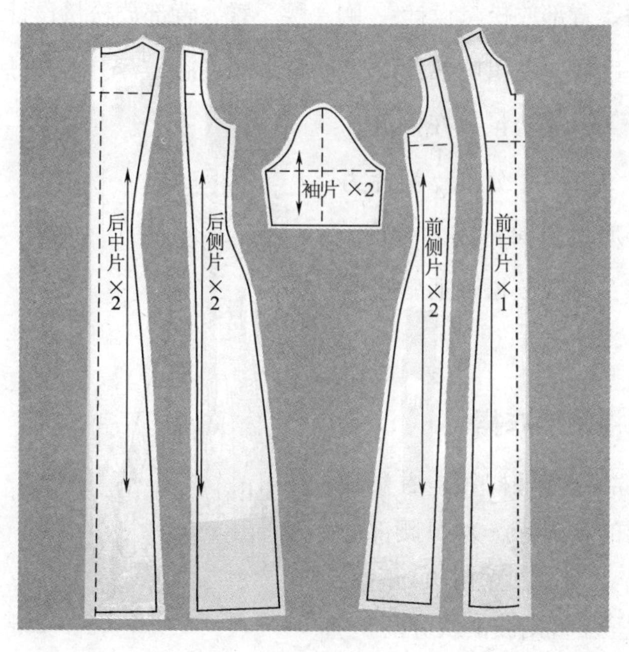

图3-254

22. 公主线分割连衣裙坯布样衣立体效果展示如图3-255所示。

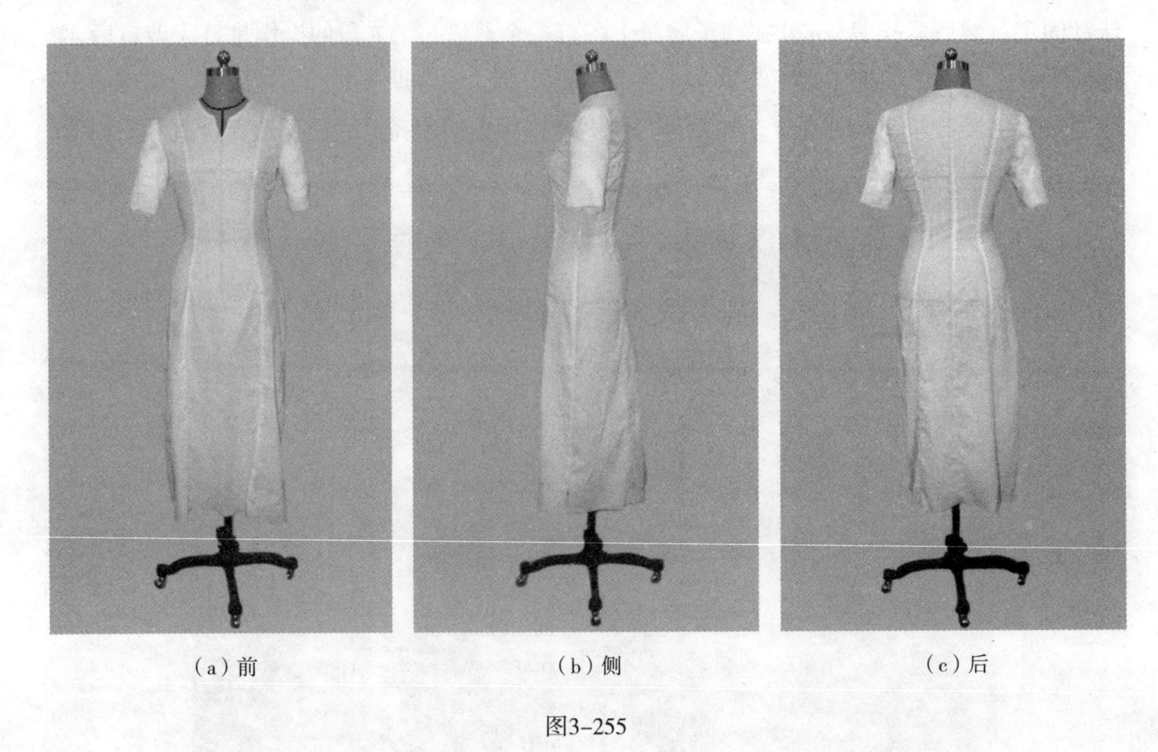

（a）前　（b）侧　（c）后

图3-255

（二）立体裁剪技法重点

1. 在裁剪过程中，前片布料浮余量将消失在公主线分割缝内，后片布料浮余量将分配在公主线和后背缝两个位置。

2. 胸、腰、臀、背部放松量设计：胸、腰、臀、背部放松量设计在立体裁剪针法里用双针固定方法。贴身连衣裙胸部放松量通常设为6cm，$\frac{1}{4}$衣片胸部居中各放0.5cm，并用双针固定，剩下4cm放松量放在侧缝；腰部放松量通常设为2cm，分到$\frac{1}{4}$裙片为0.5cm；合体臀部放松量通常设为4cm，分到$\frac{1}{4}$裙片为1cm；背部放松量通常设为0.6cm。

二、腰部分割垂褶领连衣裙

图3-256为腰部分割垂褶领连衣裙款式图。此款连衣裙的款式特点为：腰部分割，前、后设腰省，无袖，垂褶领，后背低领口设计，下摆呈不规则波浪状造型。

图3-256

（一）立体裁剪操作

1. 坯布准备：坯布准备情况如图3-257所示。

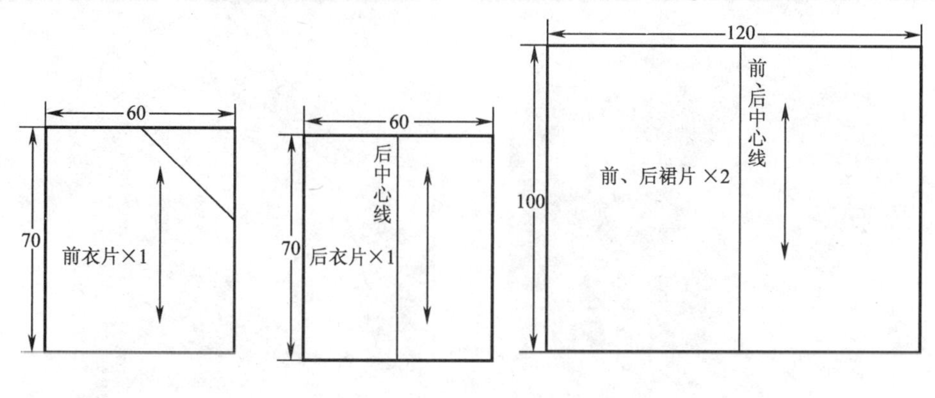

图3-257

2. 根据效果图贴出腰部分割造型线，如图3-258所示。

3. 前衣片采用45°斜纱制作，首先确定横开领位置并估算前领围大小，然后在衣片坯布的右上角剪去一个等腰三角形，剪去之后留下的斜边大于前领围10cm左右，如图3-259所示。

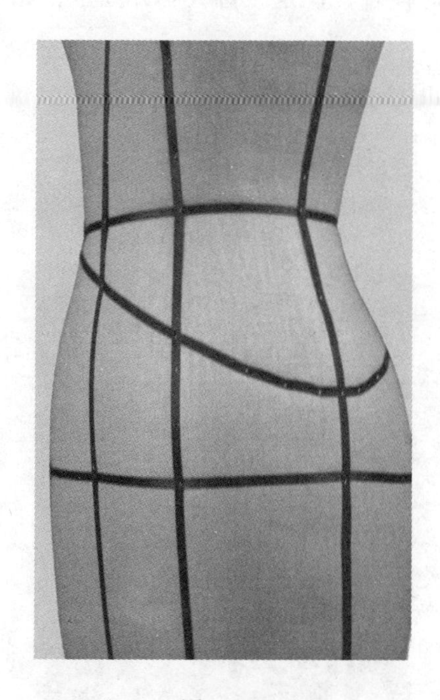

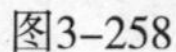

图3-258　　图3-259

4. 将斜边折进3cm扣烫作为贴边，一端固定在肩部横开领位置上，然后用左手压住中间，做垂褶造型，再固定另一端，如图3-260所示。

5. 本款垂褶领在肩部没有褶裥，完成领口操作后，顺势捏出第二个、第三个垂褶，然后固定肩点，如图3-261所示。

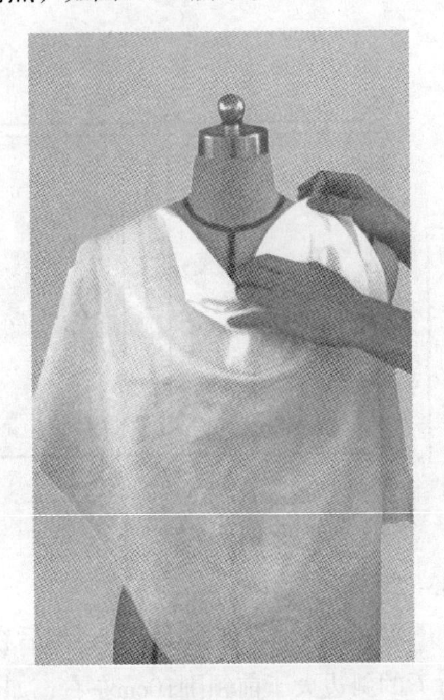

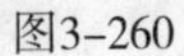
图3-260

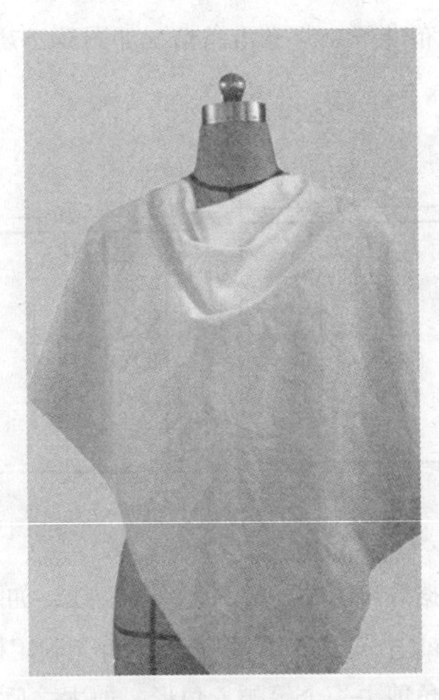

图3-261

6. 捏合腰省，从腰围线开始向上、下两边捏合，确定腰省大小并固定，如图3-262所示。

7. 腰部加放0.5cm放松量并用双针固定，如图3-263所示。

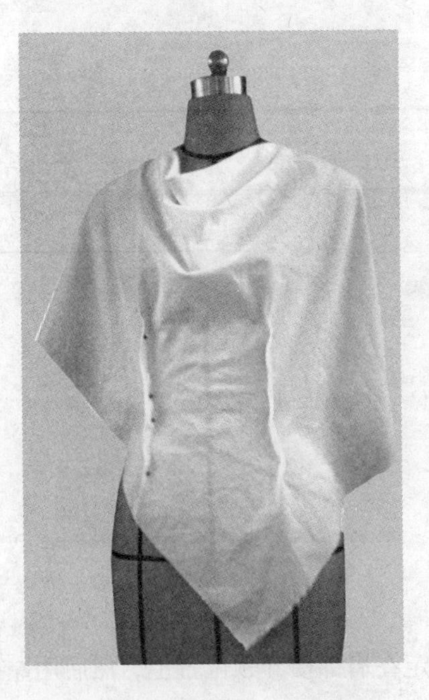

图3-262

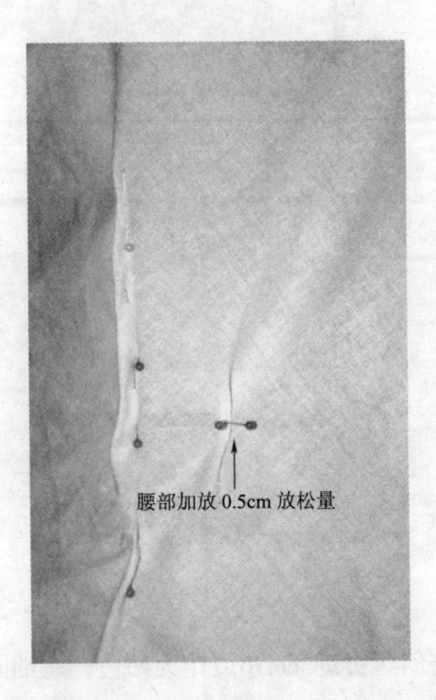

图3-263

8. 在坯布上用胶带粘贴腰部分割线，留出3cm进行修剪，如图3-264所示。在腰部分割线上用胶带粘贴出起浪位置。

9. 进行其他部位的点影和标注，如图3-265所示。

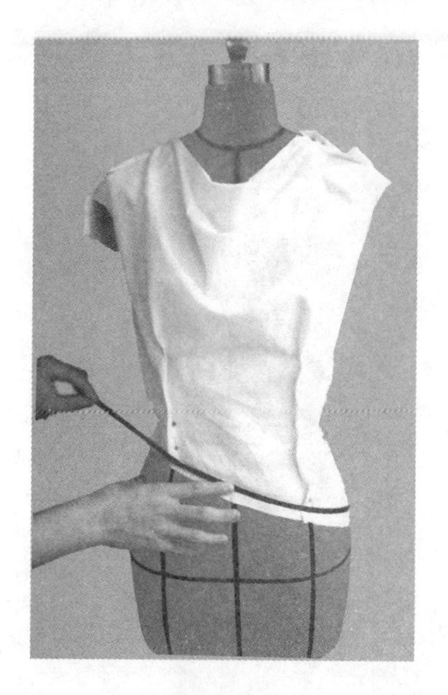

图3-264

图3-265

10. 将裙片坯布的前中心线与人台的前中心线对齐，如图3-266所示。

11. 腰部加放0.5cm放松量，并用双针固定，如图3-267所示。

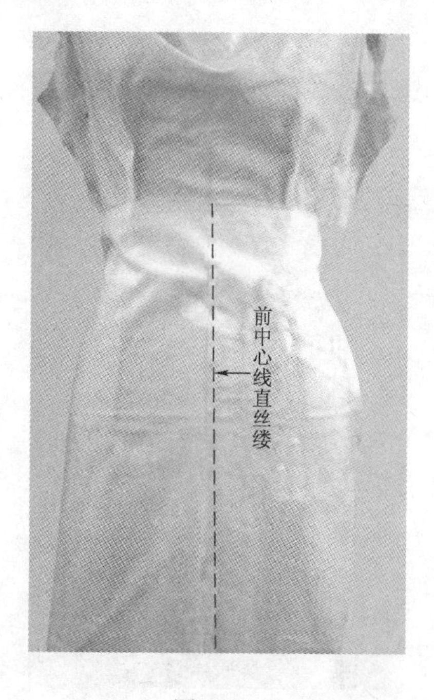

图3-266

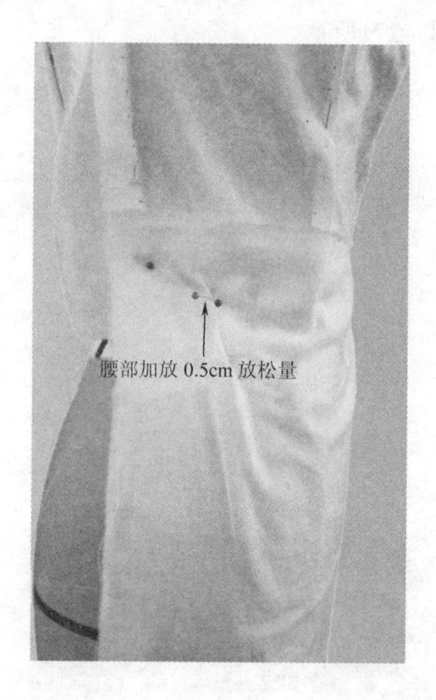

图3-267

12. 操作时，沿裙片坯布前中心线自上往下剪开至腰部分割线，接着向左剪至第一个波浪位置，并双针固定，然后一推一拉做出第一个波浪，如图3-268所示。

13. 依次完成其他几个波浪，波浪的大小相同，如图3-269所示。

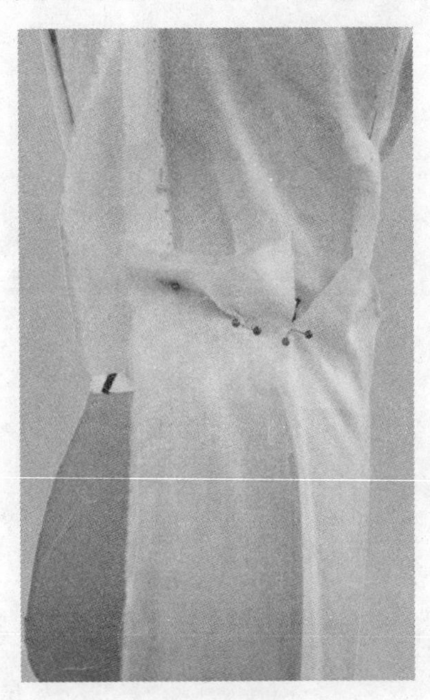

图3-268

图3-269

14. 在侧缝线及分割线处进行点影，如图3-270所示。

15. 将后衣片坯布的后中心线与人台的后中心线对齐，后中心不开襟，侧缝处开拉链，如图3-271所示。

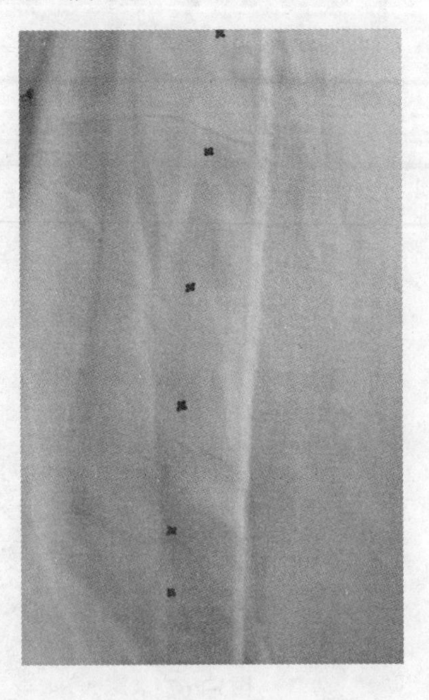

图3-270

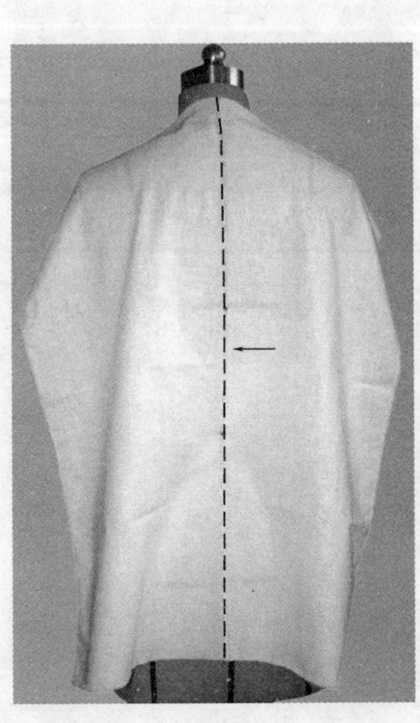

图3-271

16. 沿后领围修剪，肩部不设肩背省，故在后背肩线上加放0.3~0.5cm放松量，双针固定，如图3-272所示。

17. 确定后腰省量大小及位置并固定，使后衣片贴服、合体，如图3-273所示。

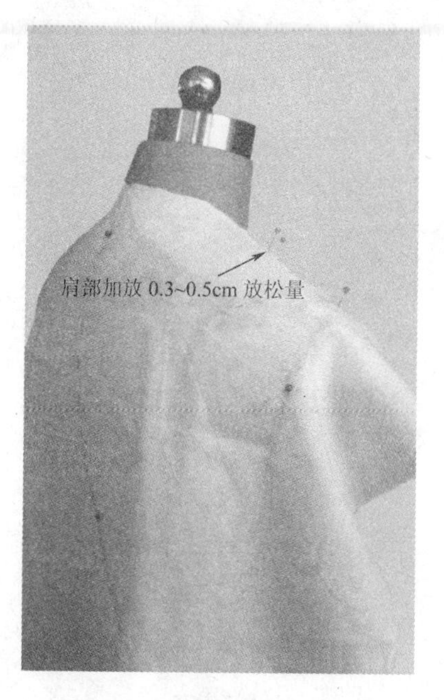

图3-272

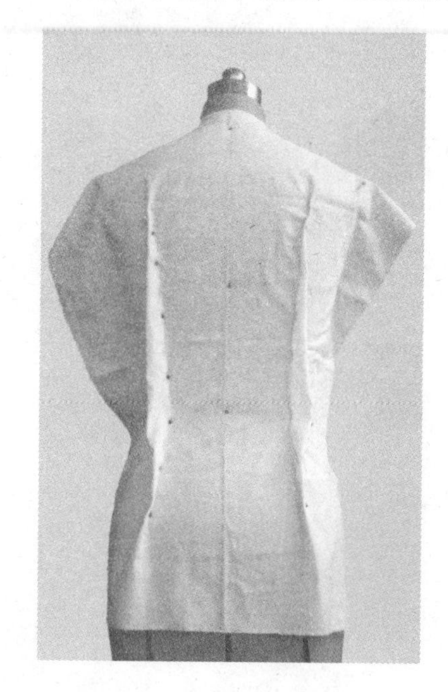

图3-273

18. 修去侧缝、袖窿与肩部多余的布料，如图3-274所示。

19. 进行后衣片点影标注，如图3-275所示。

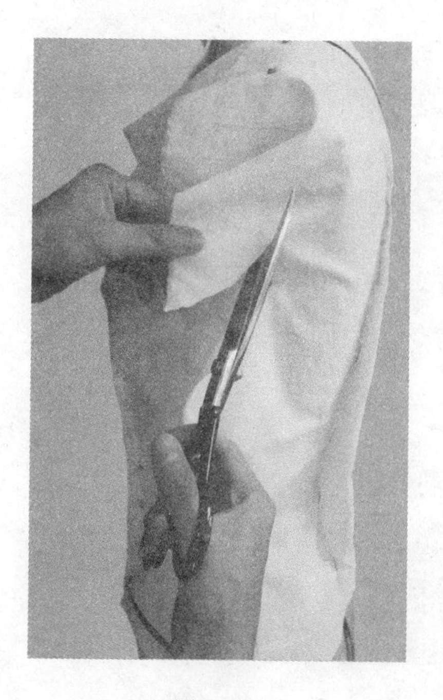

图3-274

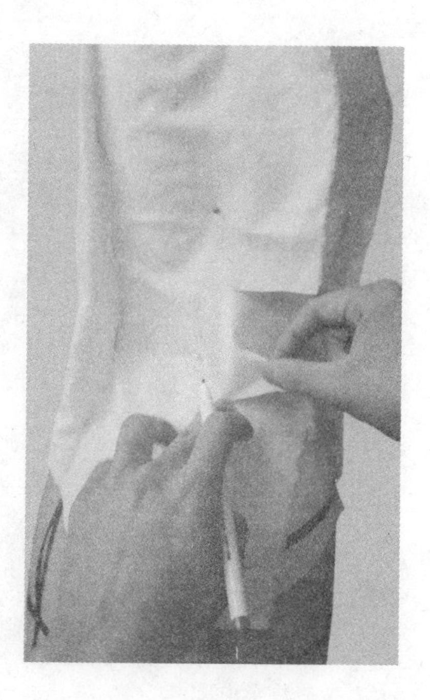

图3-275

20. 沿侧缝将前、后衣片顺着点影标记捏合并固定，如图3-276所示。

21. 确定后领口线造型并用胶带粘贴，修剪后领口多余布料，如图3-277所示。

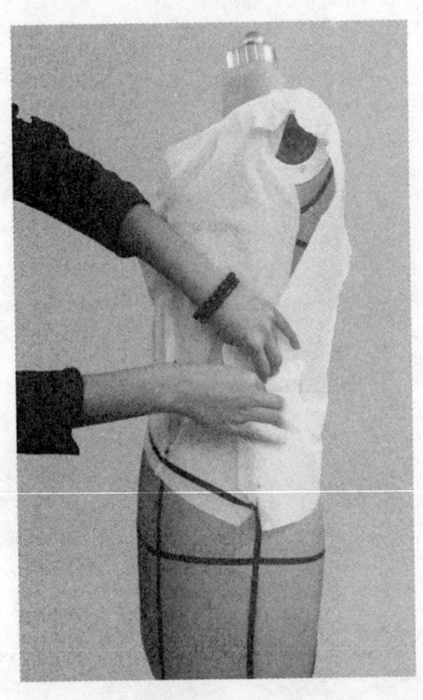

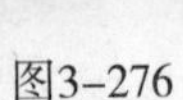

图3-276

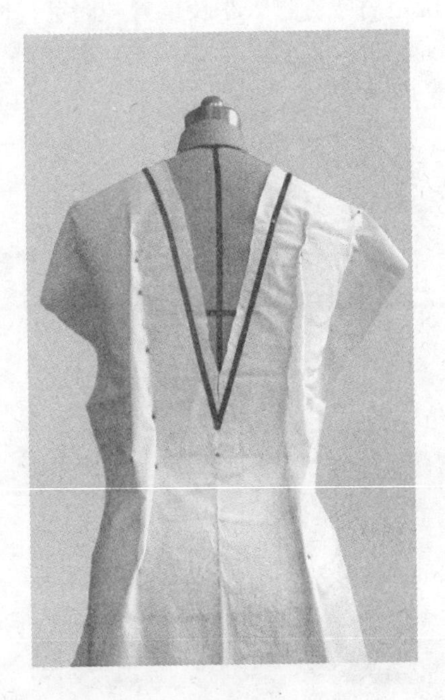

图3-277

22. 用胶带贴出波浪裙的起浪位置，如图3-278所示。后片波浪操作与前片基本相同，此处省略。

图3-278

23. 将裁好的上衣及裙子布样从人台上取下进行缝份修剪及修正，得到平面结构图，如图3-279~图3-281所示。

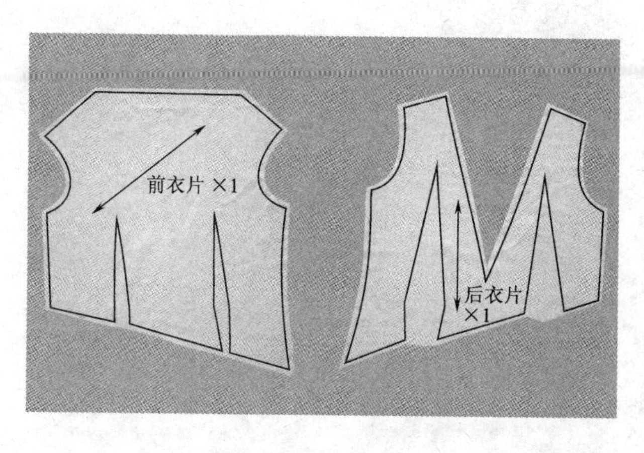

图3-279

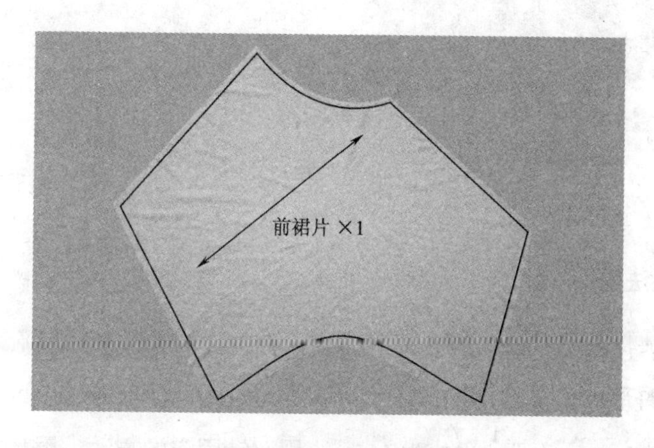

图3-280

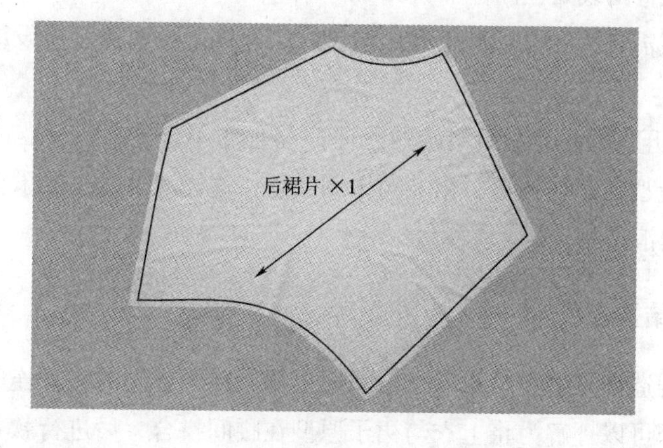

图3-281

24. 腰部分割垂褶领连衣裙坯布样衣立体效果展示如图3-282所示。

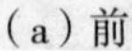

（a）前　　（b）后

图3-282

（二）立体裁剪技法重点

1. 在立体裁剪过程中，前、后衣片的浮余量都以腰部省道形式消除。

2. 胸、腰、臀部放松量设计：贴身连衣裙胸部放松量通常设为6cm，在侧缝加放；腰部放松量通常设为2cm，分到$\frac{1}{4}$裙片为0.5cm，用双针固定的方法；臀部放松量设计采用侧缝加放法，在侧缝臀围线处也同样加放0.5cm。

3. 腰部分割线需在人台上用胶带贴出造型线，原则上按照造型应设计在人体曲面较小的位置。

4. 后背V字领开口处注意贴身结构的处理：将坯布不合体的余量推转至后腰省处。

5. 波浪裙摆造型的操作技巧：裙坯布采用斜纱，这样波浪悬垂效果会更好。此款式立体裁剪注意下摆波浪造型。

（三）连衣裙平面结构分析

连衣裙的结构造型是上衣与裙子在腰间通过缝制或不缝制的方式连成一体，因此，连衣裙平面构图原理可以理解为将上衣与裙子原型在腰间拼合，后进行款式变化。合体连衣裙平面制图如图3-283所示，制图尺寸均采用成品尺寸。

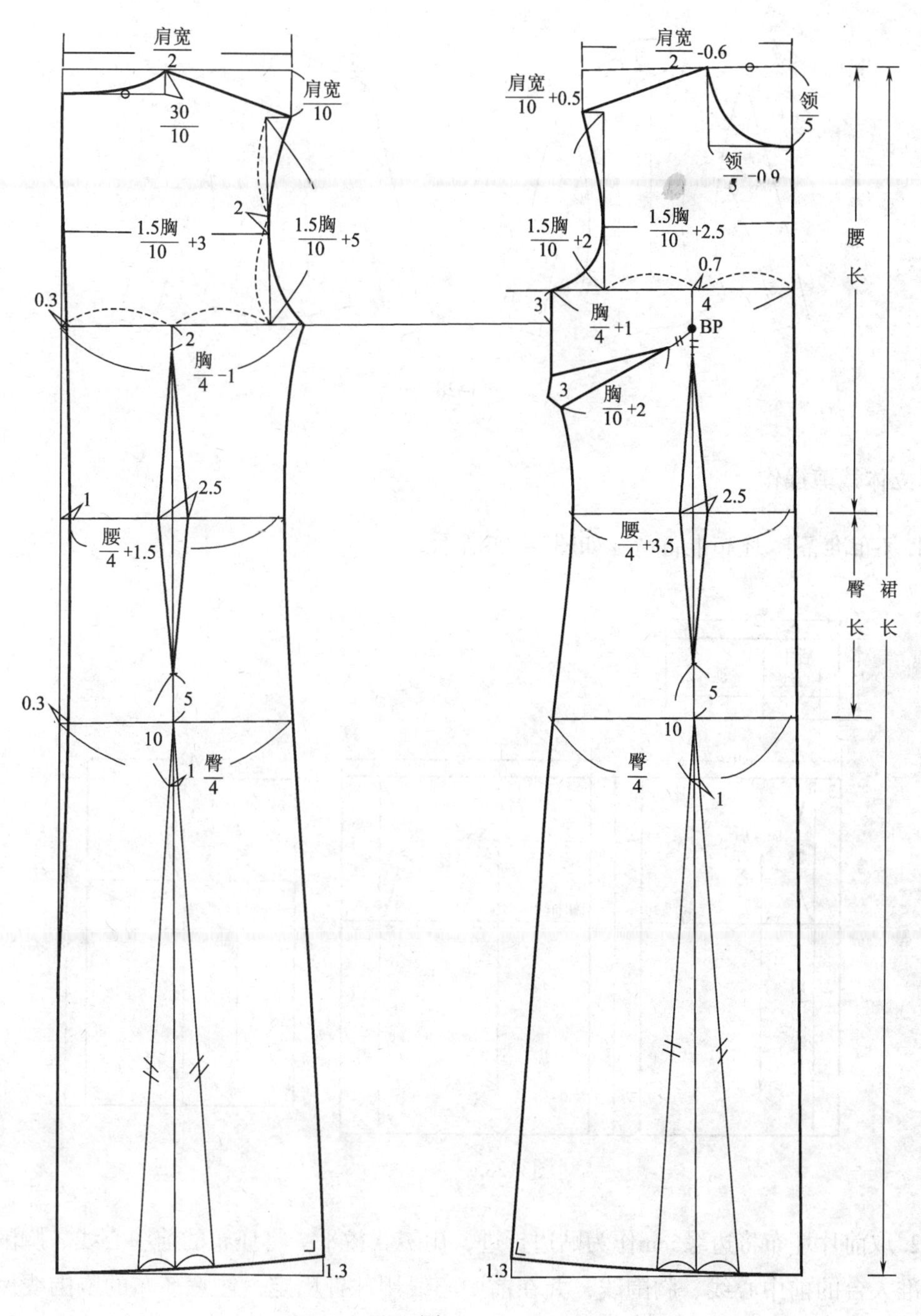

图3-283

三、基本型女衬衫

衬衫是所有服装中最为常用的一类，春夏秋冬每个人都离不开衬衫。夏季衬衫更是女性展露风采不可缺少的款式。衬衫的种类很多，这里只介绍基本型女衬衫的立体裁剪方法。图3-284所示为基本型女衬衫款式图，其款式特点为：贴身型，长袖，设有腰省、腋下省及后背省，一片式衬衫领，前中为普通纽扣开口。

图3-284

（一）立体裁剪操作

1. 坯布准备：坯布准备情况如图3-285所示。

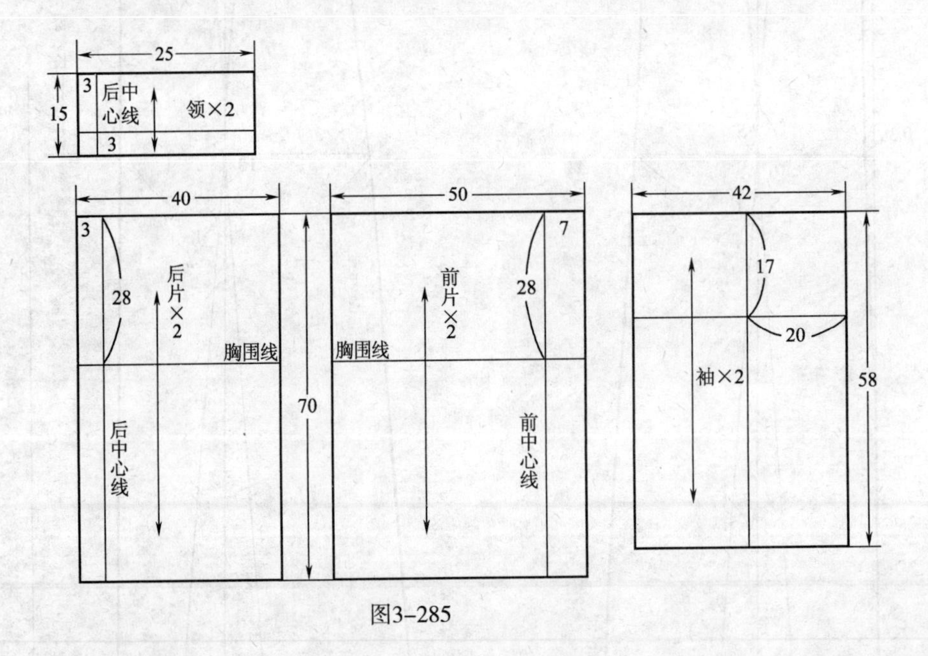

图3-285

2. 取前片坯布将边缘5cm作为贴边折进，用熨斗烫平。将坯布的前中心线、胸围线分别对准人台的前中心线、胸围线，并在前中心线用珠针固定，注意坯布的胸围线保持水平，如图3-286所示。

3. 将胸高点以上布料捋平，剪裁出领围线，注意领围线外端打剪口以消除布料拉扯力，如图3-287所示。

4. 固定肩线，剪掉肩部及袖窿处多余的布料，袖窿边缘打剪口，以使其贴服，如图3-288所示。

5. 固定侧缝线。在腰部居中位置双针加放0.5cm放松量，保持侧缝两侧胸围线的顺直，侧缝在腰部打剪口，如图3-289所示。

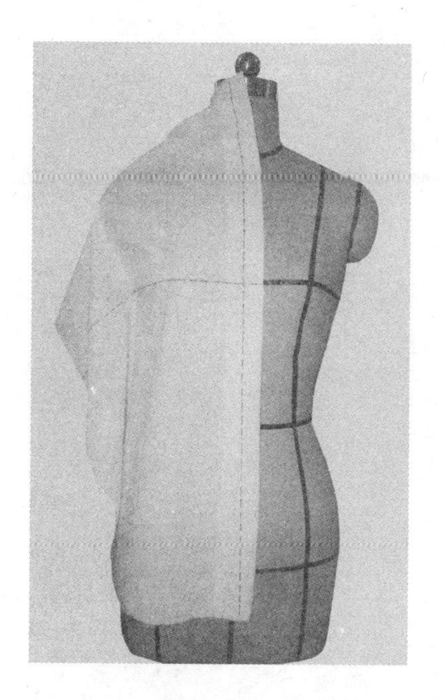

图3-286

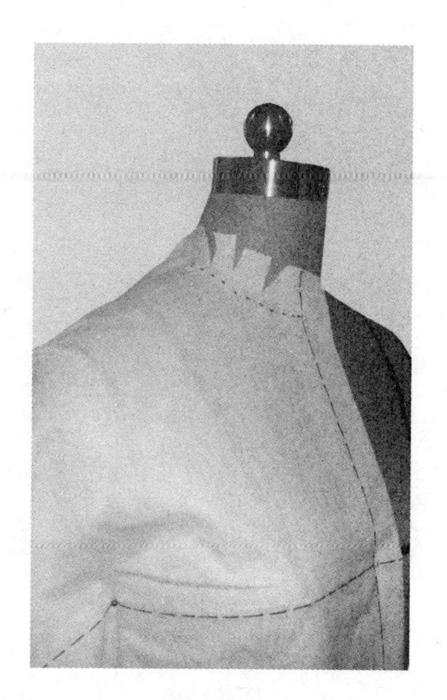

图3-287

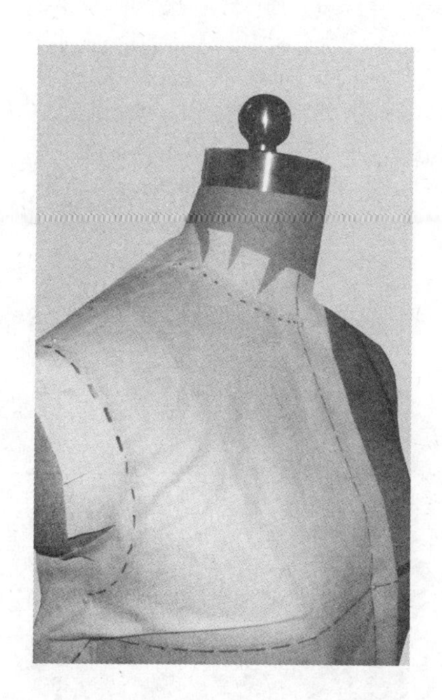

图3-288

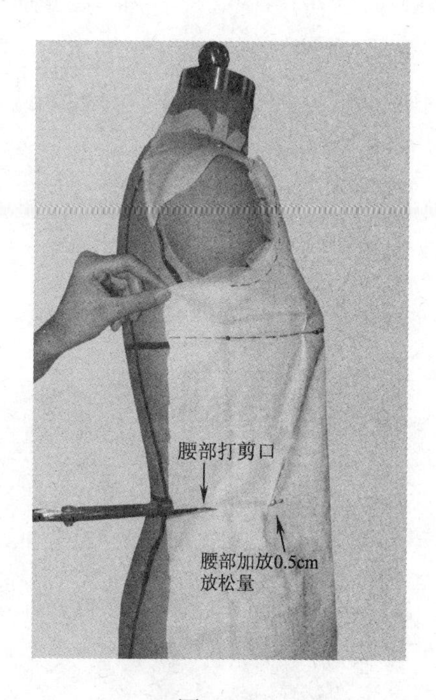

图3-289

6. 将腋下多余的部分折为腋下省形式，再将腰部多余的部分折为腰省形式，如图3-290所示。

7. 在前领围线、前肩线、前袖窿弧线、前侧缝线、前下摆线处粘贴胶带，注意前腰围线处点影，腋下省及腰省的位置及量的大小点影，如图3-291所示。

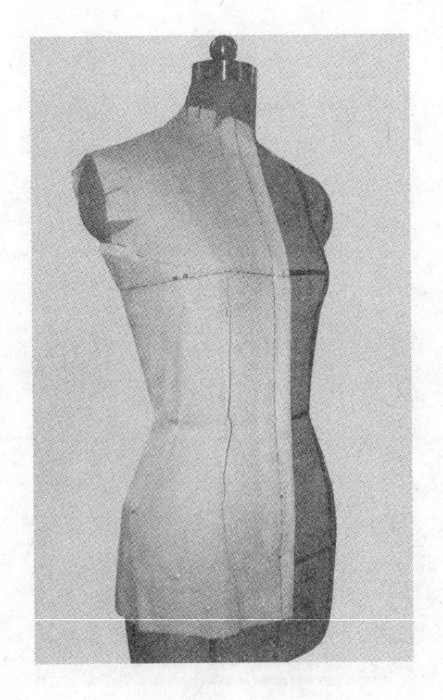

图3-290

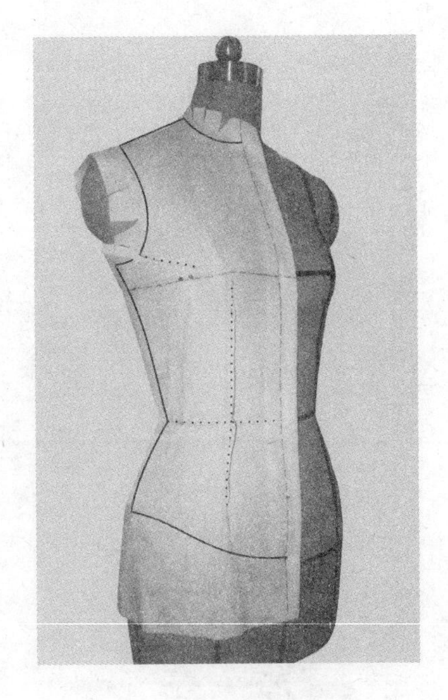

图3-291

8. 将后片坯布的后中心线、胸围线分别对准人台的后中心线、胸围线，并在后中心线处用珠针固定，如图3-292所示。

9. 腰围线以上一边抚平布料、一边裁剪领围线，领围线外端打剪口，如图3-293所示。

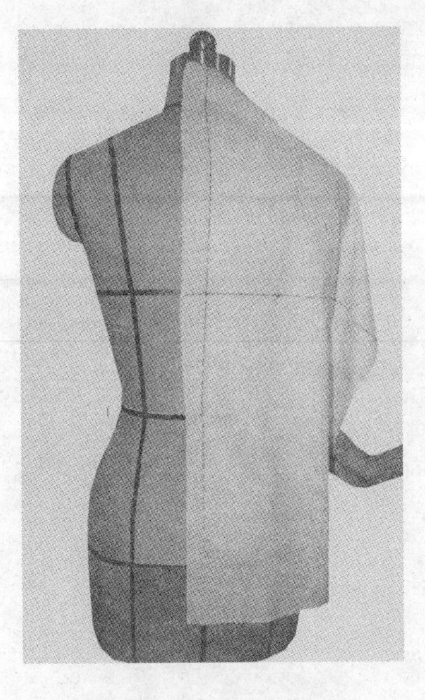

图3-292

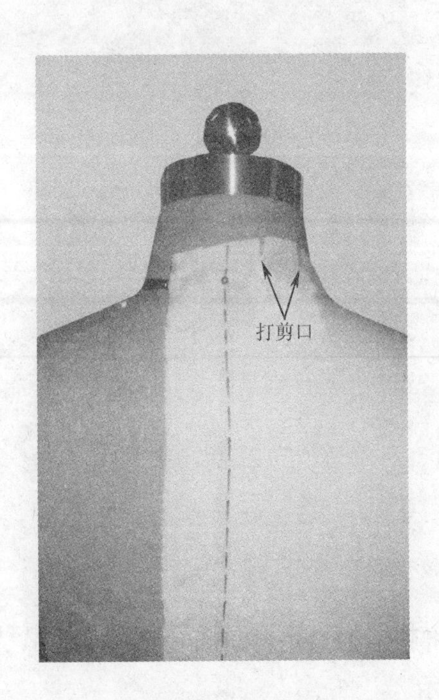

图3-293

10. 在后胸围线上加放0.5cm放松量，用双针固定，如图3-294所示。

11. 固定肩线，剪掉肩部及袖窿处多余的布料，袖窿边缘打剪口，以使其贴服，将肩部多余的部分折为肩省形式，如图3-295所示。

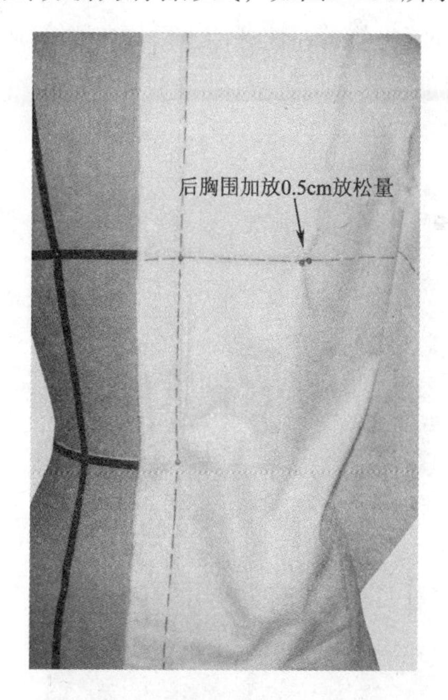

图3-294

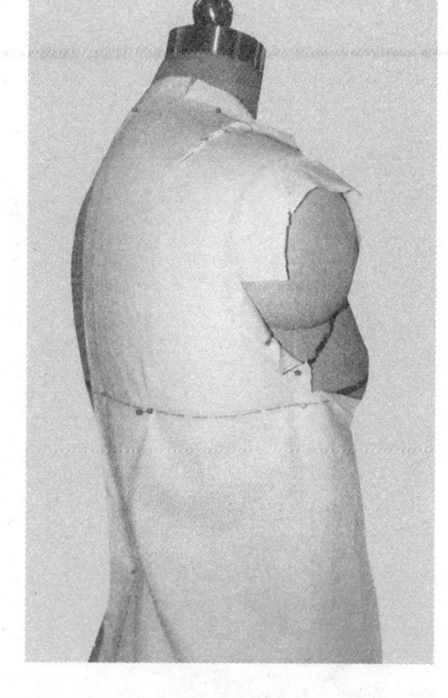

图3-295

12. 固定侧缝线。在腰部居中位置双针加放0.5cm放松量，保持侧缝两侧胸围线的顺直，侧缝在腰部打剪口，如图3-296所示。

13. 将腰部多余的部分折为腰省形式，如图3-297所示。

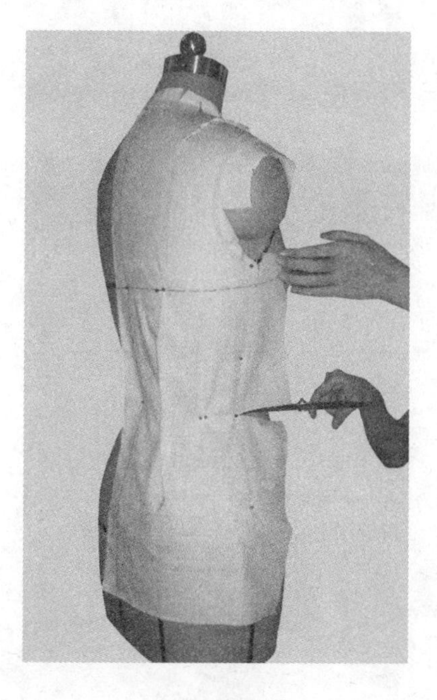

图3-296

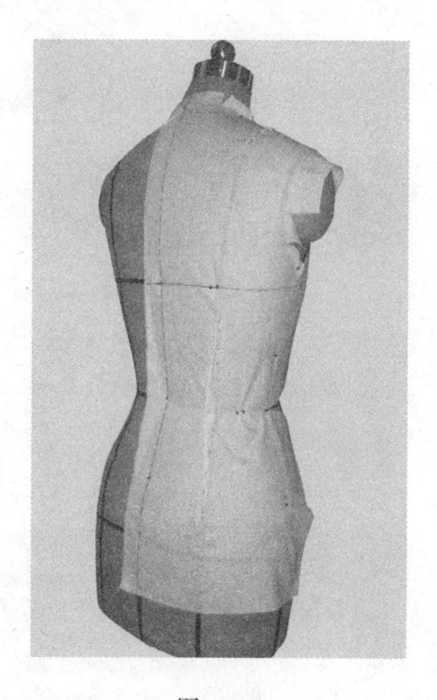

图3-297

14. 在后领围线、后肩线、后袖窿弧线、后侧缝线、后下摆线处粘贴胶带，注意后腰围线处点影，肩省及腰省的位置及量的大小点影，如图3-298所示。

15. 将裁好的前、后片从人台上取下，留1cm缝份修剪，注意前、后片在侧缝线、胸围线处留2cm修剪（其中1cm为放松量，1cm为缝份量），其余位置留1cm修剪，如图3-299所示。

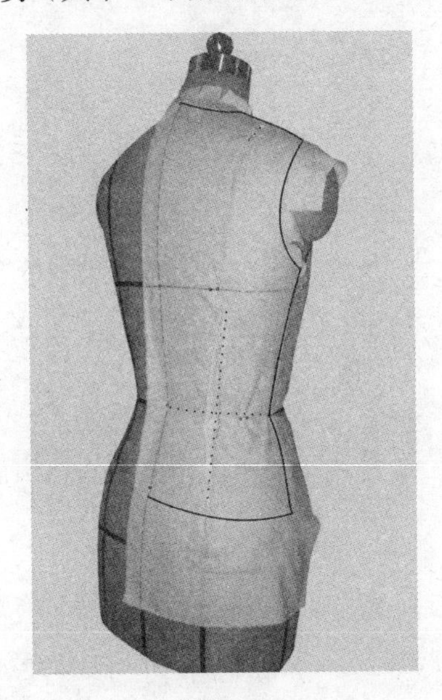

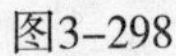

图3-298

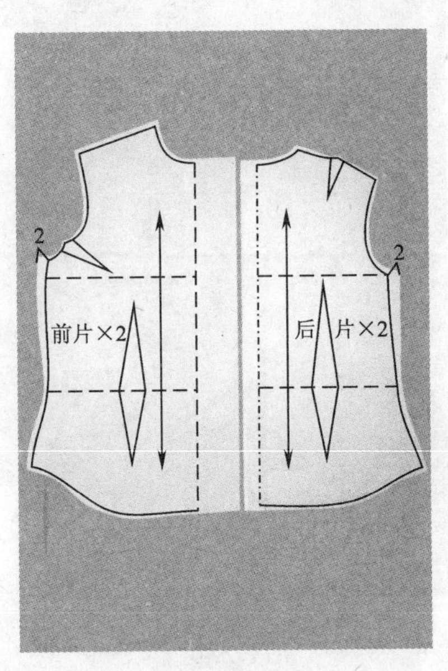

图3-299

16. 将修剪好的前、后片重新扎回人台上，检查衣身放松量、腰部收腰的情况，如图3-300所示。

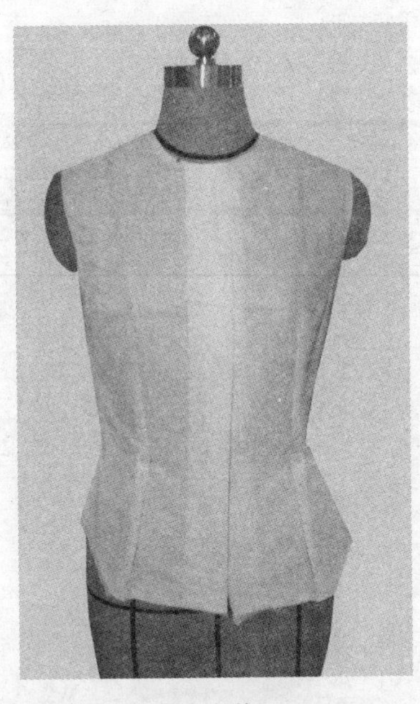

（a）前

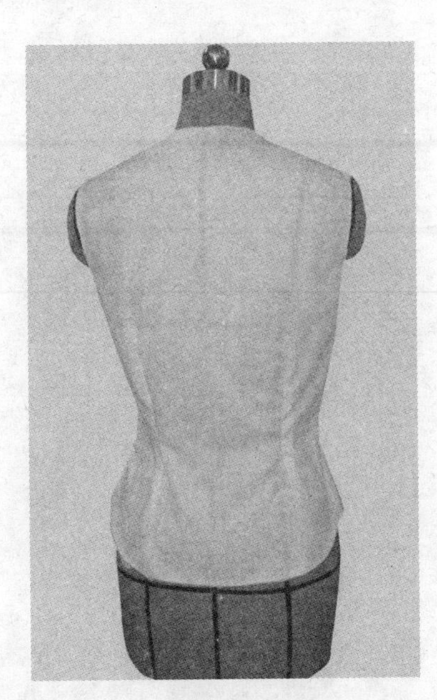

（b）后

图3-300

17. 在袖坯布上进行袖山形状的绘制，袖山放缝2cm，袖口放缝3cm进行修剪，如图3-301所示。

18. 将袖侧缝先叠合缝固定，如图3-302所示。

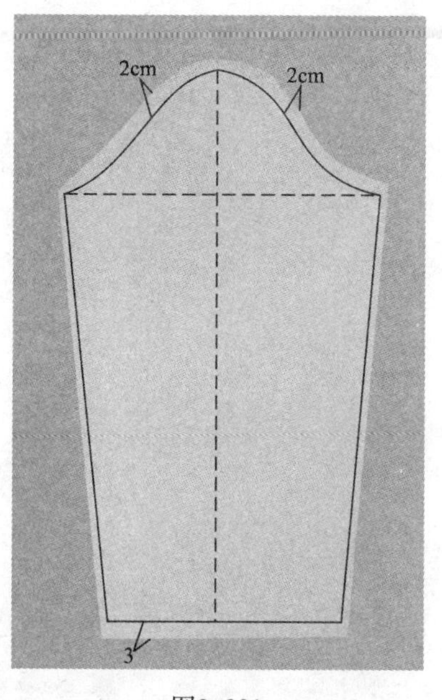

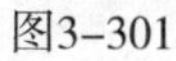
图3-301

图3-302

19. 袖子的别样分两段进行。第一段的操作是从侧缝起沿袖窿向左、右各5cm距离用珠针固定，然后紧挨着5cm处在袖子缝份上各打一个剪口；第二段的操作是打完剪口后，将袖子向上提起，使袖中心点与肩端点对齐，袖山缩缝量合理分配，别针固定。观察袖子造型是否优美，丝缕是否顺直，袖山是否饱满、圆顺，袖山高及缩缝量是否合适等，如图3-303、图3-304所示。

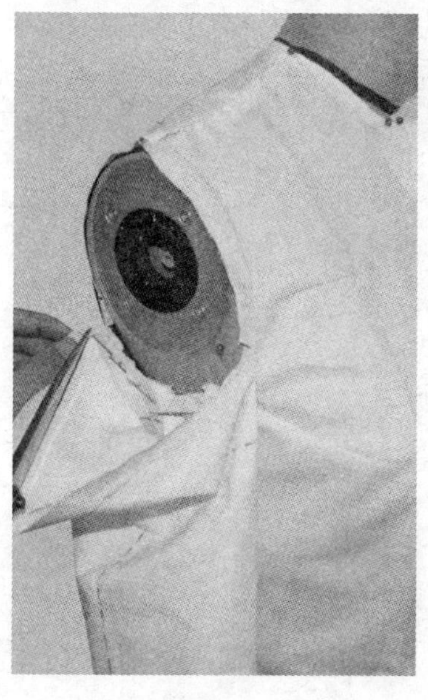
图3-303

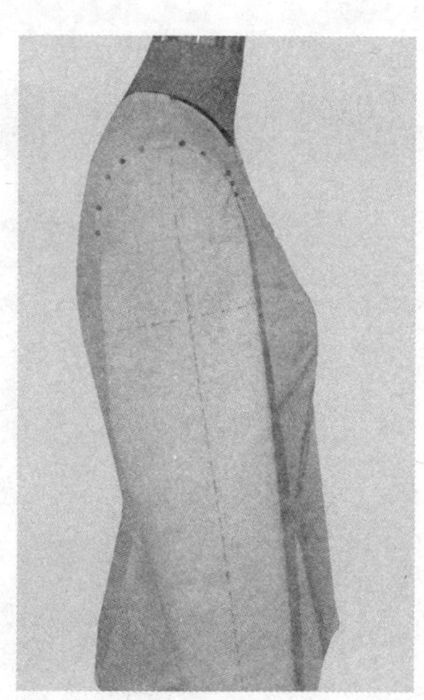
图3-304

20. 裁领子。取领坯布将后领中心线对正人台后中心线，沿衣身后领围线边打剪口、边扎针，如图3-305所示。

21. 领坯布裁至前领时将缝份向上翻折并用珠针固定，注意把握领与颈部之间的空隙度，前领围线处缝份打剪口，以使领部贴服，如图3-306所示。

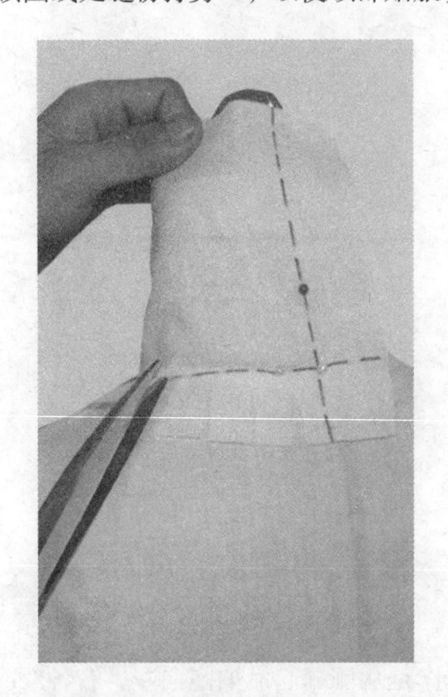

图3-305

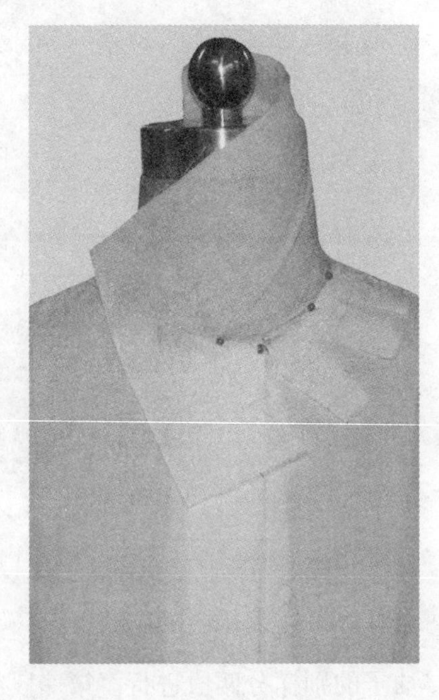

图3-306

22. 将领坯布翻折下来，用胶带粘贴出领造型线，剪掉多余的量，并检查领子的翻折线是否顺畅，如图3-307所示。

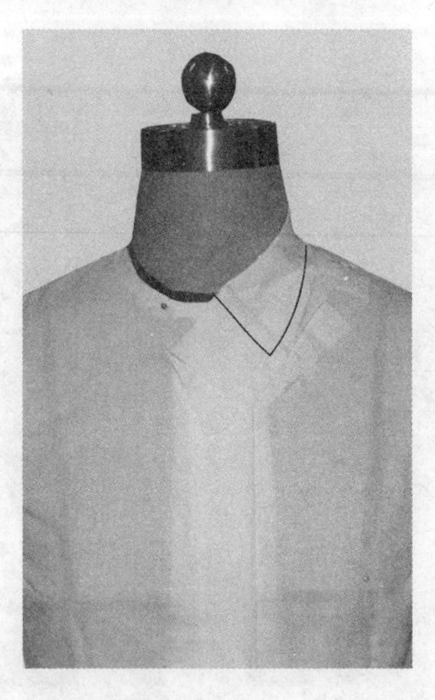

图3-307

23. 基本型女衬衫样衣立体效果展示如图3-308所示。

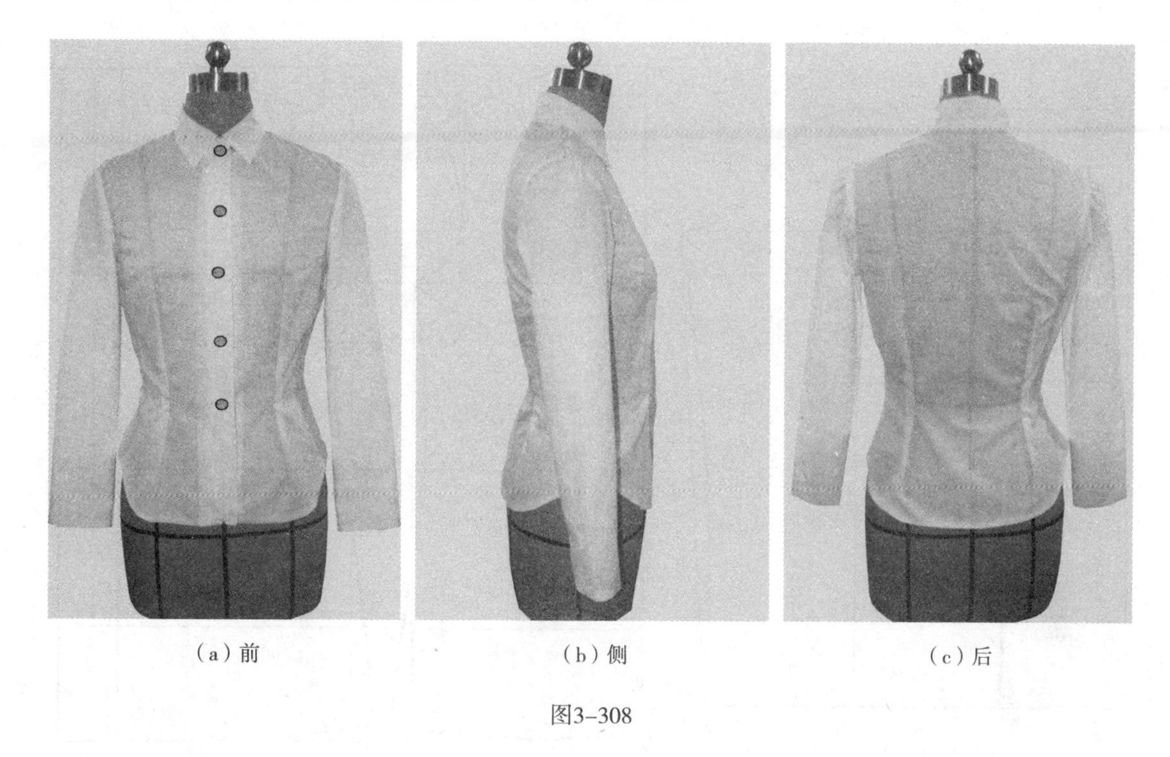

（a）前　（b）侧　（c）后

图3-308

（二）立体裁剪技法重点

1. 胸部放松量设为6cm，$\frac{1}{4}$衣片在胸围各放0.5cm，剩下4cm在$\frac{1}{4}$衣片侧缝处加放1cm；腰部放松量设为2cm，分在$\frac{1}{4}$衣片为0.5cm，在腰部居中位置以双针固定的针法加放。若衣服长度超过臀部，则需要考虑臀部的放松量的设置。

2. 前片浮余量以腰省及腋下省形式消除，后片浮余量以背省和腰省形式消除。

3. 衬衫领按照翻立领的立体裁剪过程进行，注意领与颈部间空隙度的把握。

（三）衬衫平面结构分析

女衬衫款式千变万化，但从结构造型上基本可分为两大类：贴身型及宽松型。贴身型女衬衫在结构上强调腰省及腋下省设计，而宽松型女衬衫则表现为普通收腰设计，腰省量小，使腰部自由放松。关于尺寸，宽松型女衬衫比贴身型女衬衫在围度部位（胸围、肩宽、领围等）的放松量设计要大。贴身型女衬衫平面制图如图3-309所示，制图尺寸均采用成品尺寸。

四、女普通西短裤

裤子可以在有腿的人台上进行立体裁剪，最好是一条腿可以拆装的人台。由于在人台

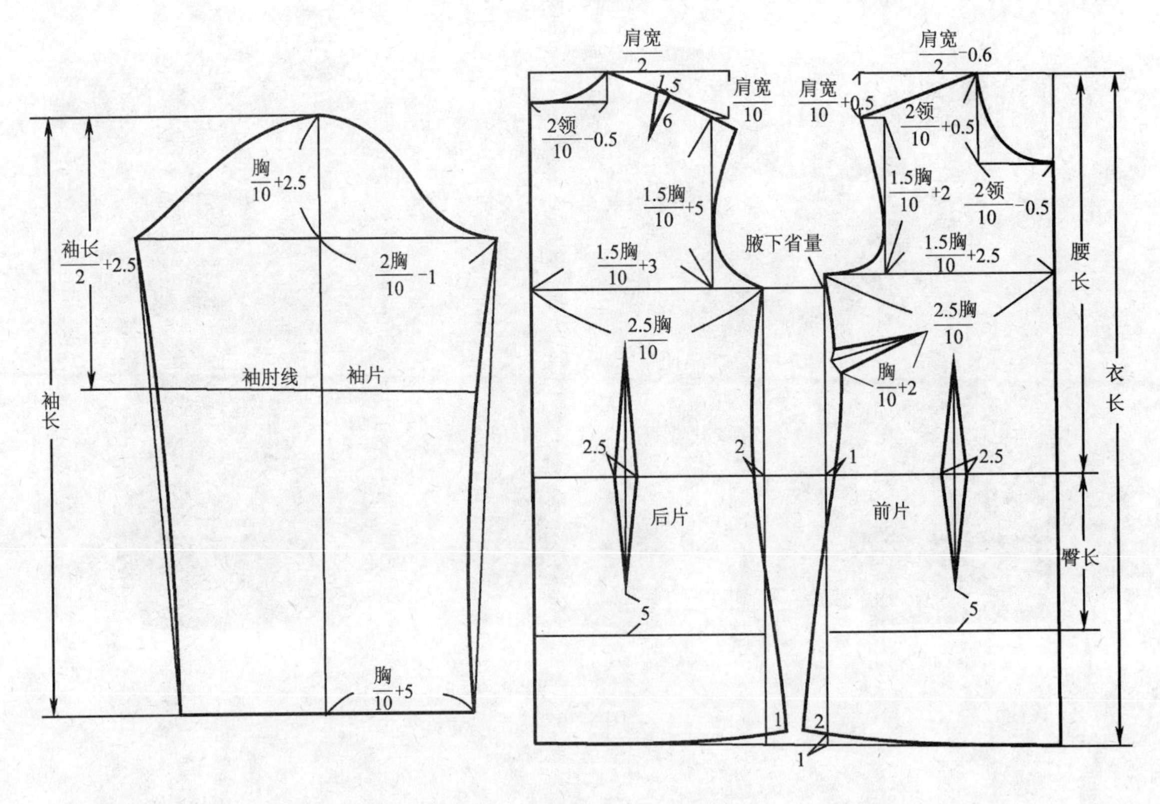

图3-309

的两腿之间要确定裆位，因此裁剪裤子可能比较困难，为了使立体裁剪过程简化，坯布的准备可以根据惯用的公式先计算出来。

图3-310为女普通西短裤款式图。此西短裤的款式特点：合身短裤，前片腰部左、右各设一个省，后片腰部左、右各设两个省，前中装拉链，熨烫中缝线，另设腰头。

图3-310

（一）立体裁剪操作

1. 坯布准备：坯布准备情况，如图3-311所示。

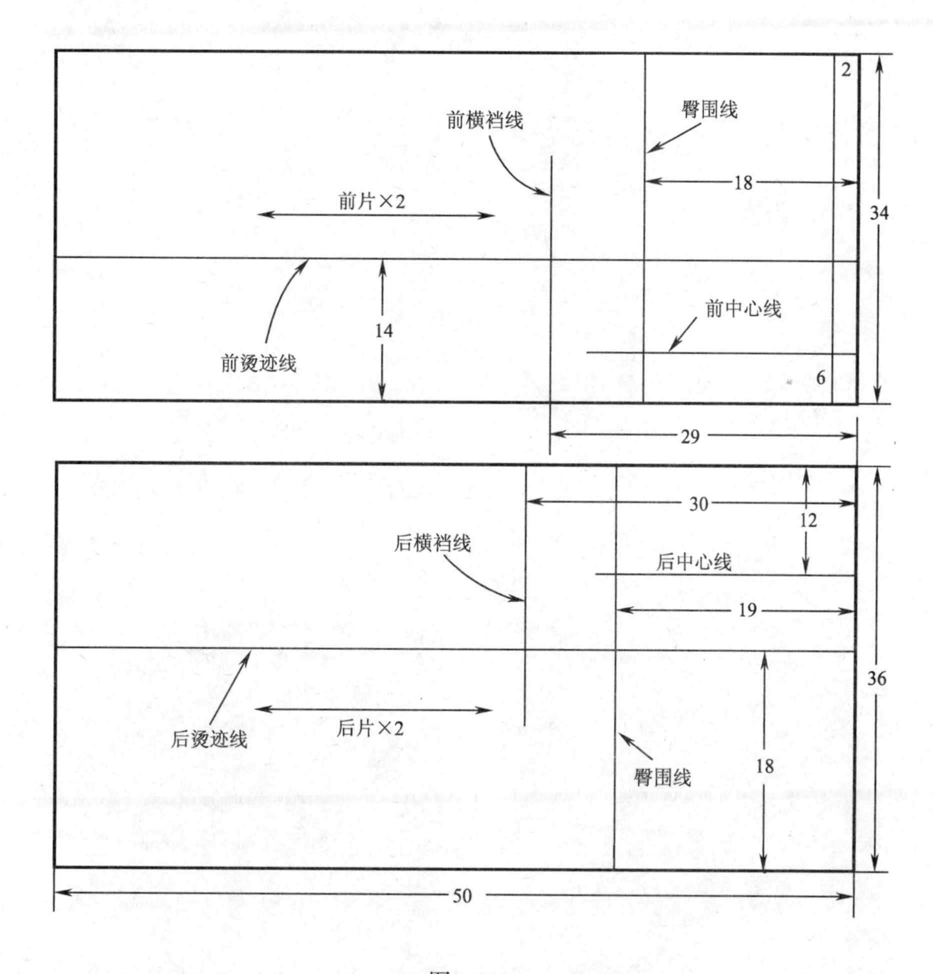

图3-311

2. 将前片坯布上的前中心线、臀围线分别与人台的前中心线、臀围线重合，用珠针固定，并在臀部居中位置双针加放1cm放松量，如图3-312所示。

3. 将腰部多余布料捏成省道，注意抓捏省道时也应略松，如图3-313所示。

4. 前中心线处留2cm，剪掉多余部分，向下在臀围线与横裆线之间粗裁出前裆弧线，并在裆弯中部打剪口，如图3-314所示。

5. 观察检验前中心线，按照人体腹部形状将前中心处的缝份向里翻折，并重新标示前中心线，如图3-315所示。

6. 将前裤烫迹线略抓紧捏合，折出裤中缝线，并将前裆弯推进，观察前裤片的整体造型，如图3-316所示。

7. 根据裤子的整体造型确定裤片侧缝线，按裤腿侧缝线打剪口，如图3-317所示。

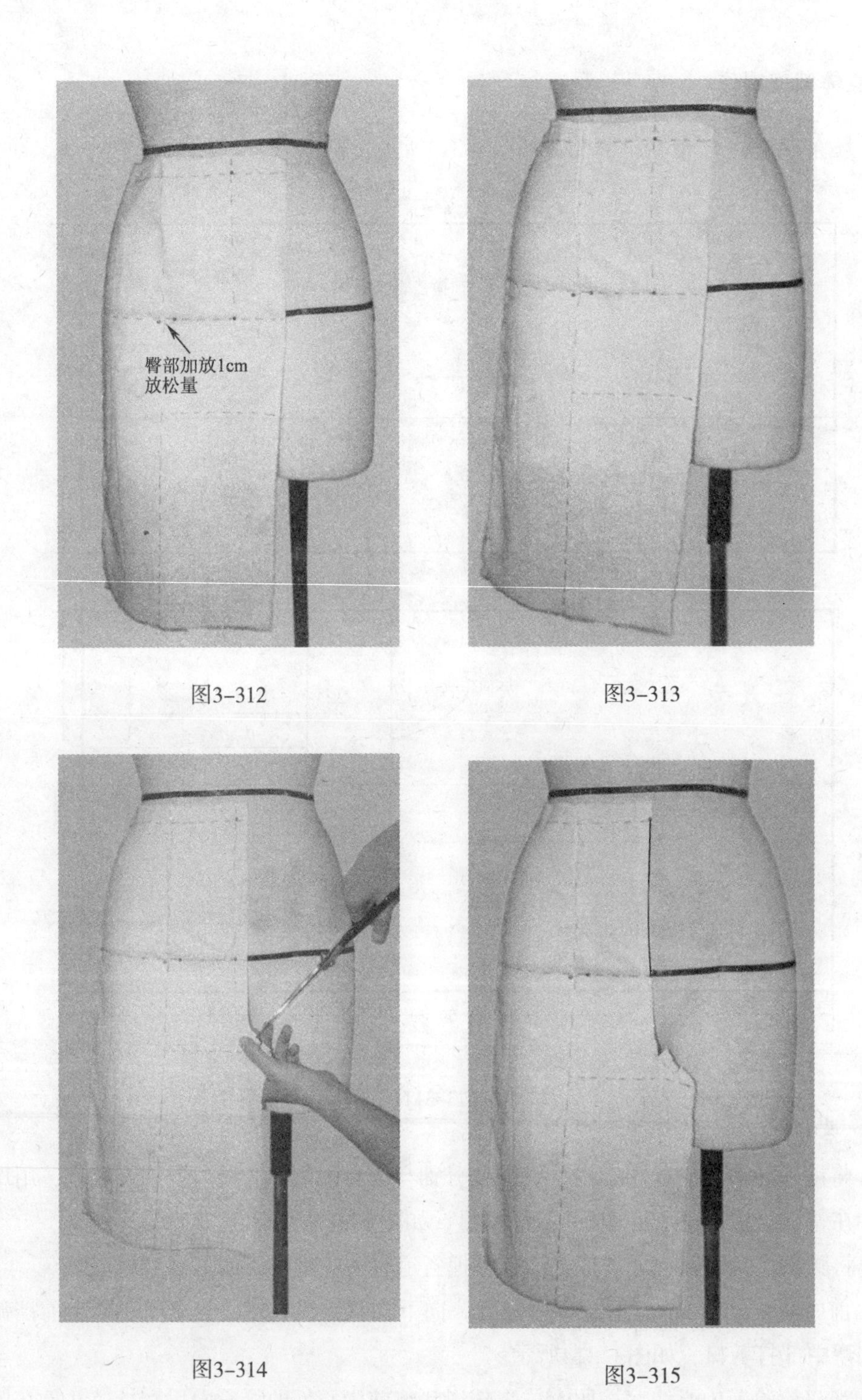

图3-312

图3-313

图3-314

图3-315

8. 将后片臀围线、后烫迹线分别与人台相应标示线重合，用珠针固定，并在臀围线处双针加放1cm放松量，如图3-318所示。

9. 将后片臀围线放平，用手将裤片臀围线以下的后烫迹线捏出一道折痕，腰部多余量捏合成省道，如图3-319所示。

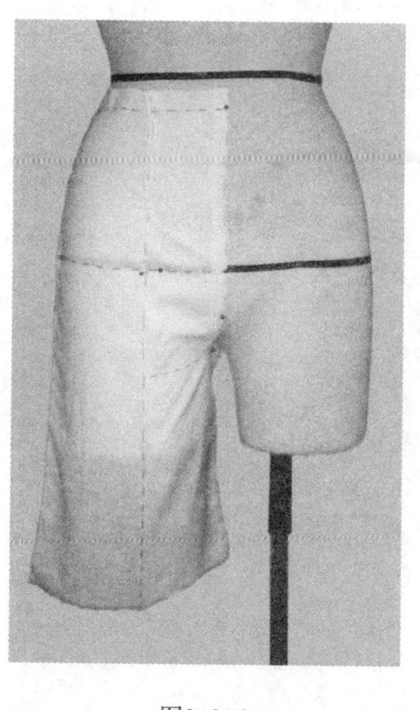

图3-316

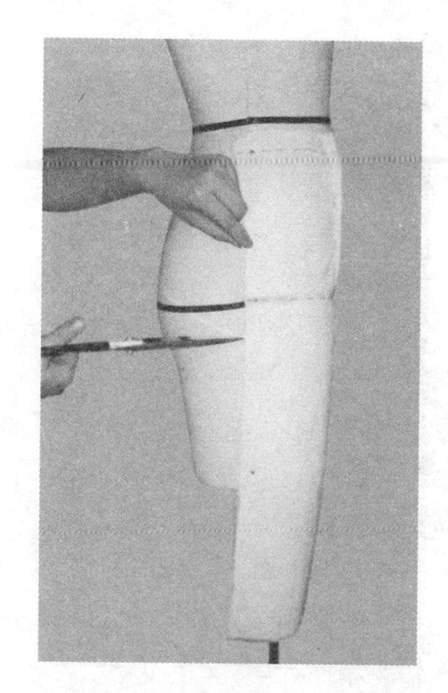

图3-317

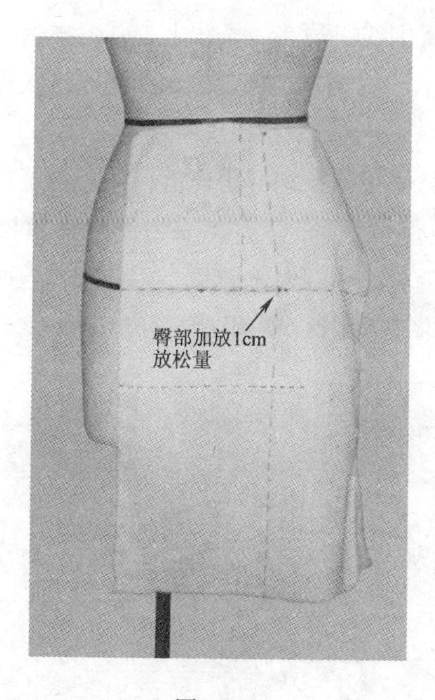

图3-318

图3-319

10. 粗裁后裆弯造型，剪至臀围线后以臀部贴合为原则调整好后中心裆弯的形状，与前片一样在裆弯处打剪口，如图3-320所示。

11. 在横裆部位，用手将后裆向里推进使下裆紧贴人体，并与前裆对合，如图3-321所示。

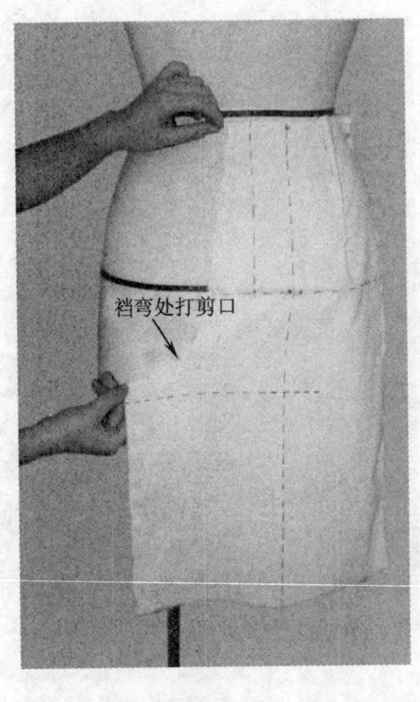

图3-320

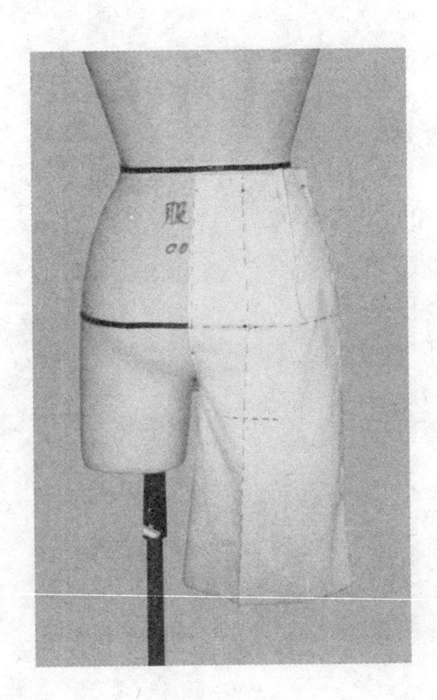

图3-321

12. 将前、后片侧缝对合。注意前、后片臀围线必须在一条线上，并考虑腰部放松量与臀部放松量的协调。整体及各部位造型确定后，描画省道标记点，描画腰围线标记，描画侧缝线标记，如图3-322所示。

13. 将裁好的前、后片从人台上取下，进行样板修正和缝份修剪，注意侧缝在臀围处的缝份应保留2cm，其中1cm为侧缝加放松量，另1cm为侧缝处缝份。装上腰头，得到女普通西短裤的平面结构图，如图3-323所示。

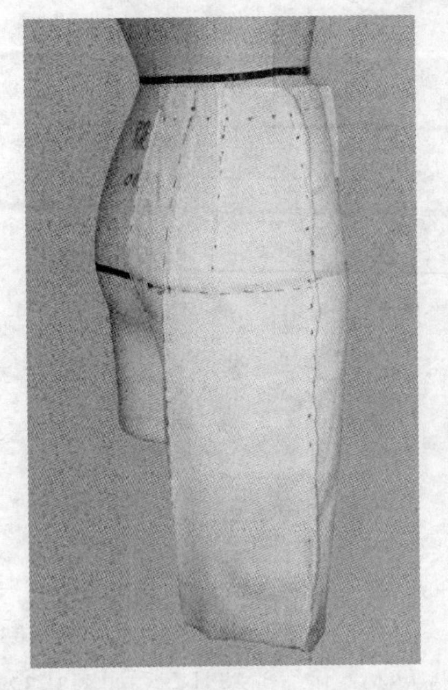

图3-322

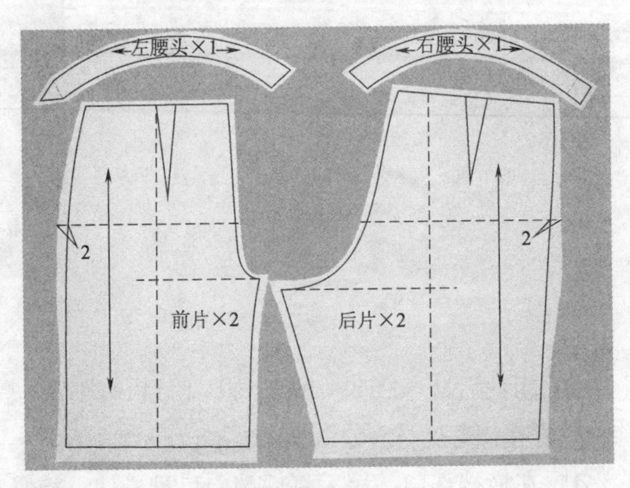

图3-323

14. 女普通西短裤坯布样衣立体效果展示如图3-324所示。

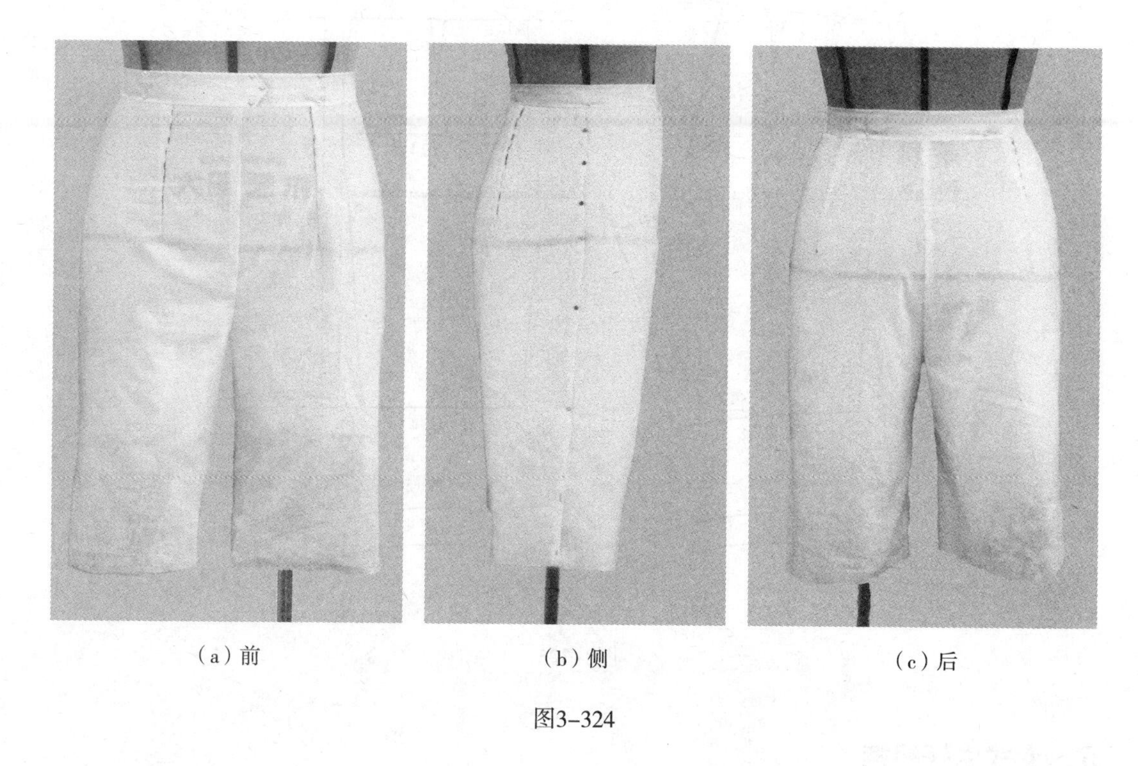

（a）前　（b）侧　（c）后

图3-324

（二）立体裁剪技法重点

1. 臀围放松量为8cm，用双针固定方法在$\frac{1}{4}$裤片各加放1cm，剩下的4cm在侧缝处进行加放。

2. 腰部浮余量以腰省形式消除，但应注意抓捏省道时也应略存放松量。

3. 前、后裆是裤子舒适的重要结构部分，裁剪时应保持对接圆顺及适当的松量。

4. 腰头的结构处理：将腰头的上端线重叠一定量，使腰头呈弧形，以消除腰围处多余量，使腰部合体。

（三）西裤平面结构分析

西裤主要是与西装配套穿着的裤子。西裤的结构特点为：前、后四片，前裤片裆缝较小，后裤片裆缝较大，腰部紧贴，臀部稍松，其外观挺括，左右对称，穿着合体。

1. 规格设计。裤长：从腰围线量至裤子所需要的长度；直裆：取坐姿，从腰围线量至椅子面的垂直距离；腰围：腰围净尺寸+2cm；臀围：臀围净尺寸+（6~12）cm；裤口围：$\frac{腰围}{5}$+6cm；腰头高：3cm。

2. 女普通西短裤结构制图方法如图3-325所示。

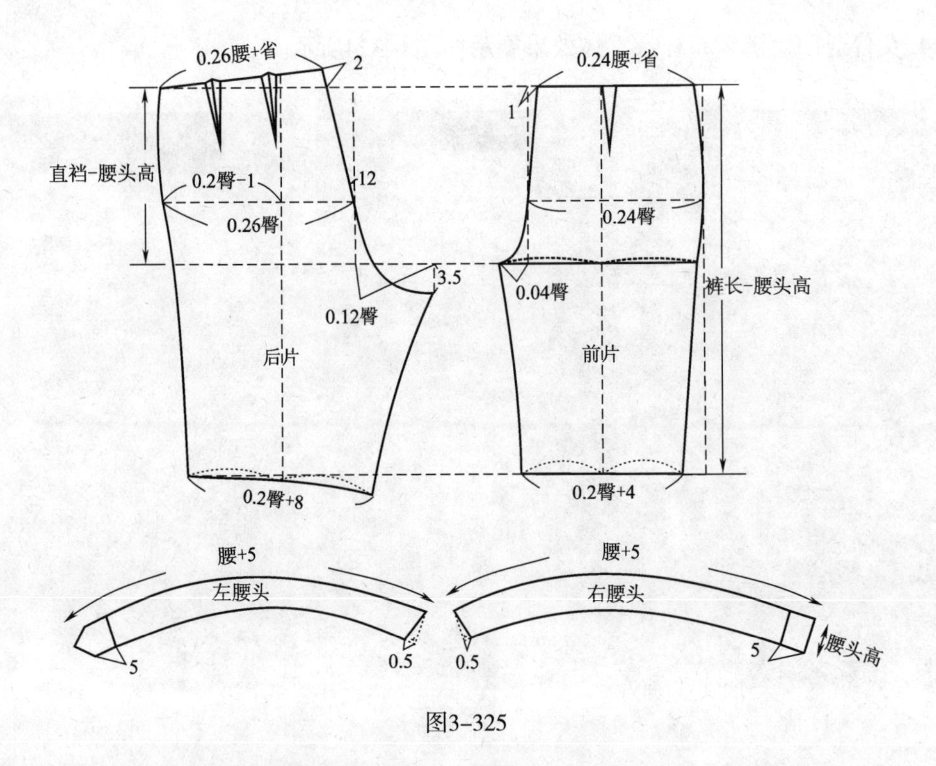

图3-325

五、女式牛仔短裤

图3-326为女式牛仔短裤款式图。此款牛仔短裤的款式特点为：紧身，低腰，腰部无省道，前弯袋左右各一个，前中心装拉链，后片设育克分割线，另设腰头。

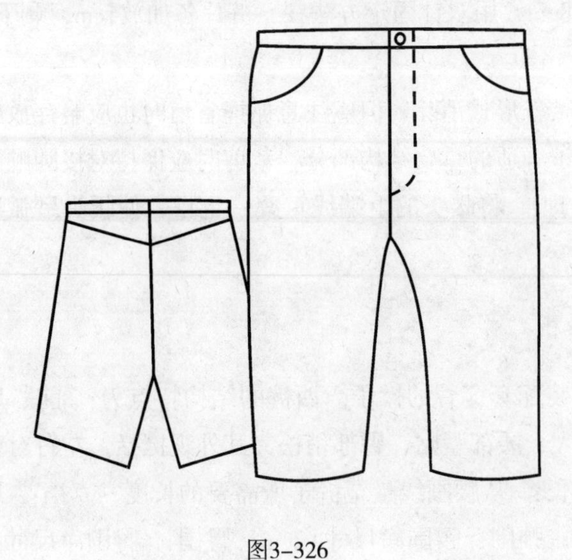

图3-326

（一）立体裁剪操作

1. 坯布准备：坯布准备情况如图3-327所示。

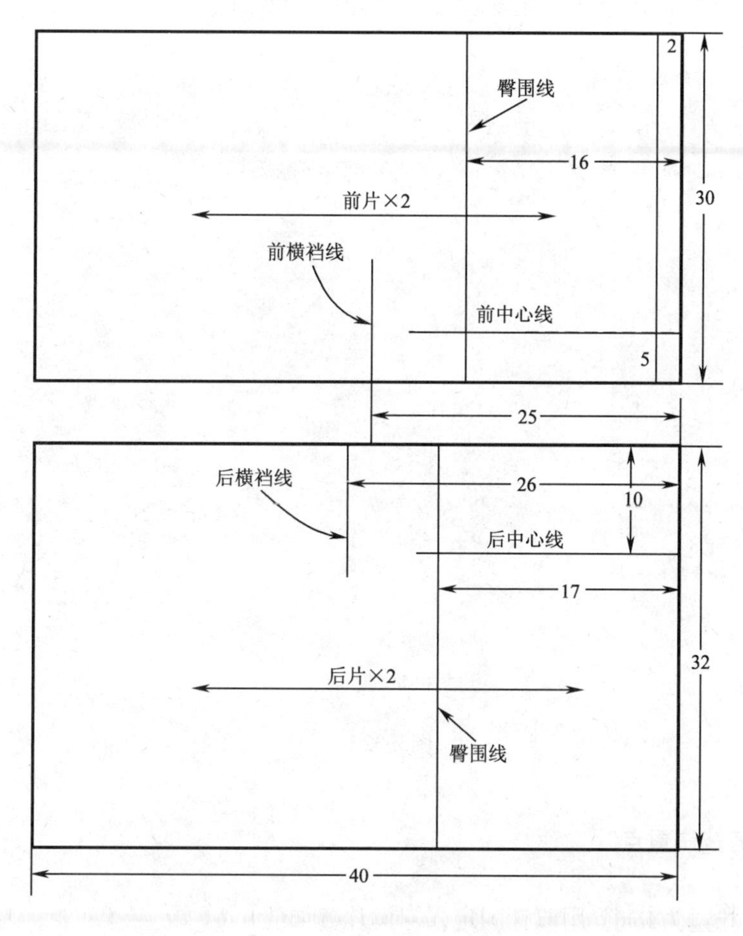

图3-327

2~12. 步骤请参见女普通西短裤。

13. 将裁好的前、后片从人台上取下，进行样板修正和缝份修剪，装上腰头，得到牛仔短裤的平面结构图，如图3-328所示。

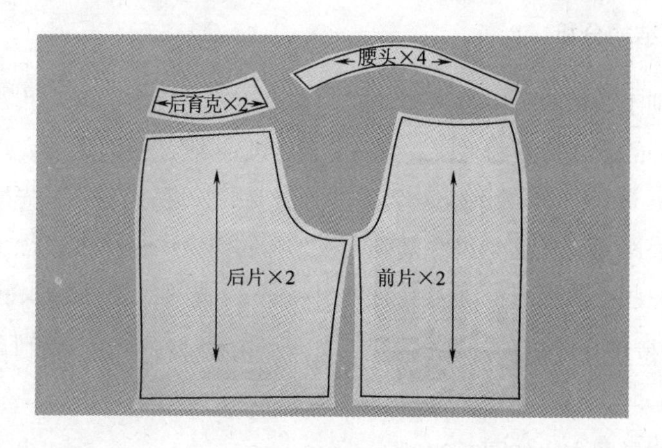

图3-328

14. 女式牛仔短裤坯布样衣立体效果展示如图3-329所示。

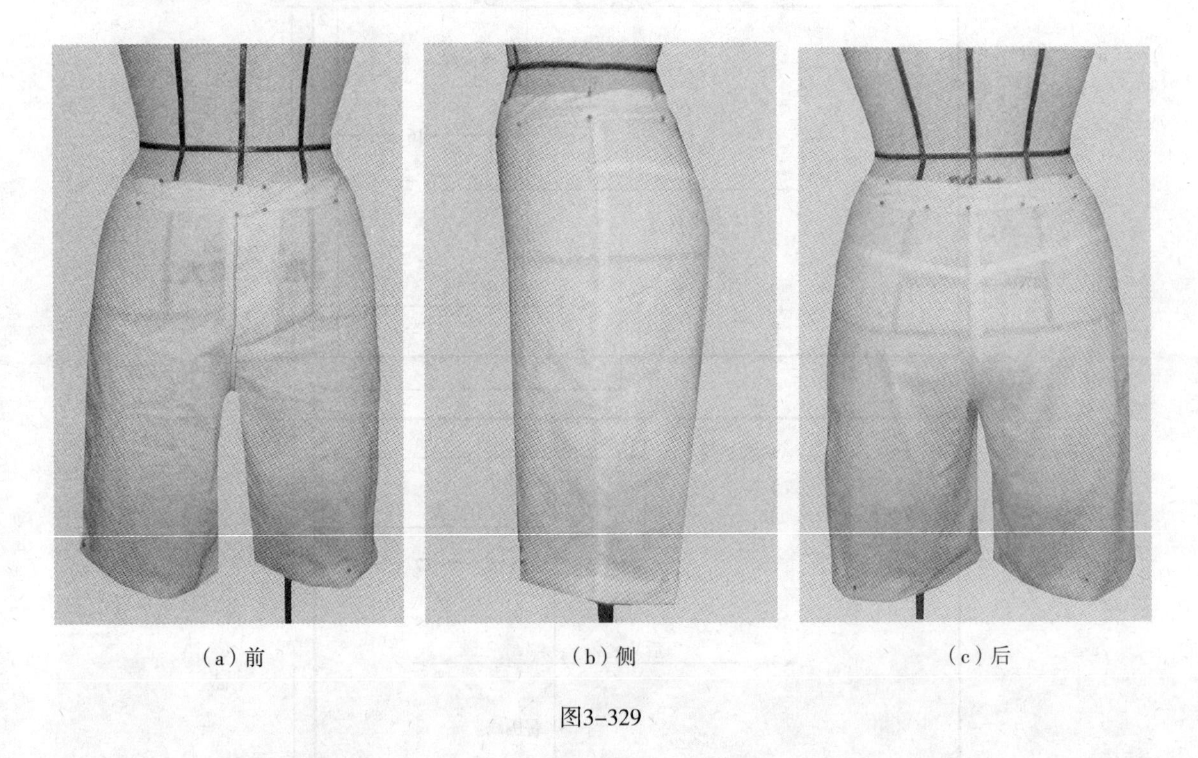

（a）前　　（b）侧　　（c）后

图3-329

（二）立体裁剪技法重点

1. 臀围放松量为4cm，用双针固定，$\frac{1}{4}$裤片各加放1cm。

2. 牛仔裤款式一般低腰且腰部无省，其前片腰部浮余量放在口袋位置收掉，后片则设育克消除后片腰部浮余量。

3. 腰头的结构处理：将腰头的上端线重叠一定量，变成弯腰头，以消除低腰围处多余的量，使穿着合体。

（三）牛仔裤平面结构分析

牛仔裤是区别于西裤的另一类下装款式。它诞生于劳动装，具有很高的功能性，应用非常广泛。牛仔裤的款式特点为低腰，紧身，裤裆兜屁股，腰部无省。

1. 规格设计。裤长：从腰围线量至裤子所需要的长度；直裆：先取坐姿，从腰围线量至椅子面的垂直距离，在这个尺寸基础上减2~3cm作为牛仔裤的直裆尺寸，牛仔裤的直裆比西裤直裆短一些；低腰围：低腰围净尺寸+2cm；臀围：臀围净尺寸+（4~6）cm；中裆：量度膝围部位尺寸或用比例计算式$\frac{臀围}{5}$+3.5cm来进行估算；裤口围：$\frac{臀围}{5}$+2cm；腰头高：4cm。

2. 牛仔裤结构制图方法如图3-330所示。

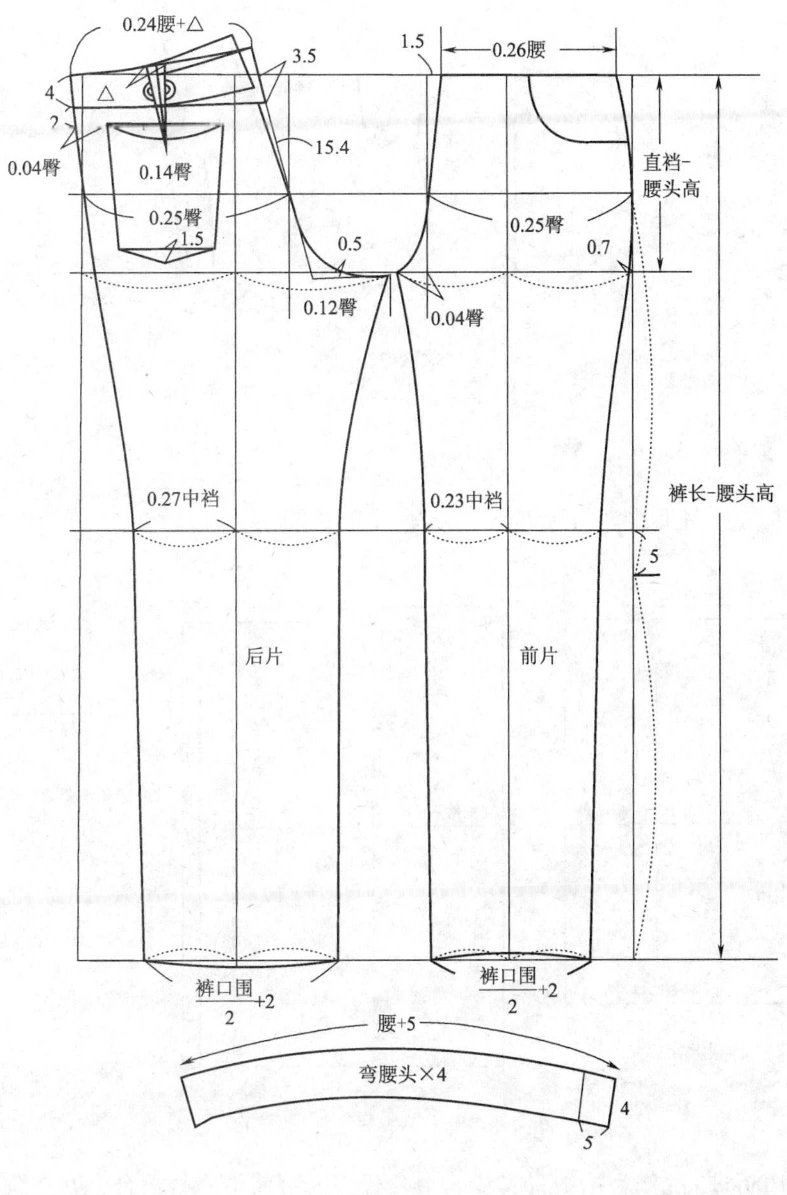

图3-330

六、女正装马甲

马甲是时尚女性不可缺少的服饰。虽然它不是主要的服装款式，然而在穿着搭配上，马甲的作用有时能产生特殊的效果。马甲结构简单，裁剪制作较为容易，这里只介绍女正装马甲款式的立体裁剪方法。图3-331为女正装马甲款式图，其款式特点为：V字领，单排扣门襟开口，前、后片分别设有腰省，后片居中有背缝，前片有左右对称的腰袋各一个，前底边线呈V字下摆。

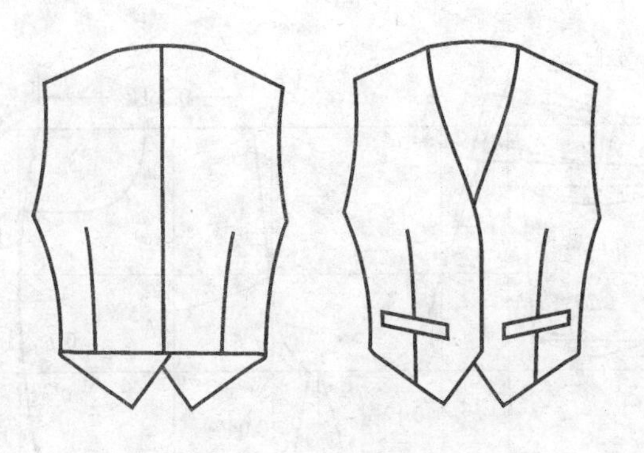

图3-331

（一）立体裁剪操作

1. 坯布准备：坯布准备情况如图3-332所示。

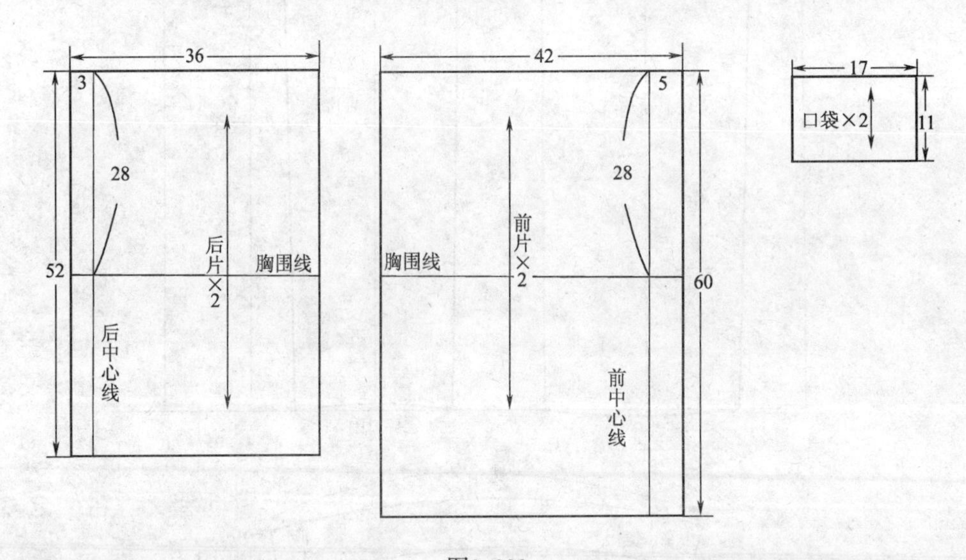

图3-332

2. 将前边折进3cm作为贴边，衣片前中心线与人台前中心线重合，并在颈部上端、胸围线及腰围线处用珠针固定，如图3-333所示。

3. 用胶带粘贴前领围V字造型线，剪去多余布料，沿前领口线折进缝份并固定，如图3-334所示。

4. 在胸围侧面位置加放1cm放松量，顺势往下在腰部也加放1cm放松量，并用双针固定，如图3-335所示。

5. 固定肩缝，剪去袖窿多余的布料并在袖窿边缘打剪口，如图3-336所示。

6. 用胶带粘贴袖窿弧线标示线，如图3-337所示。

7. 裁剪侧缝，注意保持侧缝丝缕顺直，如图3-338所示。

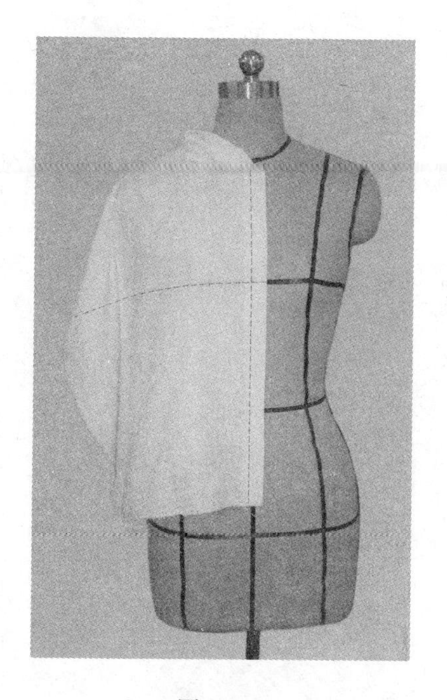

图3-333

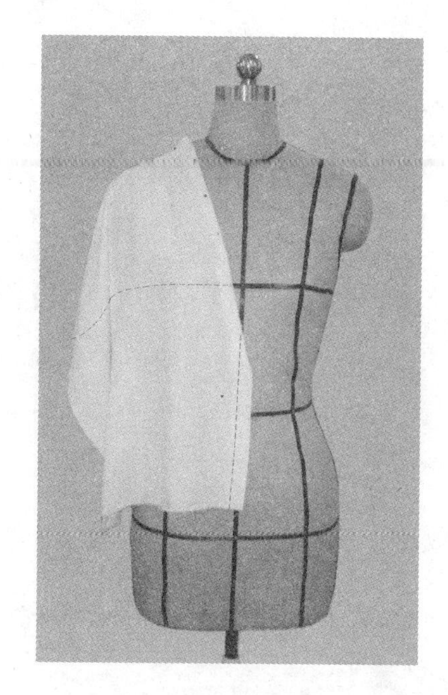

图3-334

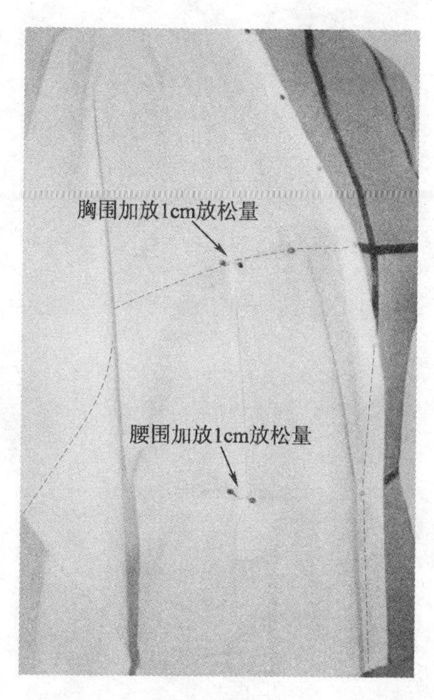

图3-335

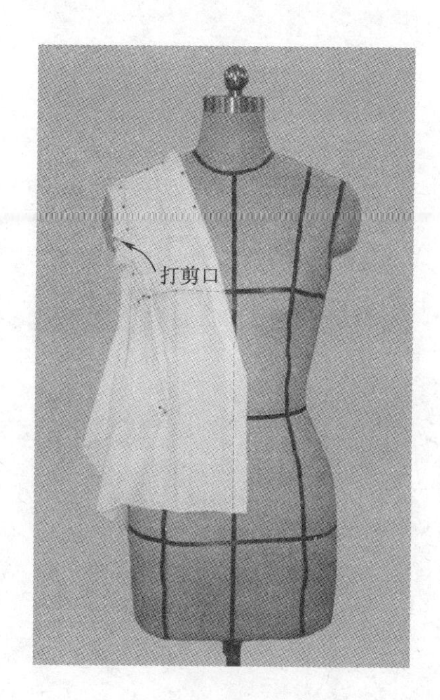

图3-336

8. 将腰部多余量捏合成腰省，修剪下摆多余布料，用胶带粘贴下摆造型线、侧缝线，并扣烫缝份，完成马甲前片立体裁剪，如图3-339所示。

9. 将衣片后中心线、胸围线与人台的后中心线、胸围线重合，用珠针固定，如图3-340所示。

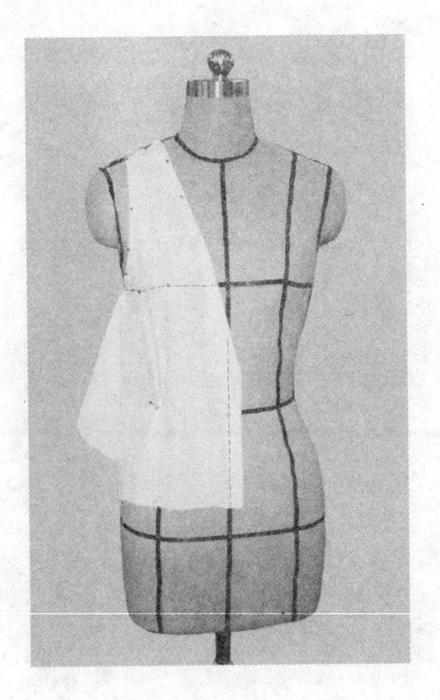

图3-337

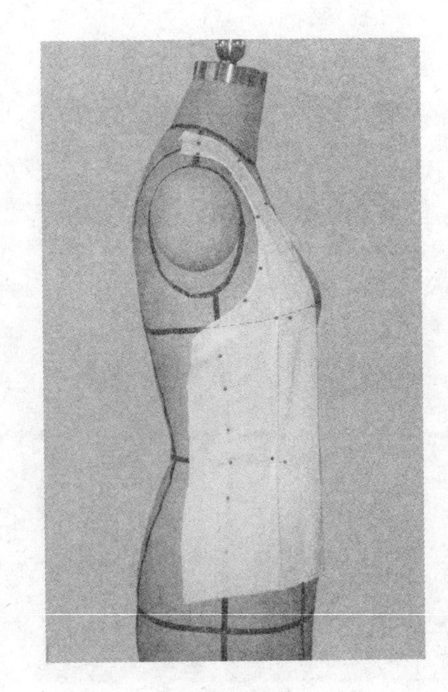

图3-338

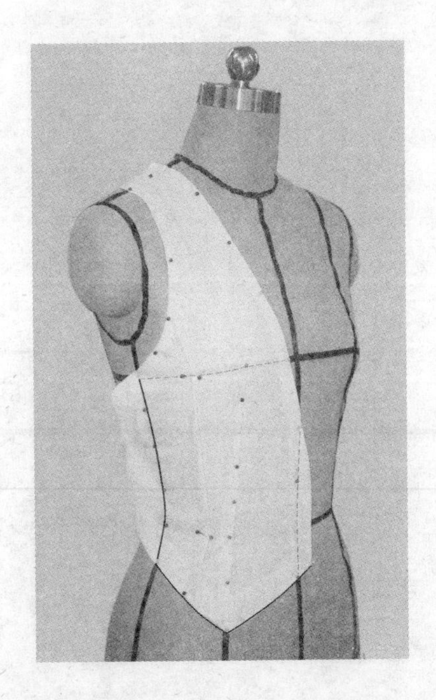

图3-339

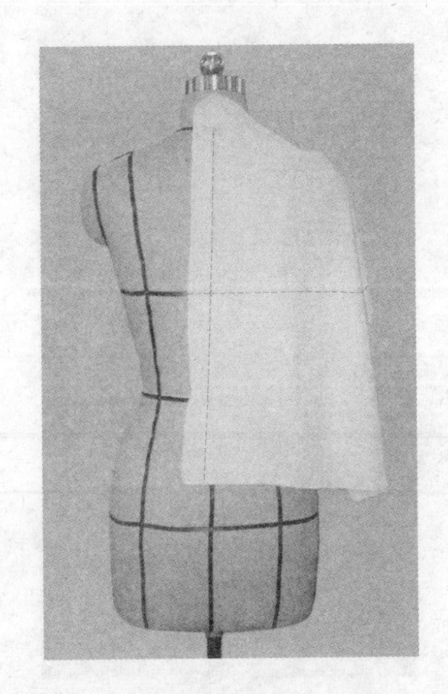

图3-340

10. 在后胸围居中位置双针加放1cm放松量，顺势往上在后背宽处双针加放0.3cm放松量，顺势往下在腰围处双针加放1cm放松量，如图3-341所示。

11. 裁剪后领围，后领围缝份外端打剪口以消除布料的牵扯力，用胶带粘贴后领围造型线，如图3-342所示。

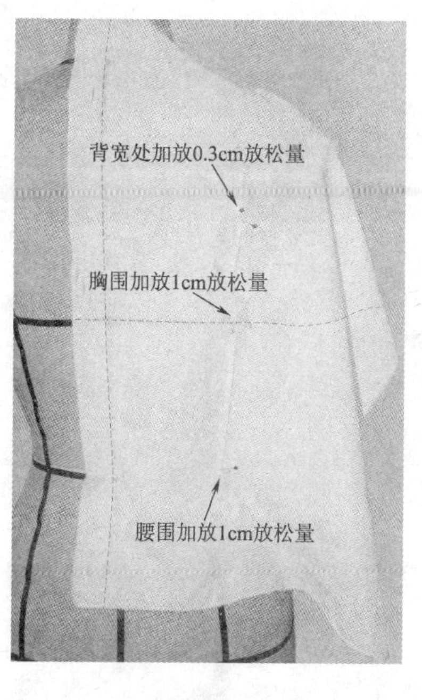

图3-341

图3-342

12. 修剪后领围处多余布料，并沿后领围造型线向内扣烫缝份并用珠针固定，如图3-343所示。

13. 固定肩线，保持肩部少许放松量，并用胶带标示出后肩线，如图3-344所示。

图3-343

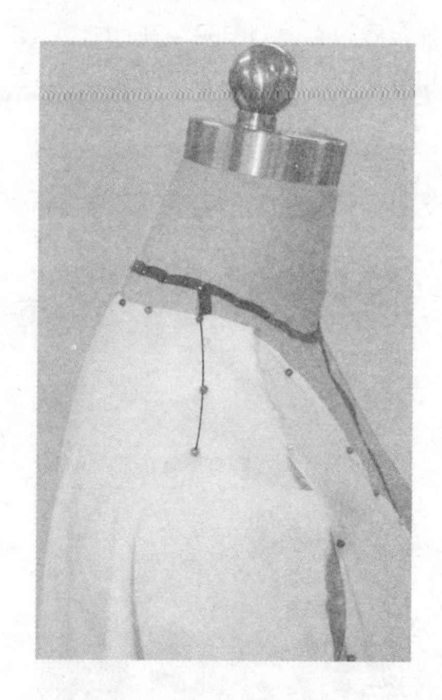

图3-344

14. 剪去后袖窿多余的布料，并在后袖窿外端打剪口，用胶带粘贴袖窿造型线，然后将袖窿缝份折进扣烫并固定，如图3–345所示。

15. 固定侧缝，保持丝缕顺直，然后用胶带粘贴出侧缝线，并修剪侧缝多余布料，注意应保留侧缝胸围处加放松量的部分，如图3–346所示。

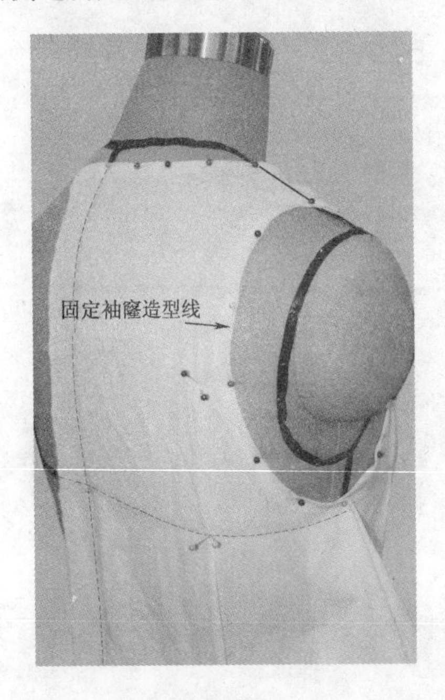

图3–345

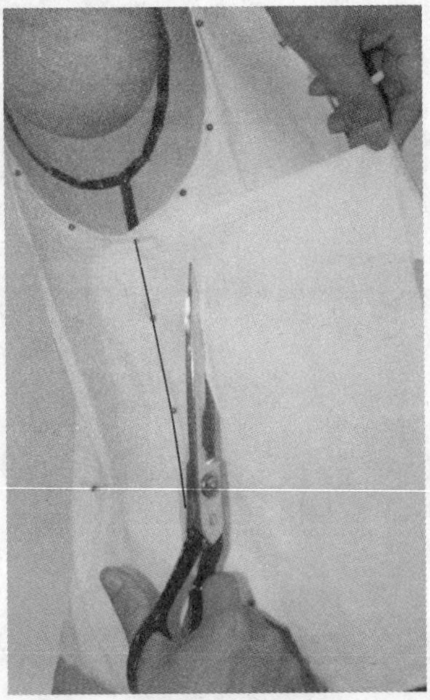

图3–346

16. 捏合后腰省，如图3–347所示。

17. 用胶带粘贴后片下摆造型线，剪去多余布料，固定后下摆造型线，如图3–348所示。

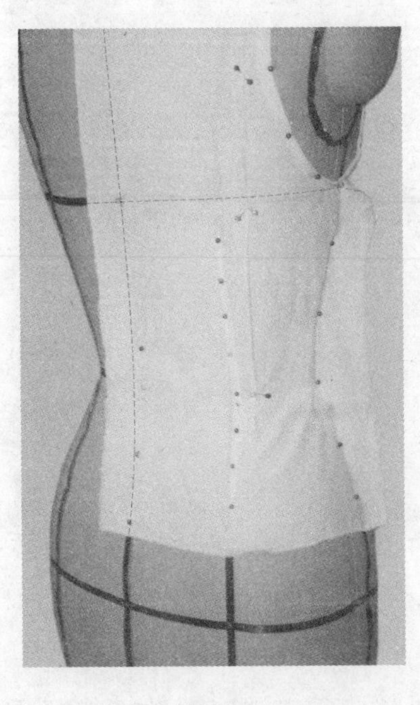

图3–347

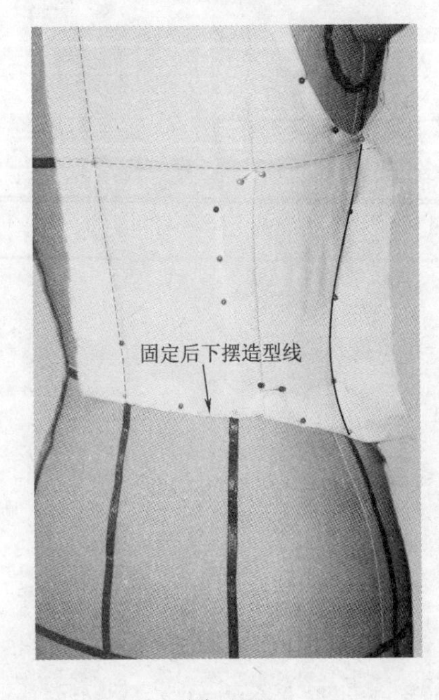

图3–348

18. 将裁剪好的前、后片从人台上取下来进行修正，在侧缝胸围线处另加放1.5cm作为放松量，因此侧缝在胸围线处留2.5cm，侧缝其余位置均保留1cm缝份，如图3-349所示。

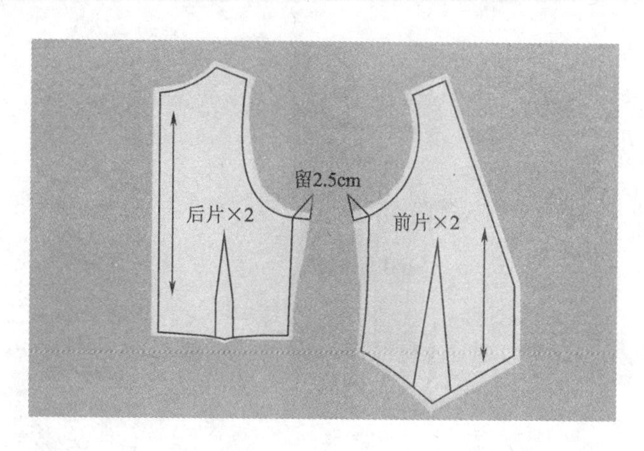

图3-349

19. 重新将前、后片放置回人台上，修正整体造型，如图3-350所示。

20. 将口袋固定在前片上，注意左、右口袋要对称，如图3-351所示。

图3-350

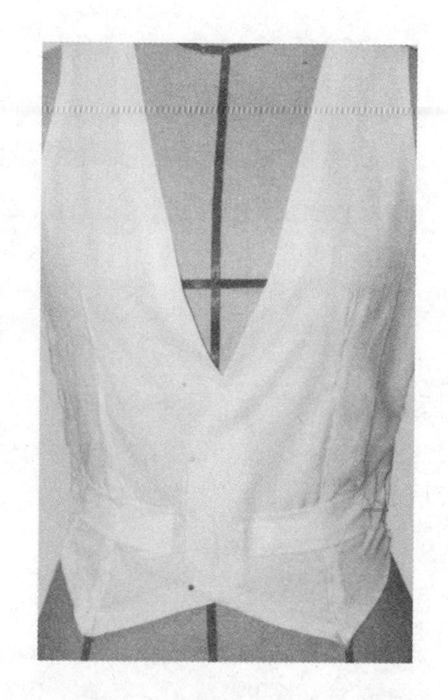

图3-351

21. 女正装马甲样衣立体效果展示如图3-352所示。

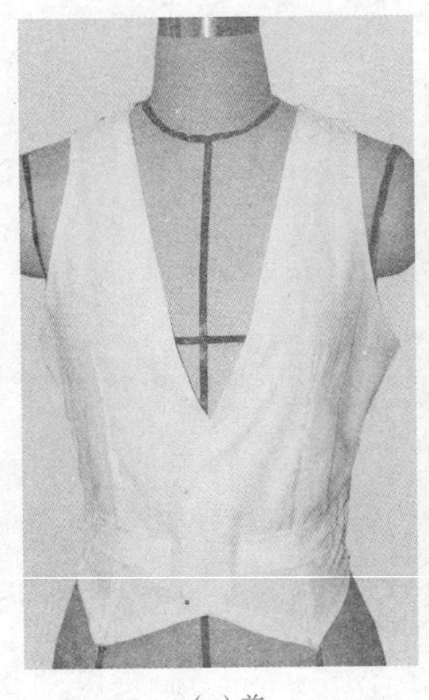
（a）前

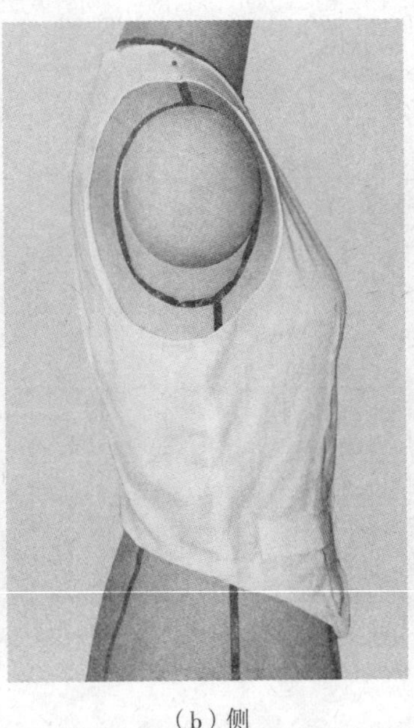
（b）侧

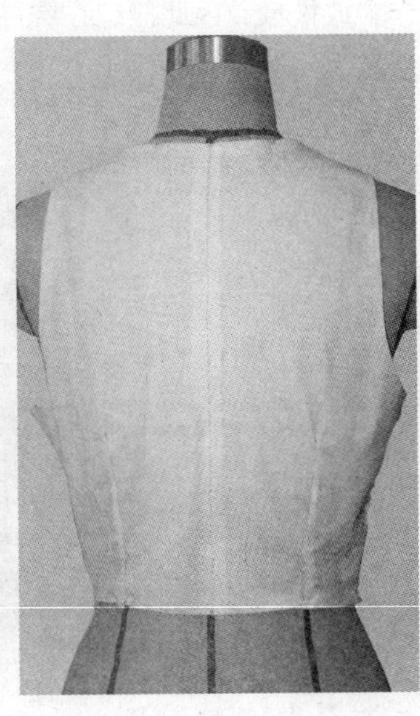
（c）后

图3–352

（二）立体裁剪技法重点

1. 胸部放松量设为10cm，在前、后片胸围处各加放2cm放松量，剩下6cm在侧缝处加放；腰部放松量设为4cm，分在$\frac{1}{4}$衣片在腰部居中位置各加放1cm；后背宽处共加放0.6cm放松量，并以双针固定的针法进行加放。

2. 前片浮余量及后片浮余量均以腰省形式消除。

（三）马甲平面结构分析

马甲为无袖上衣，时常配合其他服装，如衬衫、西装、礼服等穿用，一般不作为独立外衣穿着。根据这一特点，马甲结构制图时主要考虑以下几点：

1. 马甲衣长不宜过长，衣长设计在腰围线下即可，衣长较长的款式可适当在侧缝设开衩，对腰部活动起调节作用。

2. 放松量设计上应比单穿服装大，而又比套穿服装要小。

3. 通过开后背缝的形式来收腰，而且前片的收腰量可大一些。

4. 袖窿比正常袖窿开深、开大一些，即袖窿深线比衬衫的袖窿深线稍下降2~6cm。

马甲的平面结构制图如图3–353所示，制图尺寸均采用成品尺寸。

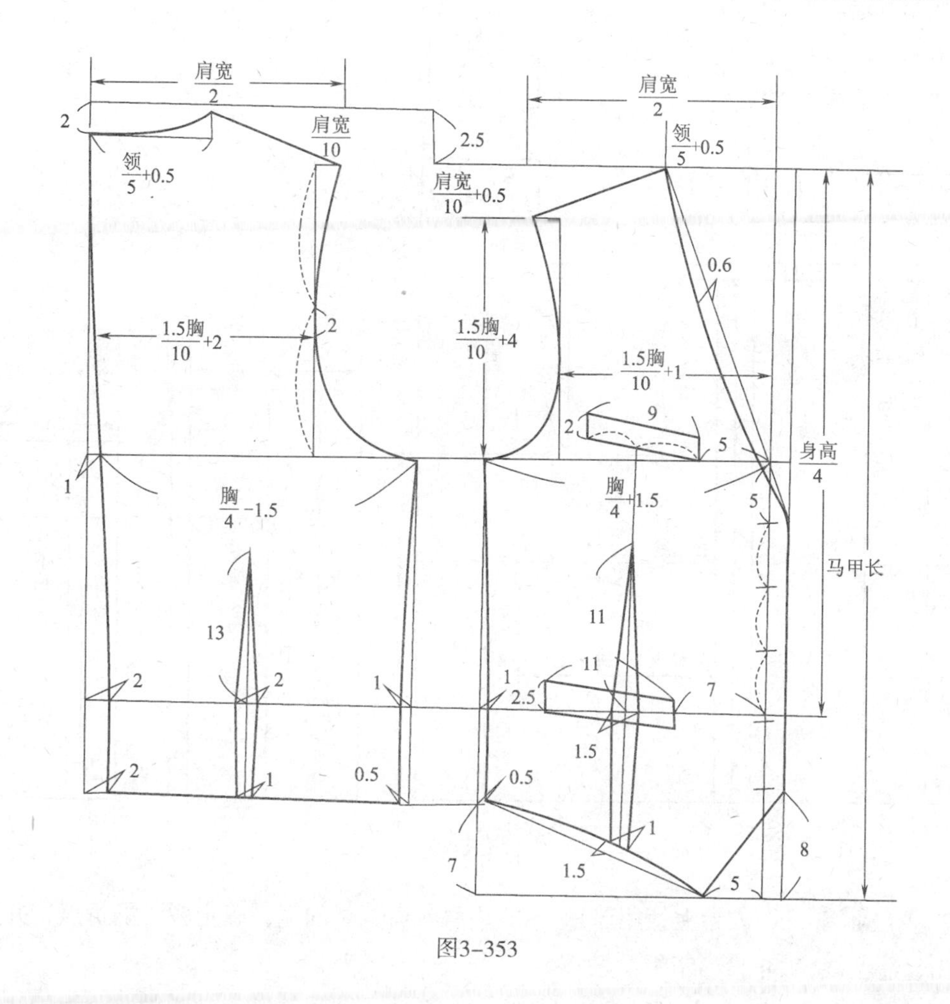

图3-353

七、女戗驳领双排扣西服

西服，又称西装，是人们在较为正式场合穿着的一类服装。西服的款式结构变化不多，主要体现在纽扣、驳头、襟位和口袋等部位上。西服裁剪制作具有一定难度，所以需要用立体裁剪的手法来帮助理解其结构，这里选取女戗驳领双排扣西服款式为例讲述其立体裁剪方法。图3-354为女戗驳领双排扣西服款式图，其款式特点为：三开身，双排扣，戗驳领，前片左、右两侧各有两个有袋盖双嵌线口袋，设前腰省，后背缝，两片袖，后袖开假衩，袖衩上设有三粒装饰扣。

图3-354

（一）立体裁剪操作

1. 坯布准备：坯布准备情况如图3-355所示。

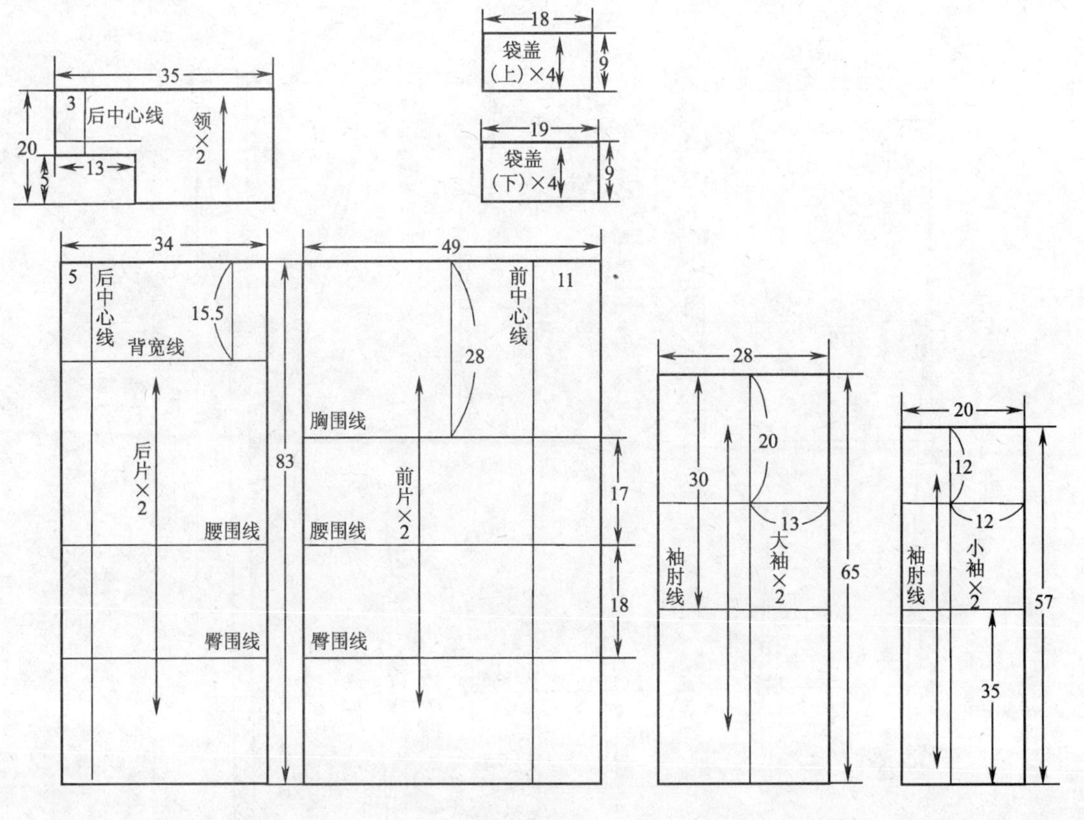

图3-355

2. 人台准备：在人台上使用厚1.5cm的垫肩，肩宽略加宽，确定驳头翻折点，并用胶带贴出领造型线，如图3-356所示。

3. 将前片布样覆在人台上，并单针固定，使前中心线、胸围线、腰围线、臀围线与人台上相应的线重合，在前领中心处打剪口，如图3-357所示。

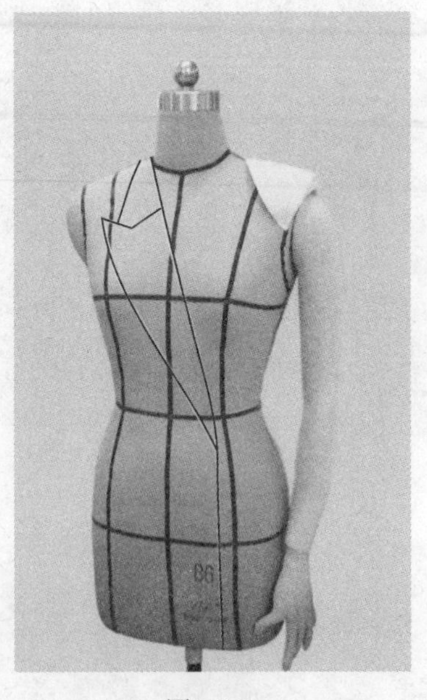
图3-356

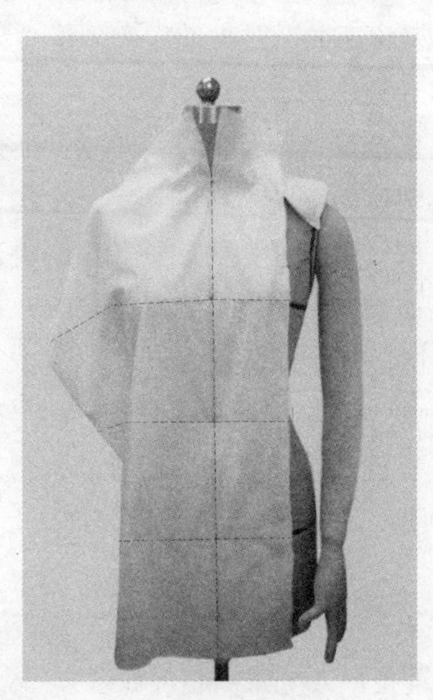
图3-357

4. 在胸部居中位置双针加放1cm放松量，并向着肩端点方向将布往上捋，使得领围处产生余量，如图3-358所示。

5. 从肩端点到领围处将布自然抚平，在领口处打剪口并固定，同时将领围处余量捏合成领省形式处理，如图3-359所示。

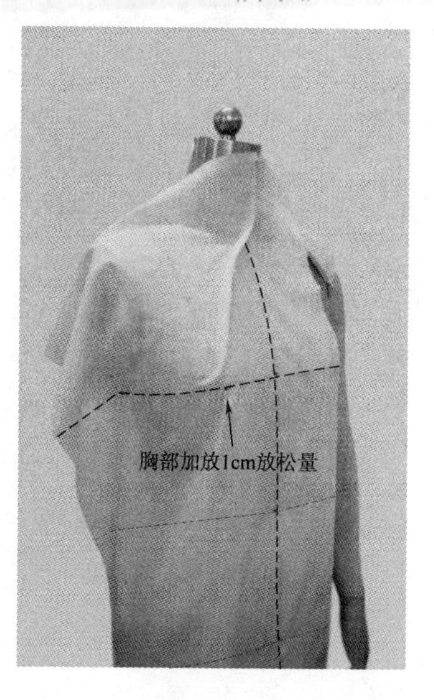

图3-358

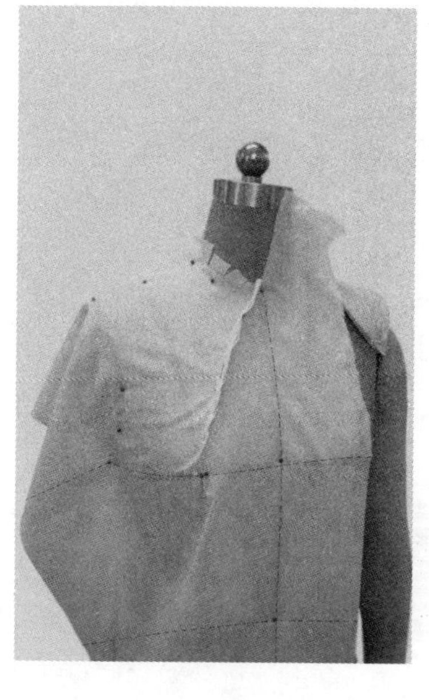

图3-359

6. 固定侧缝胸围线，保持侧缝胸围线与人台胸围线重合，并将腰部余量捏合成腰省形式，如图3-360所示。

7. 从布端到驳头翻折点打剪口，并沿人台上标示的驳头翻折线进行翻折，如图3-361所示。

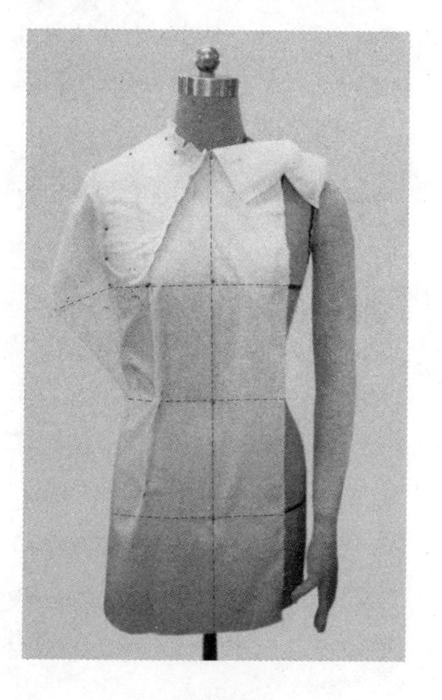

图3-360

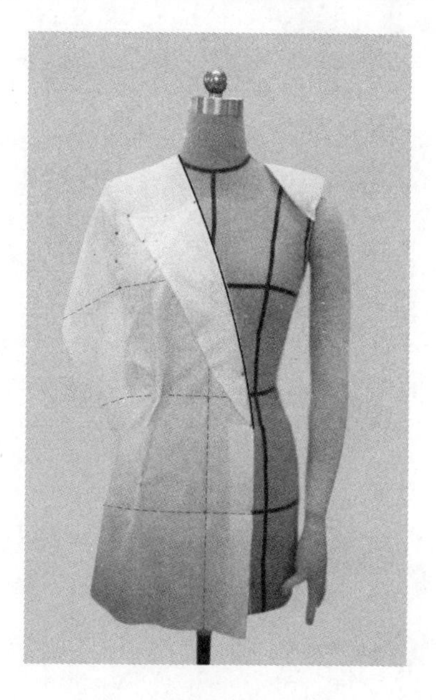

图3-361

8. 在翻折的驳头布样上用胶带粘贴出驳头的造型线，如图3-362所示。

9. 剪去驳头处多余的布料，并固定其造型，如图3-363所示。

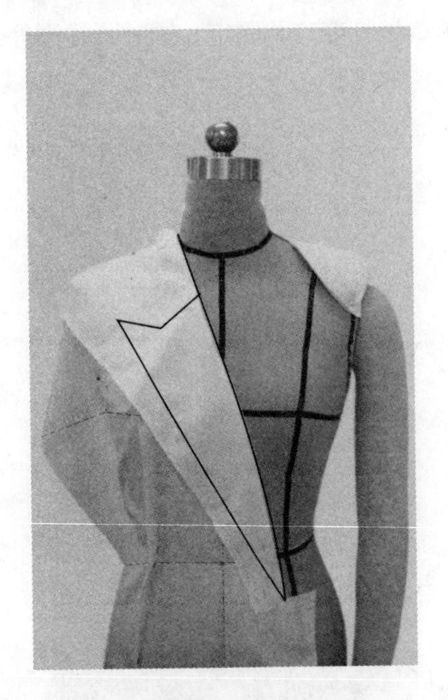

图3-362

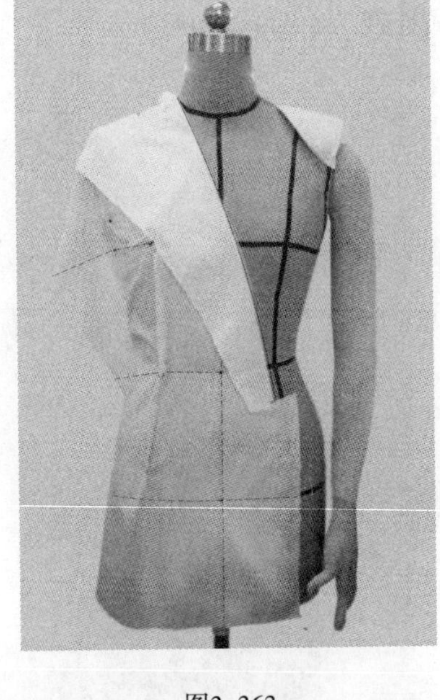

图3-363

10. 将衣片的后中心线与人台的后中心线重合，背宽线水平，腰围线、臀围线与人台的腰围线、臀围线相重合，用珠针固定，如图3-364所示。

11. 固定后领口并打剪口，在背宽位置双针加放0.5cm放松量，如图3-365所示。

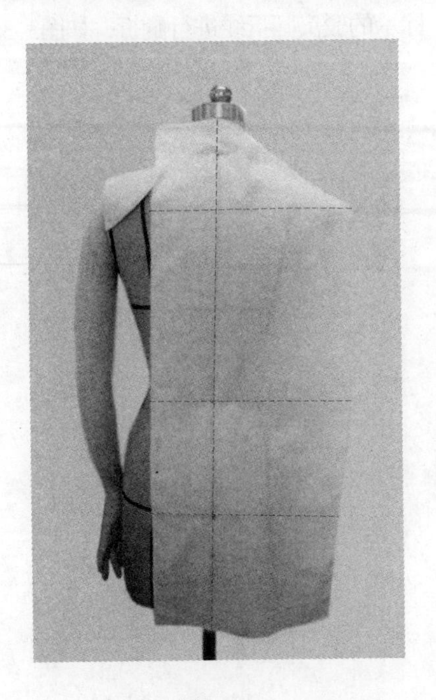

图3-364

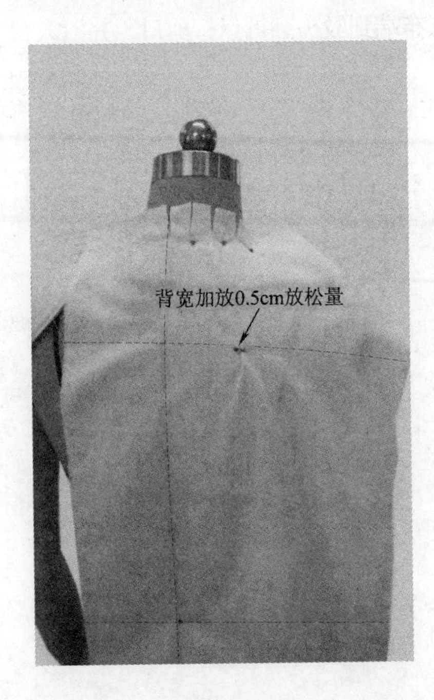

图3-365

12. 在后中心做背部曲线，捏出从颈部到腰围线处吸进的省道，并从后腰部向下捏出后中心线，如图3-366所示。

13. 用胶带粘贴出后片分割线造型，注意布料丝缕自然顺直，并裁去多余的布料，如图3-367所示。

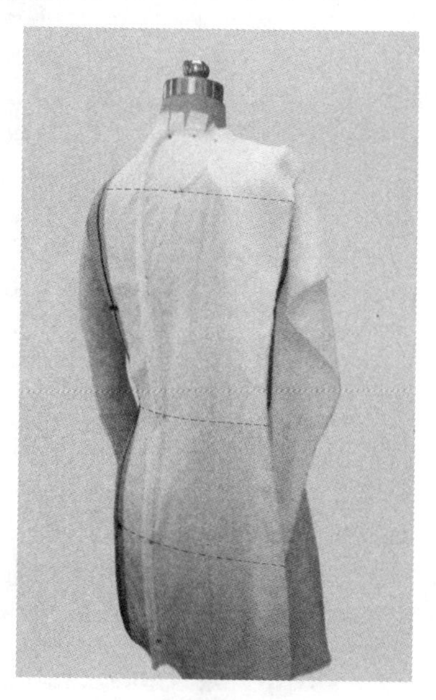
图3-366

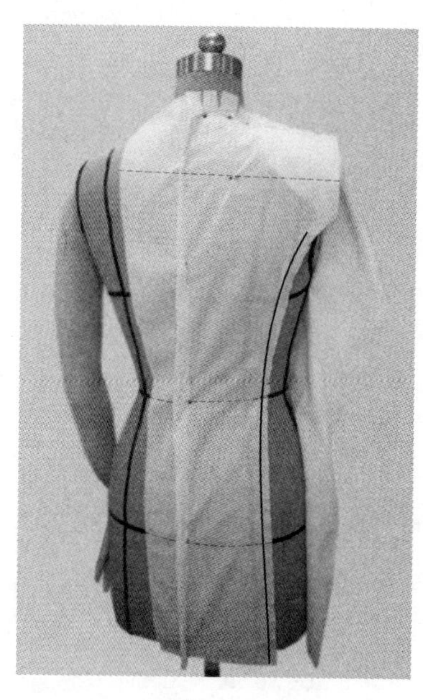
图3-367

14. 放平前片布料，在侧缝胸围线上加入衣身放松量1cm，腰部收腰省，并确认胸部、腰部及臀部的整体平衡感，如图3-368所示。

15. 用胶带粘贴前片袖窿形状，袖窿外端剪去多余布料并打剪口，同时在后片分割线的腰线位置打剪口固定，以便能准确标示出分割线在前片的造型线，如图3-369所示。

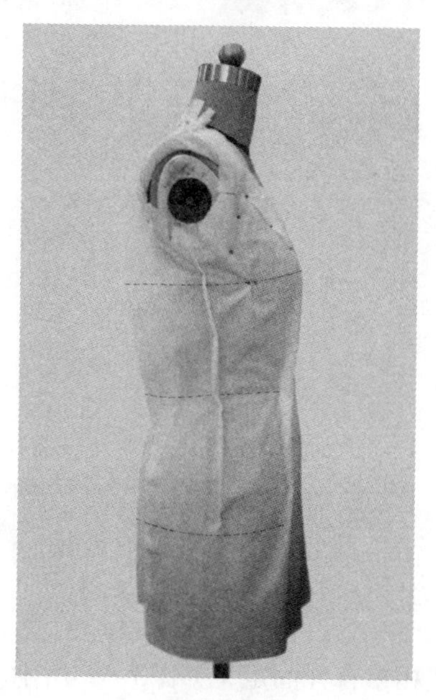
图3-368

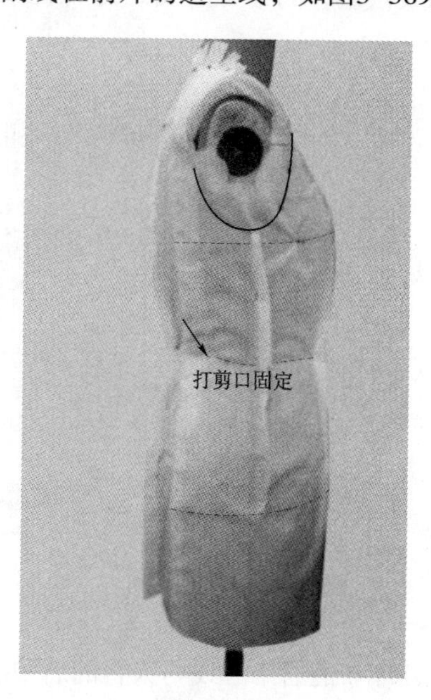

图3-369

16. 用叠缝法拼合前、后片分割线位置，注意保持胸部、腰部及臀部的布料丝缕自然状态，如图3-370所示。

17. 从远处观察衣身整体平衡感，下摆向内翻折好，确定纽扣的位置，如图3-371所示。

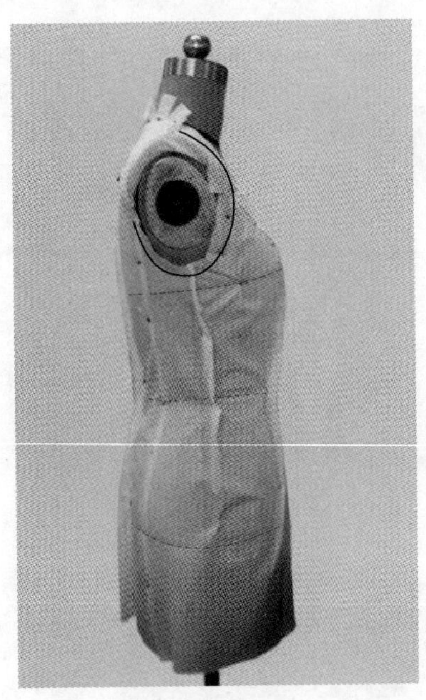

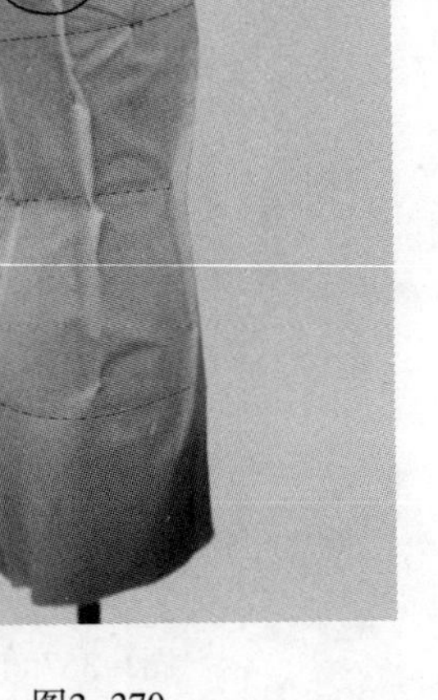

图3-370　　图3-371

18. 将裁好的前、后片从人台上取下进行缝份修剪及样板修正，得到西装前、后片的平面结构图，如图3-372所示。注意前片侧幅胸围线处另加放3cm放松量，侧幅腰围线处另加放2cm放松量，侧幅臀围线处另加放2.25cm放松量，下摆缝份留4cm，其余位置均留缝份1cm。

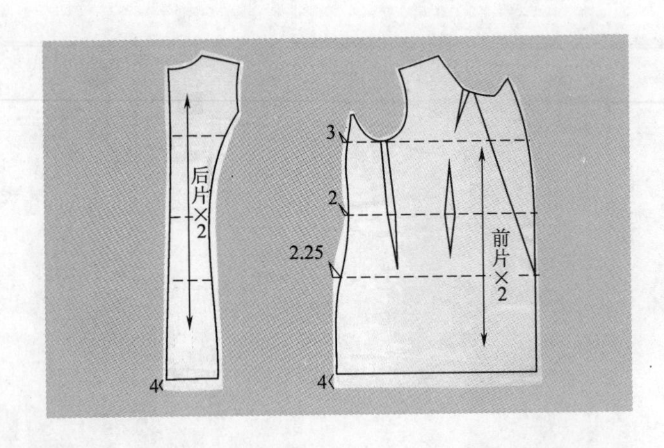

图3-372

19. 将领坯布的后中心线与人台的后中心线相重合并固定，如图3-373所示。

20. 在后领口打剪口并固定，把布片向前转动，如图3–374所示。

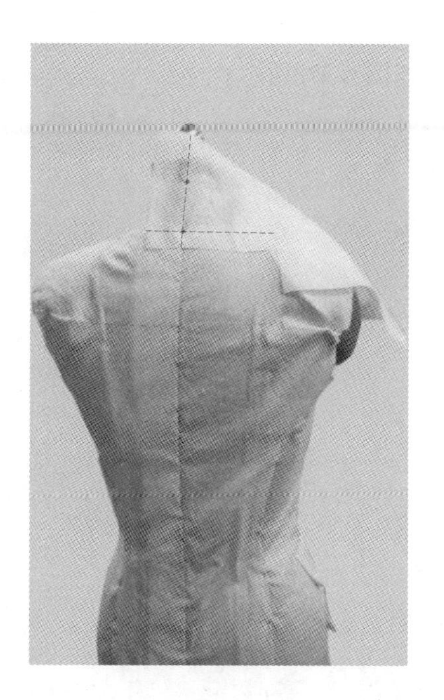

图3–373

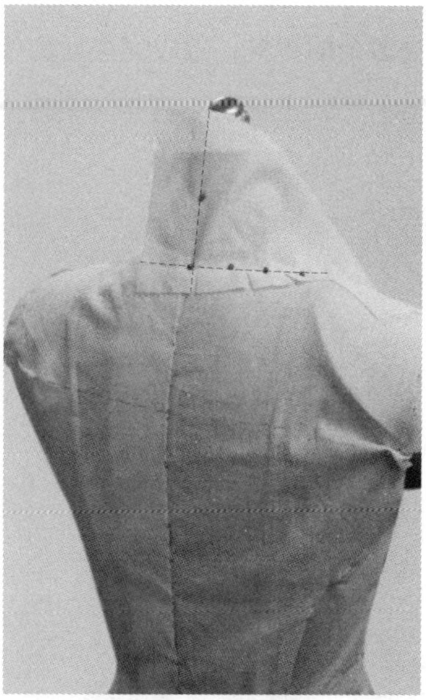

图3–374

21. 沿着驳领翻折线把坯布绕至前面，固定时在坯布边缘打剪口，如图3–375所示。

22. 将后领按翻折线翻折，在领外口打剪口，固定后领中线，并观察其是否平整，如图3–376所示。

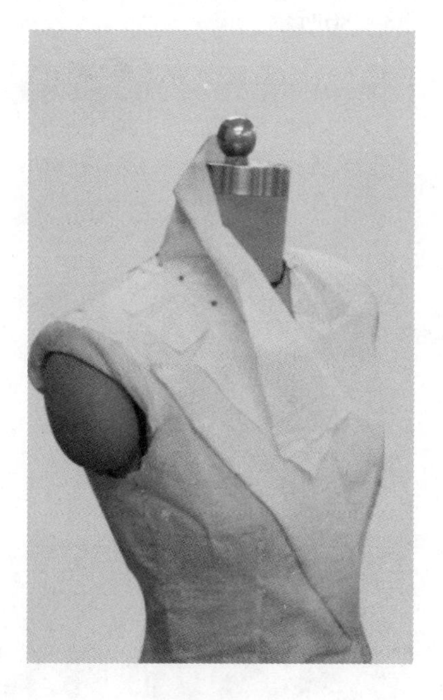

图3–375

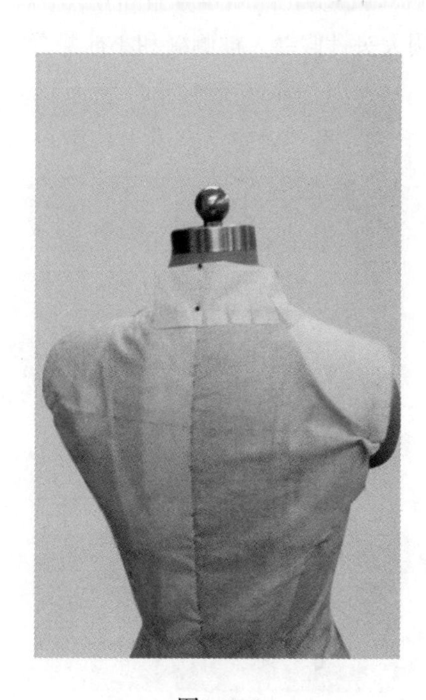

图3–376

23. 将领样的前端与驳头覆合一致，并在领坯布上用胶带粘贴出领外轮廓造型，如图3-377所示。

24. 剪去多余的布料，做成完成后的领样，如图3-378所示。

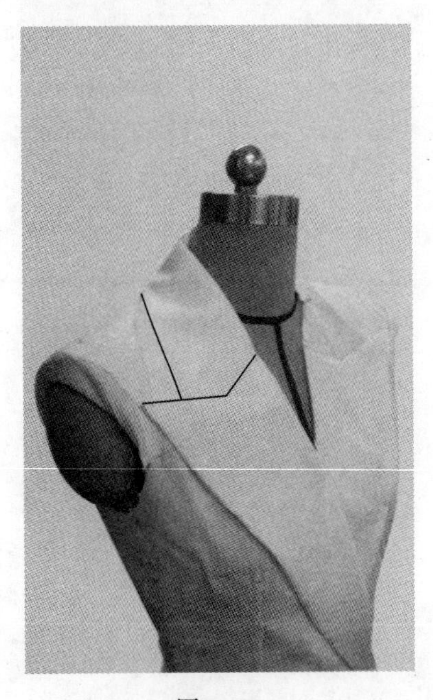

图3-377

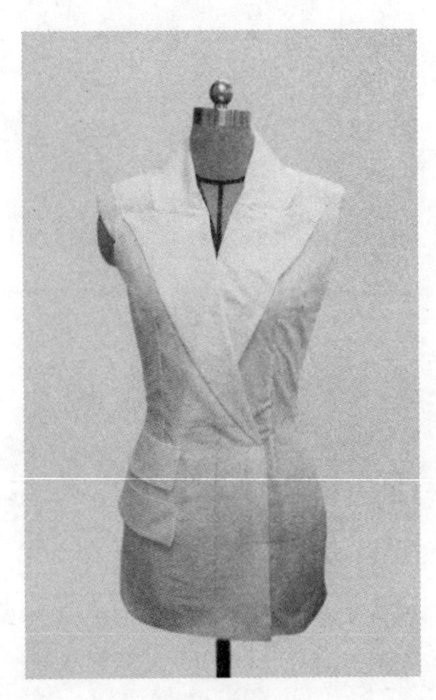

图3-378

25. 在大袖和小袖坯布上进行两片袖制图，然后进行缝份修剪，其中袖山弧线处留2cm，袖口处留3cm，其余位置各留1cm，如图3-379所示。

26. 用大头针假缝大袖侧缝和小袖侧缝，如图3-380所示。

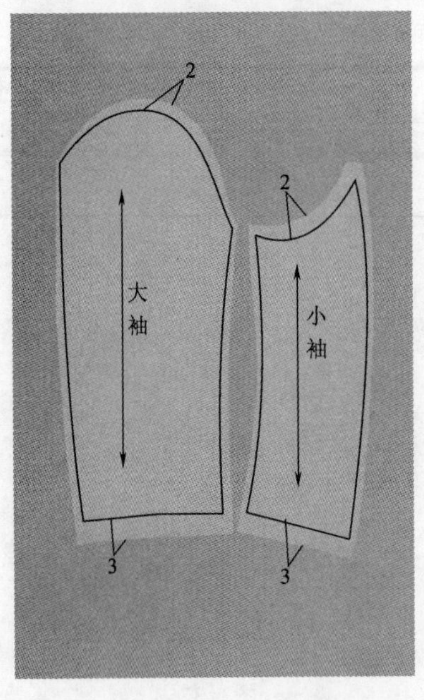

图3-379

图3-380

27. 在手臂自然下垂的状态下装袖，用藏针法固定袖子与袖窿，注意袖山容量部分用折叠方式处理，在前后腋点附近观察袖的平稳度，如图3-381所示。

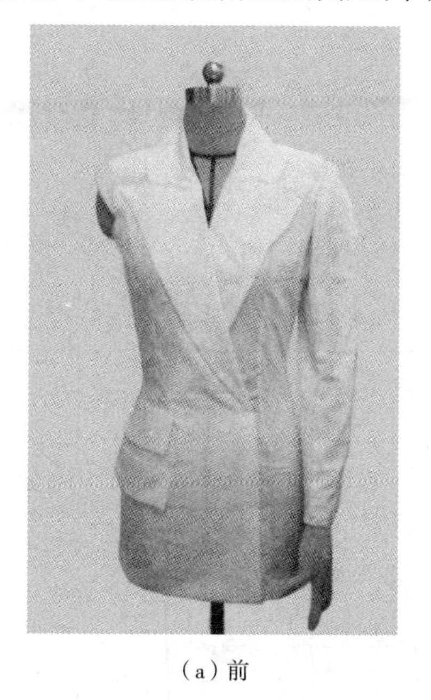

（a）前

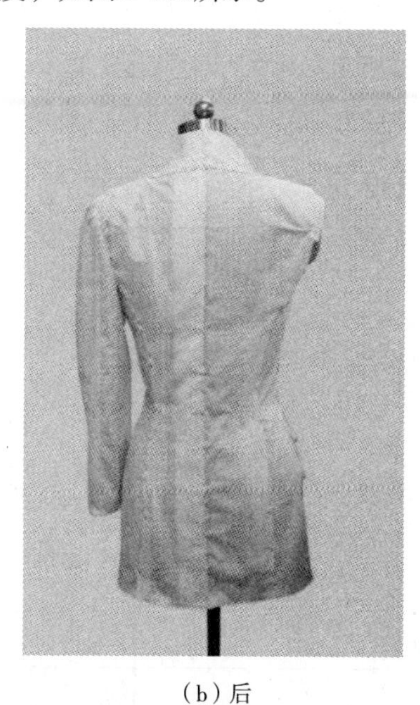

（b）后

图3-381

28. 女戗驳领双排扣西服样衣立体效果展示如图3-382所示。

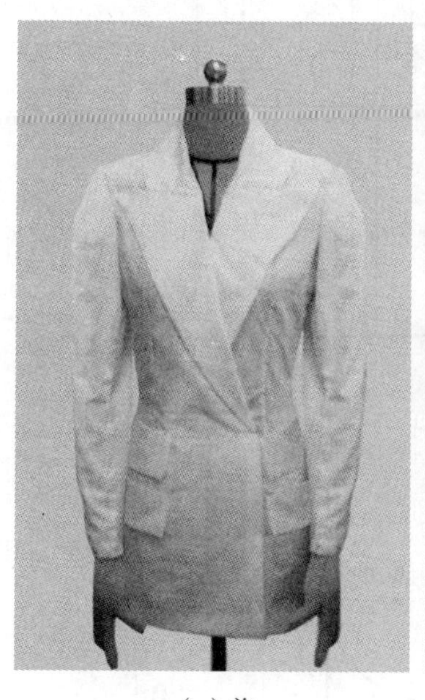

（a）前

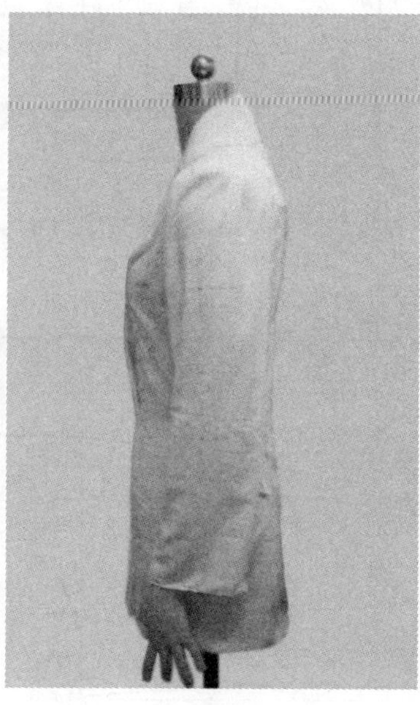

（b）侧

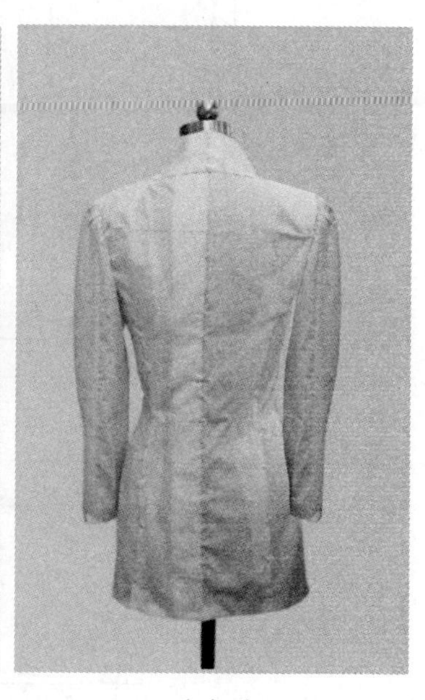

（c）后

图3-382

（二）立体裁剪技法重点

1. 放松量的设计：胸部放松量设为16cm，在胸部双针加放8cm，其中胸部居中位置和侧幅胸围线两个位置分别加放1cm放松量，剩下8cm在侧缝处加放，分到各衣片为2cm；腰部放松量设为4cm，分在 $\frac{1}{4}$ 衣片各加放1cm，并在侧缝处加放；臀部放松量设为5cm，分在 $\frac{1}{4}$ 衣片各加放1.25cm，也可在侧缝处加放。

2. 西装领的立体裁剪：按照第三章第四节十字型驳头西装领的裁法进行。

3. 两片袖的配袖：两片袖的结构制图参见图3-383。

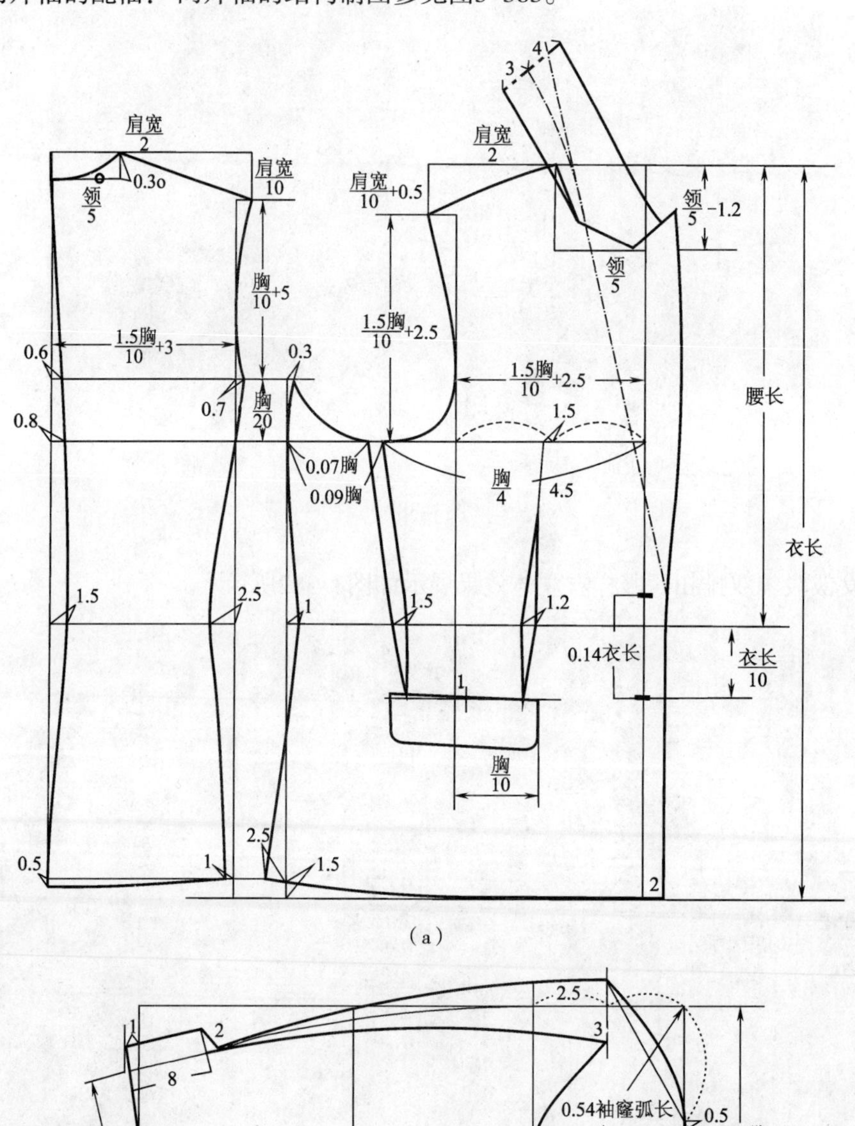

图3-383

（三）西服平面结构分析

西服属于上装品种之一，在结构上和衬衫、夹克、马甲、连衣裙有些差异。西服属于三开身结构，而其他则属于四开身结构。所谓三开身结构是指衣片由前片、小身及后片三片组成，四开身结构是指衣片由前、后片各两片组成。三开身结构比四开身结构更加贴身，这正符合西服的穿着功能要求。西服的平面制图如图3-383所示，制图尺寸均采用成品尺寸。

八、女直线型大衣

大衣，又称大褛，因穿在最外面，受里面所穿服装围度影响，故胸围放松量较大，一般在20~30cm；大衣的种类按照长度可分为长大衣、短大衣及中长大衣；大衣造型有直线型及窄身型。图3-384所示为女直线型大衣款式图，其款式特点为：直线型，领座低而领面宽的翻驳领，带袋盖的明贴袋，暗门襟开口，袖口系装饰纽扣。

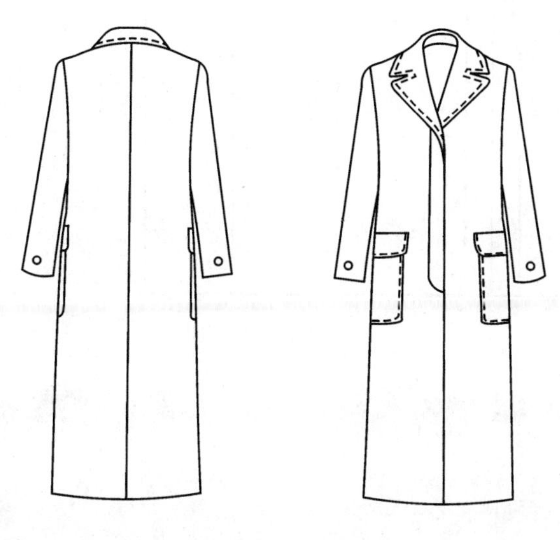

图3-384

（一）立体裁剪操作

1. 坯布准备：坯布准备情况如图3-385所示。

2. 将衣片的前中心线、胸围线与人台的前中心线、胸围线相重合并固定，如图3-386所示。

3. 固定前领围线，稍打剪口。并确认驳头翻折位置，在翻折止点打剪口，如图3-387所示。

4. 保持前衣片直线造型，在胸围线居中位置双针加放1cm放松量，顺势往下，在腰部和臀部各加放1cm放松量，如图3-388所示。

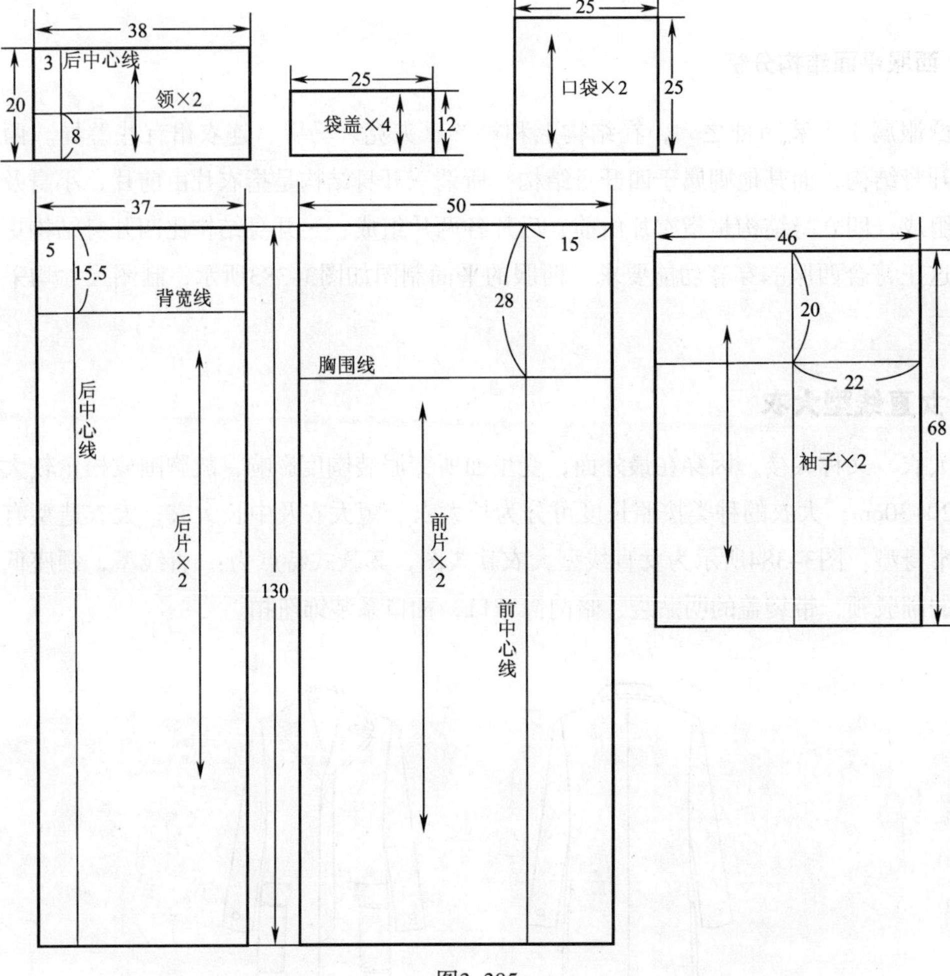

图3-385

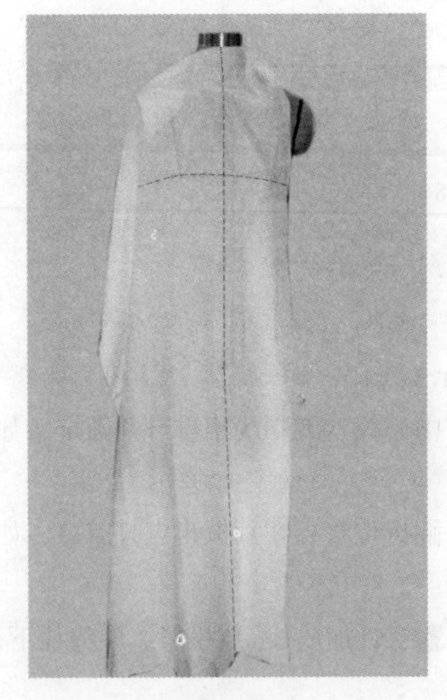

图3-386

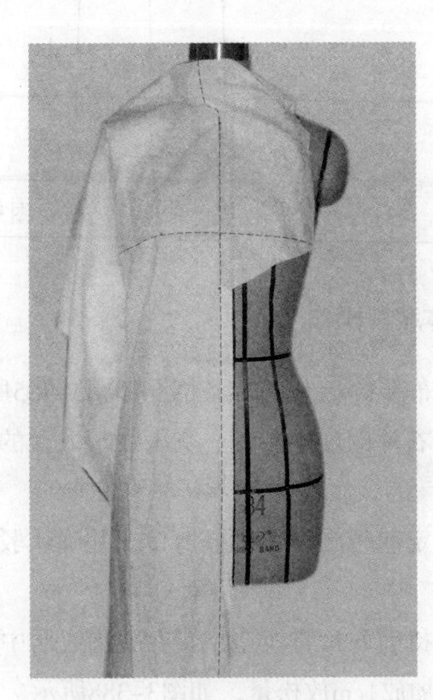

图3-387

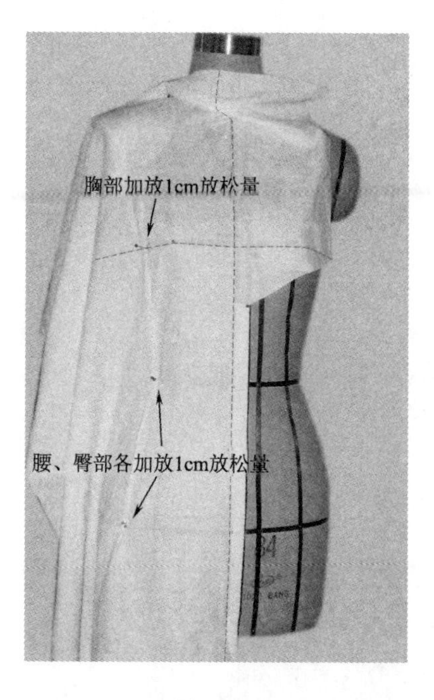

图3-388

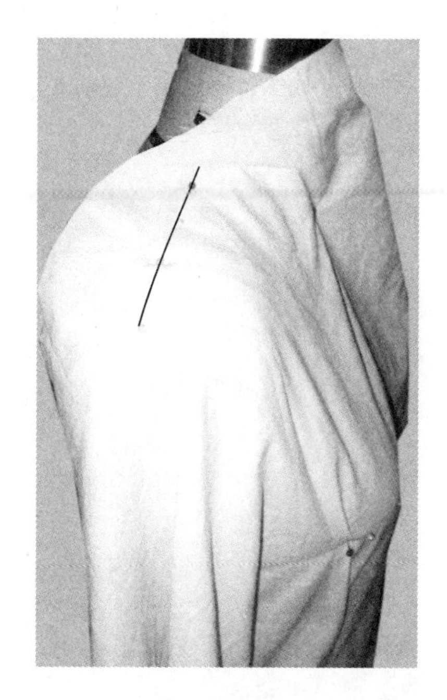

图3-389

5. 固定肩线，并用胶带粘贴肩线造型，如图3-389所示。
6. 固定袖窿弧线，在袖窿外围打剪口，并用胶带粘贴袖窿造型，如图3-390所示。
7. 固定侧缝，并用胶带粘贴侧缝线，如图3-391所示。

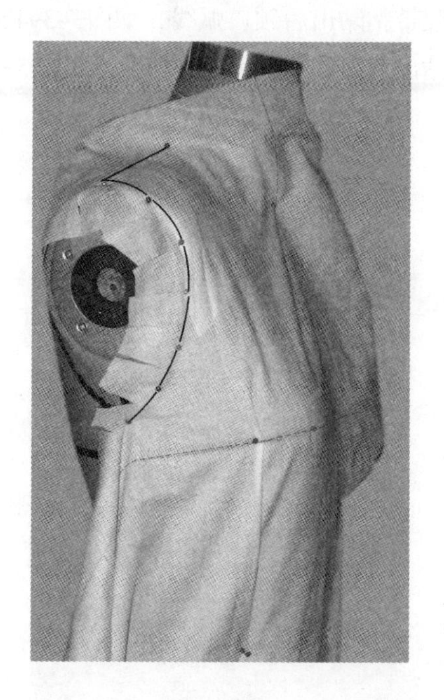

图3-390

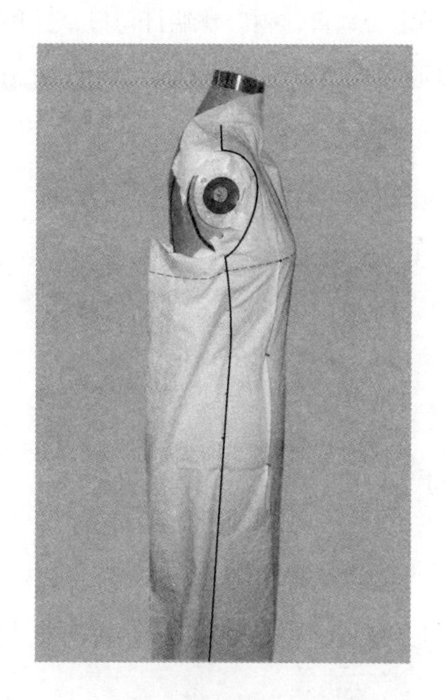

图3-391

8. 将衣片的后中心线、背宽线与人台的后中心线、背宽线相重合，并用珠针固定，如

图3-392所示。

9. 在后片背宽线处双针加放1cm放松量，顺势向下在腰部和臀部各加放1cm放松量，如图3-393所示。

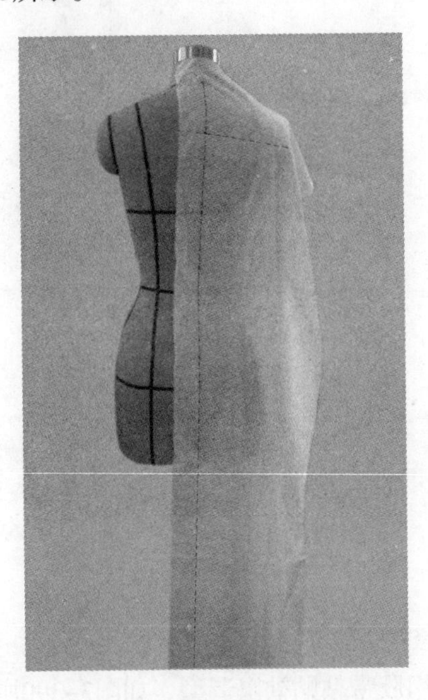

图3-392

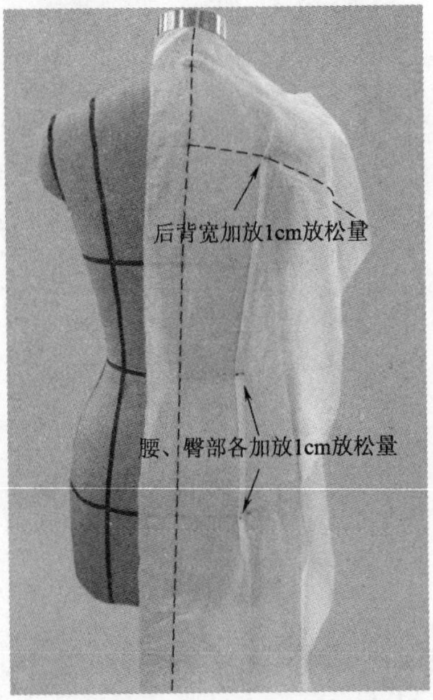

图3-393

10. 固定后领口，领口外端打剪口，并用胶带粘贴出后领口弧线，如图3-394所示。

11. 固定肩线和后袖窿弧线，并用胶带粘贴出肩线和后袖窿弧线，如图3-395所示。

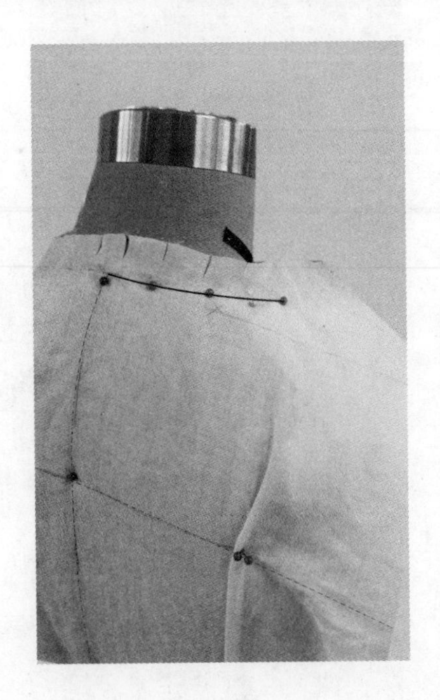

图3-394

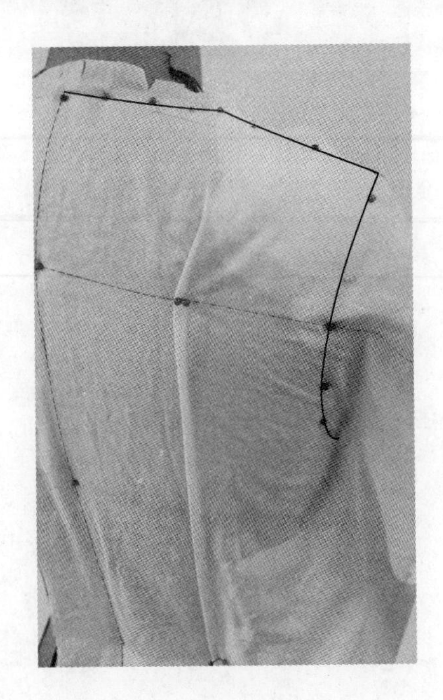

图3-395

12. 翻折驳头，并用胶带粘贴出驳头造型线，如图3–396所示。

13. 修剪驳头，留1cm缝份，如图3–397所示。

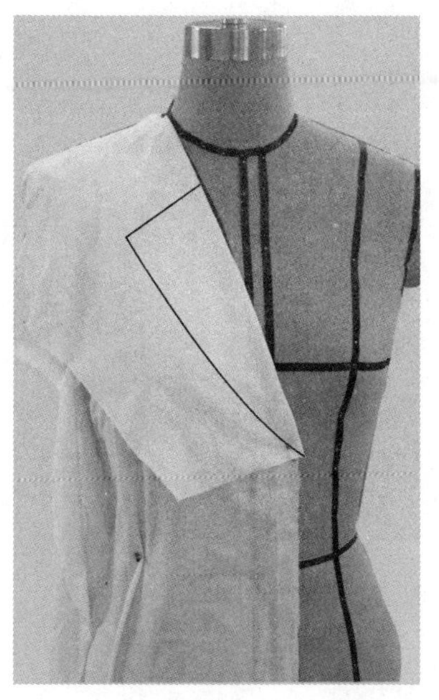
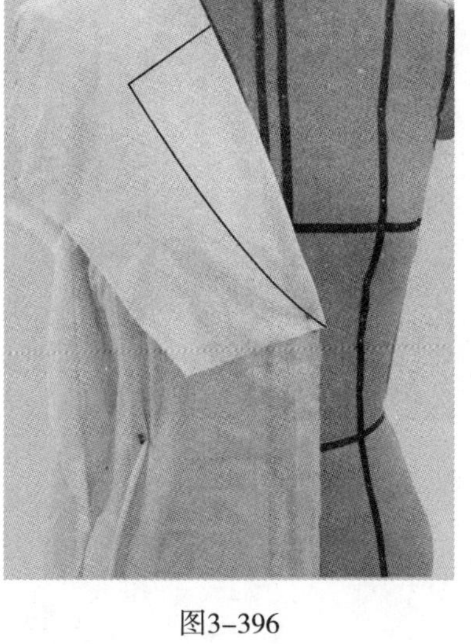

图3–396

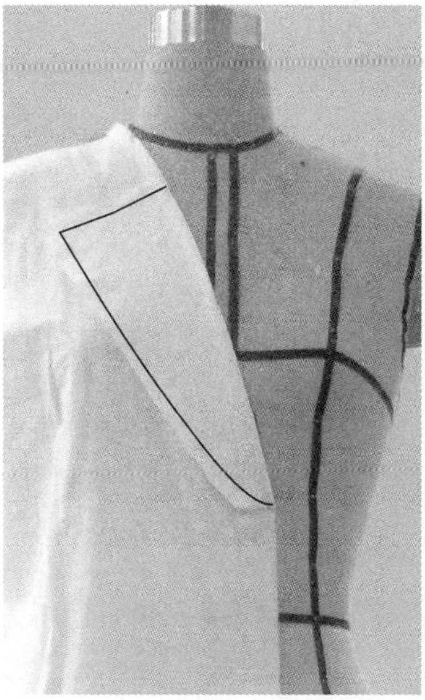

图3–397

14. 修剪袖窿多余布料，并假缝侧缝，注意在侧缝胸围线处加放4cm放松量，侧缝腰围线处加放1cm放松量，侧缝臀围线处加放1cm放松量，如图3–398所示。

15. 将领坯布后中心线与人台后中心线重合并固定，沿后领口缝份外端打剪口，将领坯布向前绕，如图3–399所示。

图3–398

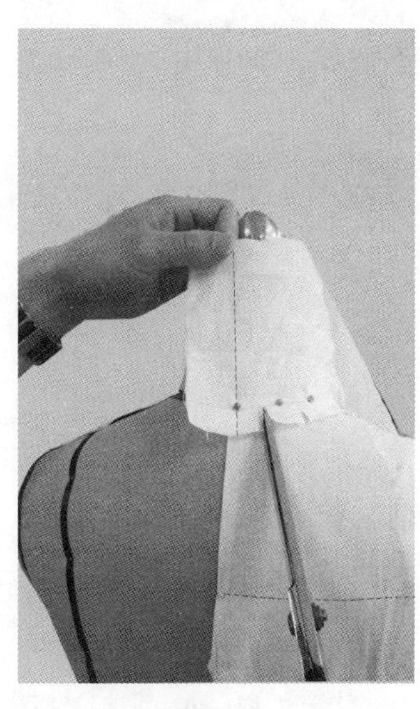

图3–399

16. 裁好后领口线后将布料翻折下来，翻至前面驳头处注意抚平布料，并用胶带粘贴出领造型线，如图3-400、图3-401所示。

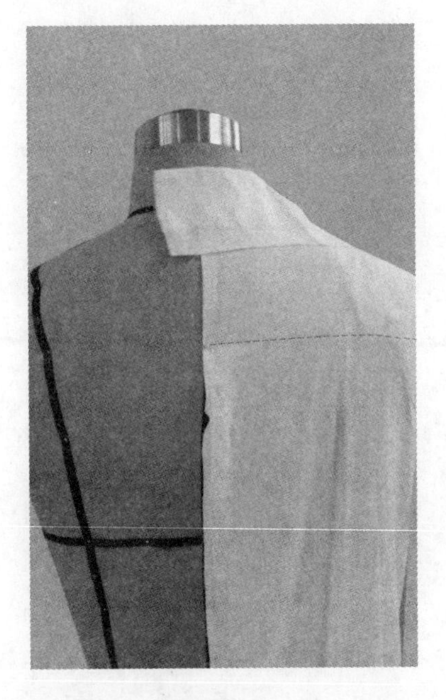

图3-400

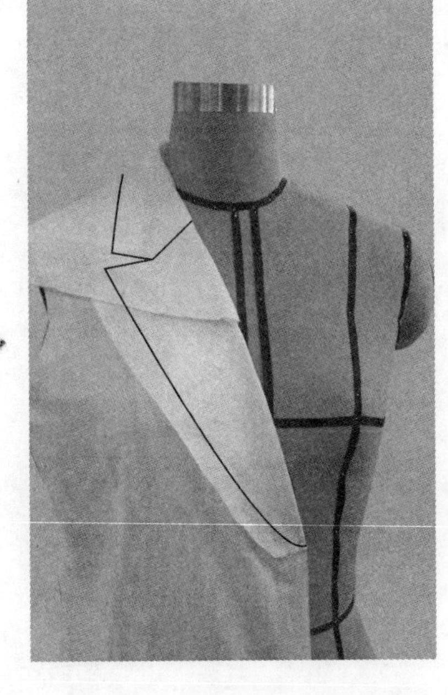

图3-401

17. 修剪领坯布，留1cm缝份，如图3-402所示。

18. 在袖子坯布上进行平面制图，并在袖山弧线处留2cm、袖口处留3cm、其余位置留1cm进行缝份的修剪，如图3-403所示。

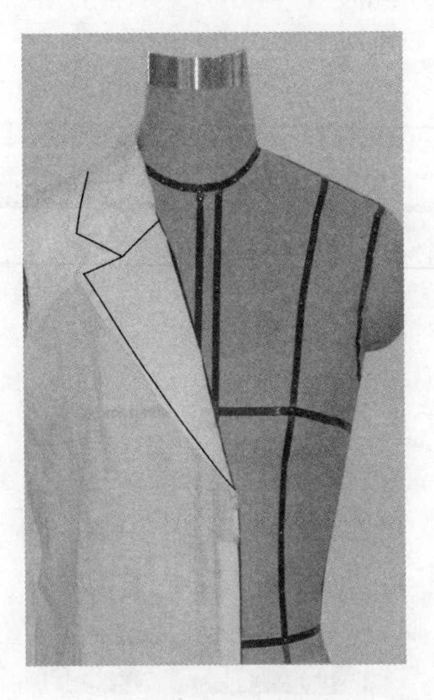

图3-402

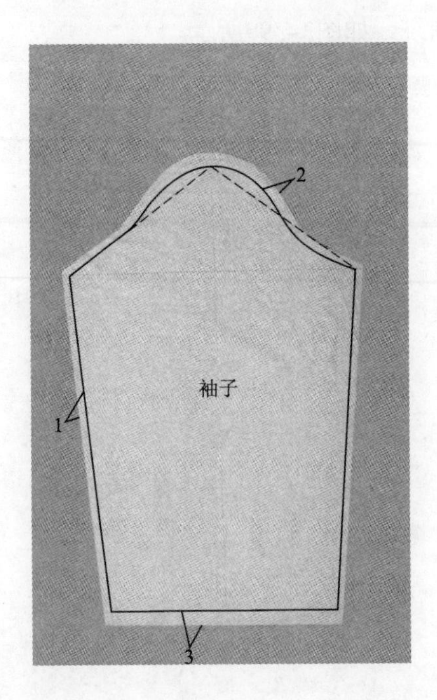

图3-403

19. 将袖侧缝用大头针假缝起来后进行装袖，装袖方法同前，如图3–404所示。

20. 固定前片贴袋和袋盖，如图3–405所示。

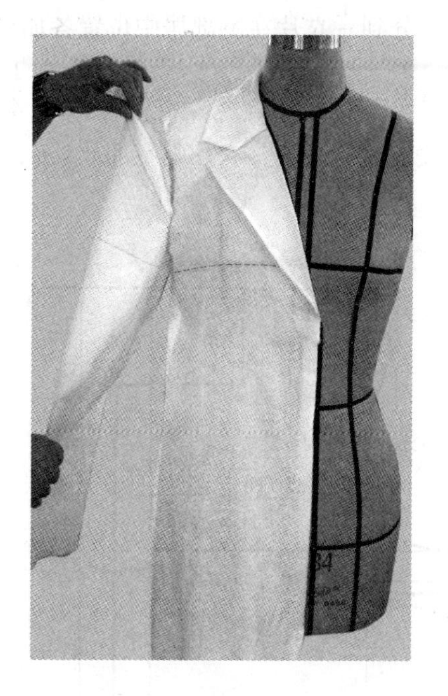

图3–404　　图3–405

21. 女直线型大衣款式样衣立体效果展示，如图3–406所示。

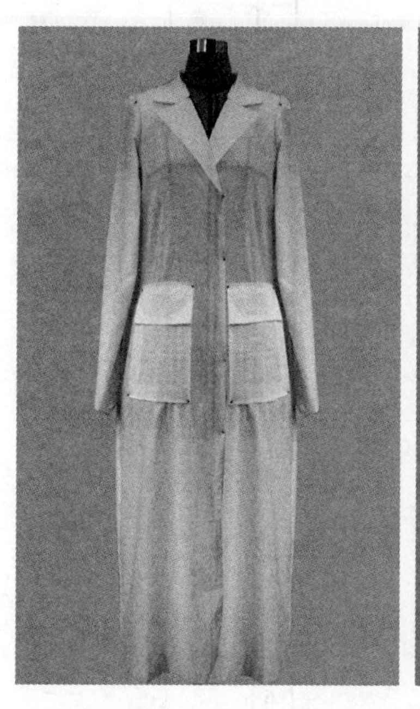

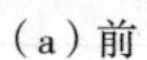

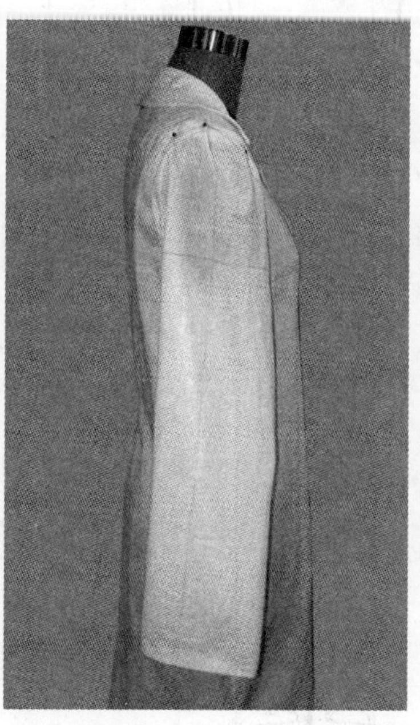

（b）侧

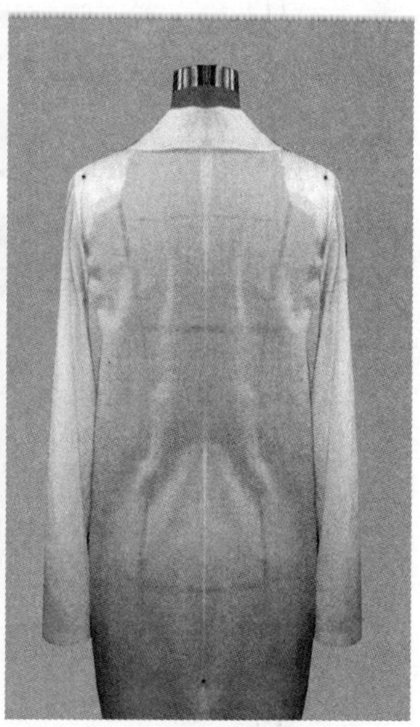

（c）后

图3–406

（二）立体裁剪技法重点

1. 放松量的设计：胸部放松量设为20cm，分到$\frac{1}{4}$衣片在胸部居中位置各加放1cm，剩余16cm在侧缝处加放，分到$\frac{1}{4}$衣片则各加放4cm；腰部放松量设为8cm，分到$\frac{1}{4}$衣片在腰部居中位置各加放1cm，剩余4cm在侧缝处加放，这样分到$\frac{1}{4}$衣片则各加放1cm；臀部放松

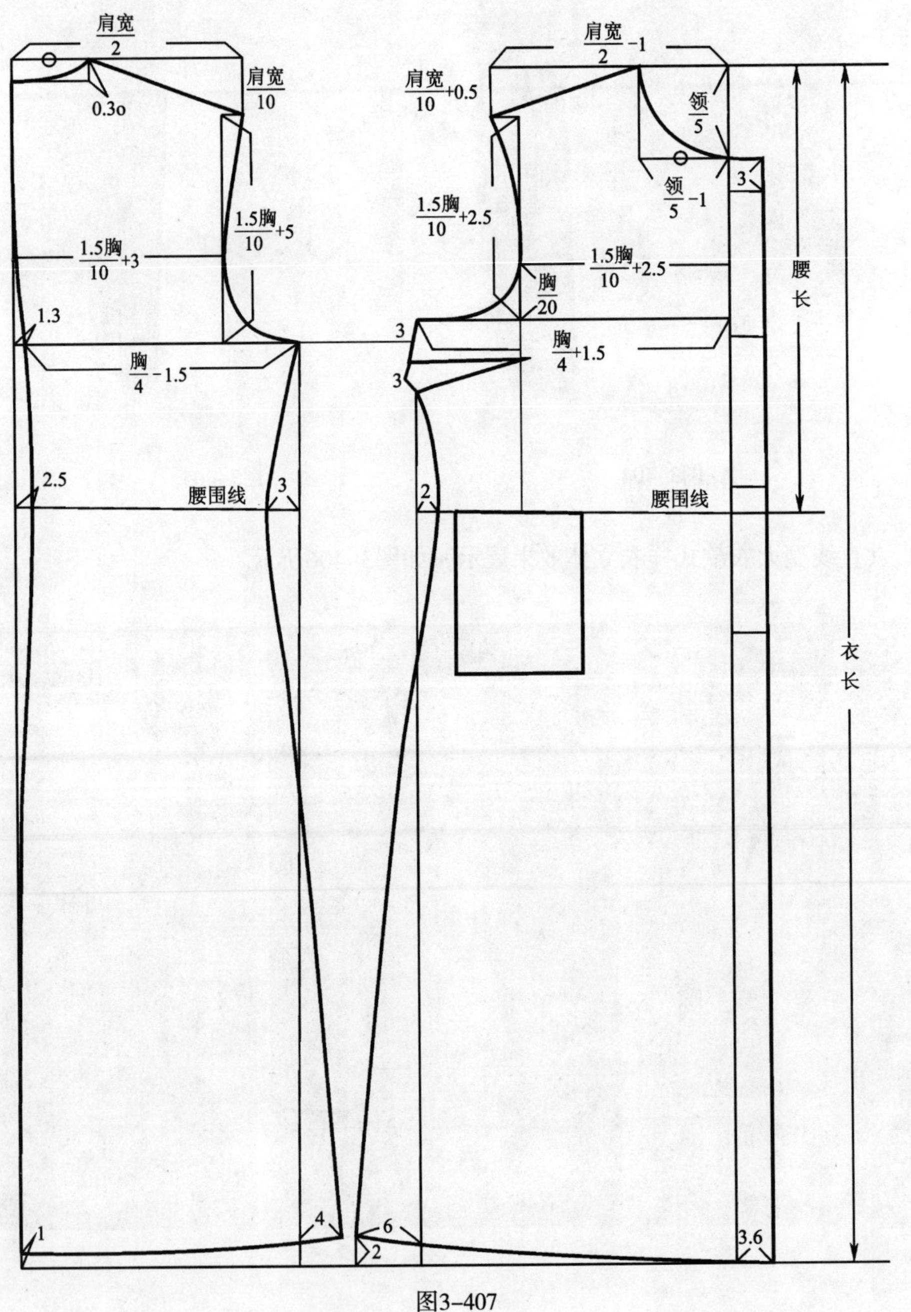

图3-407

量也设为8cm，分到$\frac{1}{4}$衣片在臀部居中位置各加放1cm，剩余4cm在侧缝处加放，这样分到$\frac{1}{4}$衣片则各加放1cm。

2. 西装领的立体裁剪：按照第三章第四节十字型驳头西装领的裁法进行。

3. 一片袖的配袖：一片袖的结构制图参见图3-408。

（三）大衣平面结构分析

大衣是造型性很强的服饰，整体外轮廓线明显，其中以H型和A型为主。H型又称直线型，穿着较为宽松，而A型下摆呈A字，穿着较贴身，通常A型大衣还设计有公主线、省或褶裥等贴身结构要素。女大衣的袖子结构设计比西装较为灵活，大衣可以配圆装袖（两片袖）、平袖（一片袖）或者插肩袖。圆装袖一般用在衣片比较合体的大衣结构，平袖和插肩袖可以用在舒适、宽松的大衣结构中。大衣的领子变化较多，可以有单立领、翻立领和翻驳领。直线型女大衣衣身的平面制图如图3-407所示，女大衣一片袖平面制图如图3-408所示，女大衣两片袖平面制图如图3-409所示，制图尺寸均采用成品尺寸。

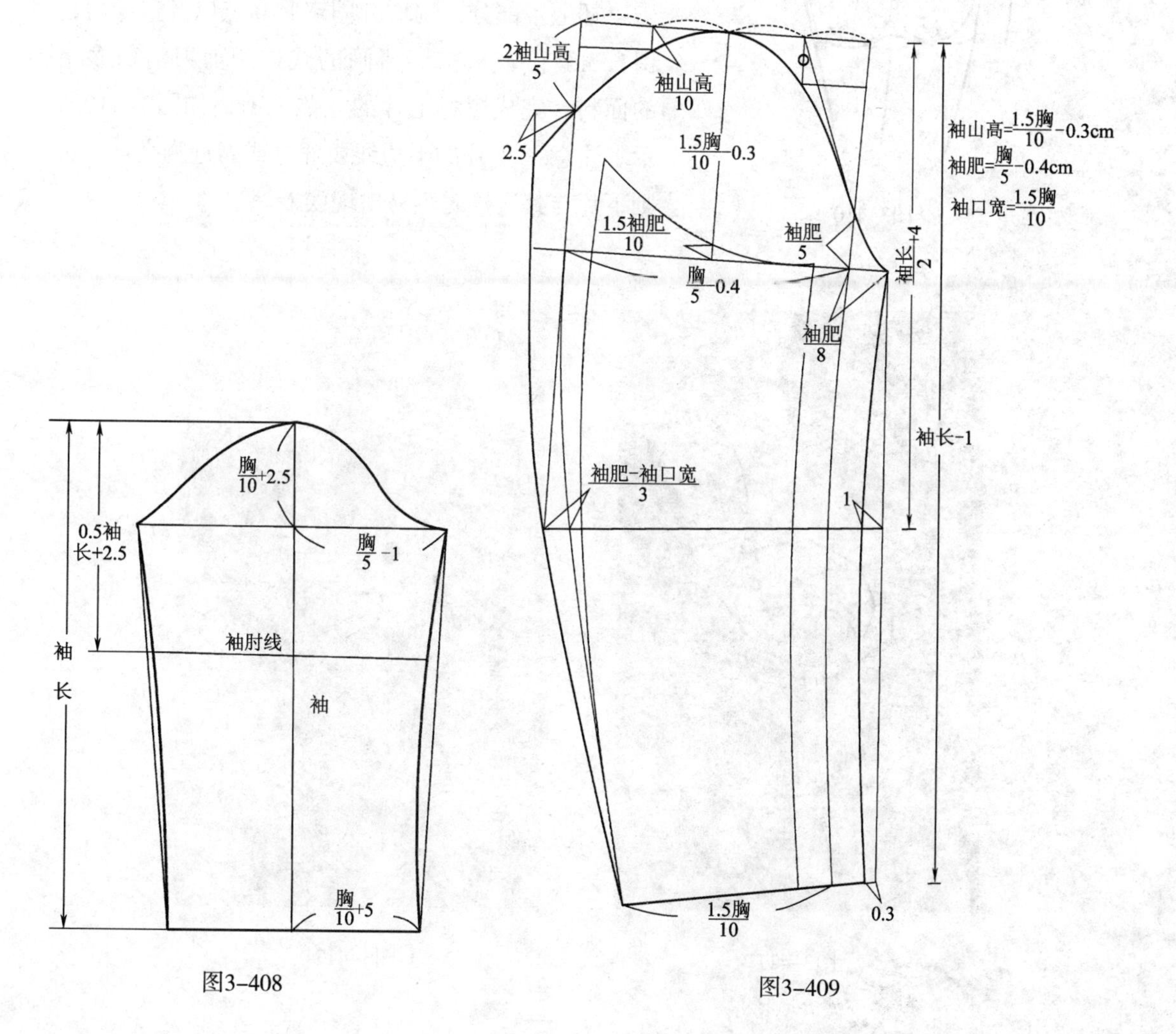

图3-408

图3-409

第六节　文胸及泳装立体裁剪

一、T杯文胸

（一）立体裁剪操作

下面以T杯文胸款式为例介绍文胸立体裁剪的基本方法。T杯文胸的款式如图3-410所示。

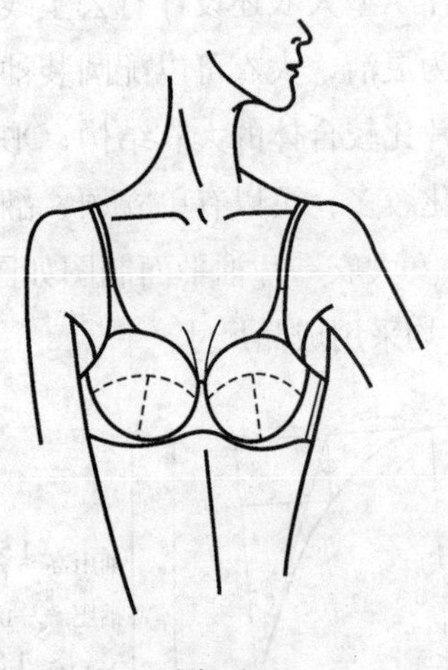

图3-410

文胸的面料多采用具有弹性的面料，所以立体裁剪预算坯布用料时需要考虑面料的弹性，适当缩减坯布的围度尺寸。

1. 在人台上标出文胸结构造型线，如图3-411所示。

2. 制作罩杯上片。用一块大小合适的面料，覆盖罩杯上半部分，用珠针固定胸高点以及边缘后，留1cm缝份，再按照所画的式样用剪刀清剪多余的面料，完成罩杯上片的立体裁剪，如图3-412所示。注意：上片的下边线要通过或靠近胸高点，否则下片与其连接时容易出现误差。

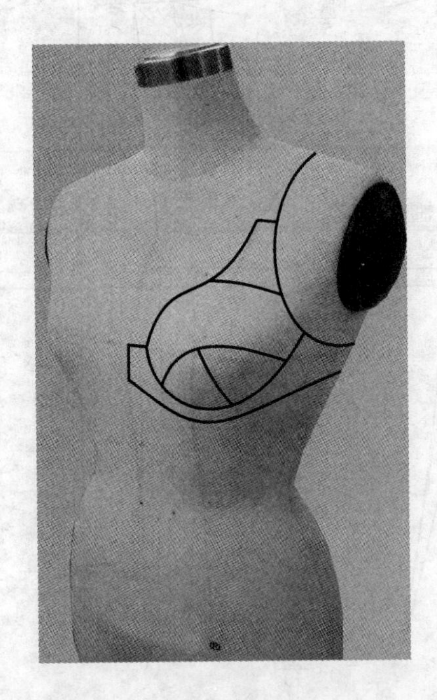

图3-411

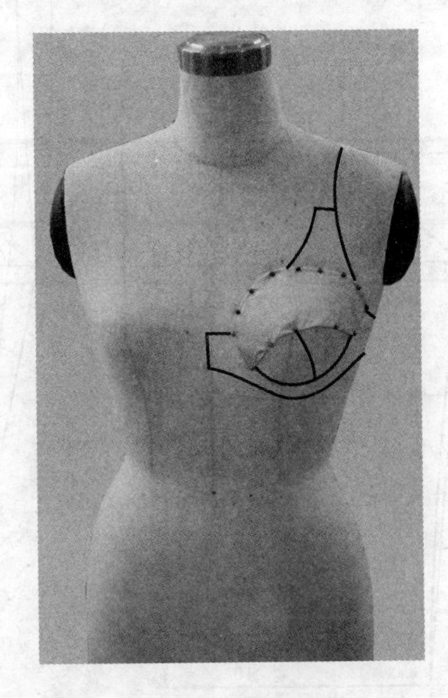

图3-412

3. 用同样的方法制作罩杯下片。罩杯下片两片拼接时，不仅要考虑线条的角度、方向，还要注意两片拼合的上端点也要通过或靠近胸高点，如图3-413所示。

4. 拼合上、下片时，要精心地处理线条的弧度，可人为地将文胸的胸高点比人台的胸高点向内移0.5~1cm，使罩杯侧面平整，胸高点向中间推拢，使其具有矫形性，如图3-414所示。

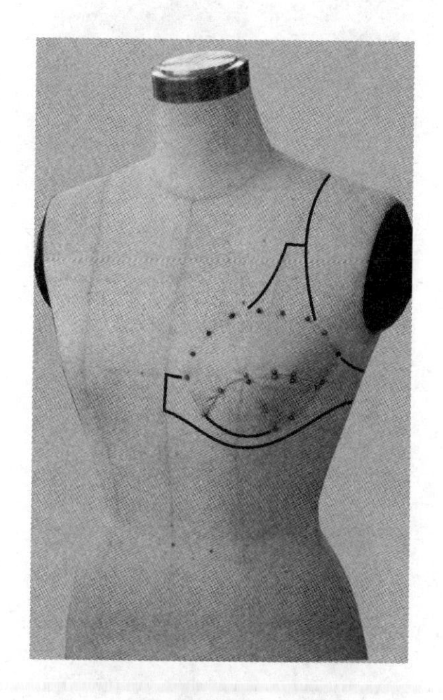

图3-413

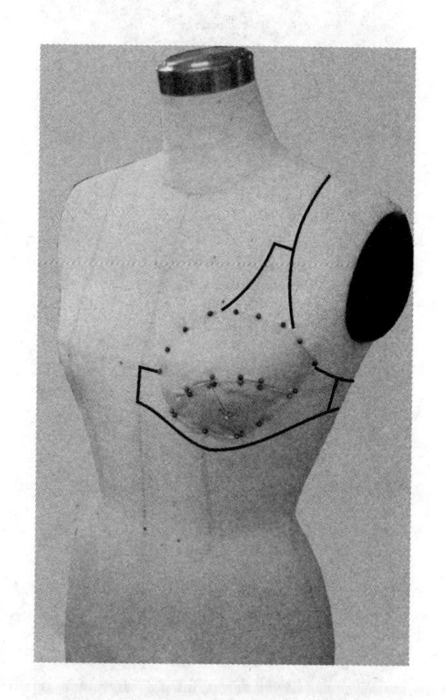

图3-414

5. 罩杯完成后，继续完成鸡心、侧比和后比的裁剪。裁剪时，不仅要考虑鸡心位的高低和侧比的外围弧线，还要考虑面料的丝缕方向，保持“横平竖直”。为了加大文胸后片拉架的弹力，文胸的前、后片不是等长的，通常前片短、后片略长，所以文胸的侧缝线将会向前片偏移少许量，同时收省使侧比贴合人体。在侧比的位置延续裁剪后片，后片要求保持水平、自然，如图3-415所示。

6. 前、后片完成后，在前片罩杯上方标出肩带位，在距后片中心4cm处，标出肩带位，测量并记录肩带的长度，如图3-416所示。

7. 文胸完成后的立体效果如图3-417所示。

（二）文胸的平面制图

立体裁剪和平面制图是服装结构设计的两种主要方法。通过文胸的立体裁剪，可以帮助学习文胸的平面制图。文胸由罩杯、鸡心和比三个部分组成。以上述T杯文胸款式为例，制图规格如图3-418所示。

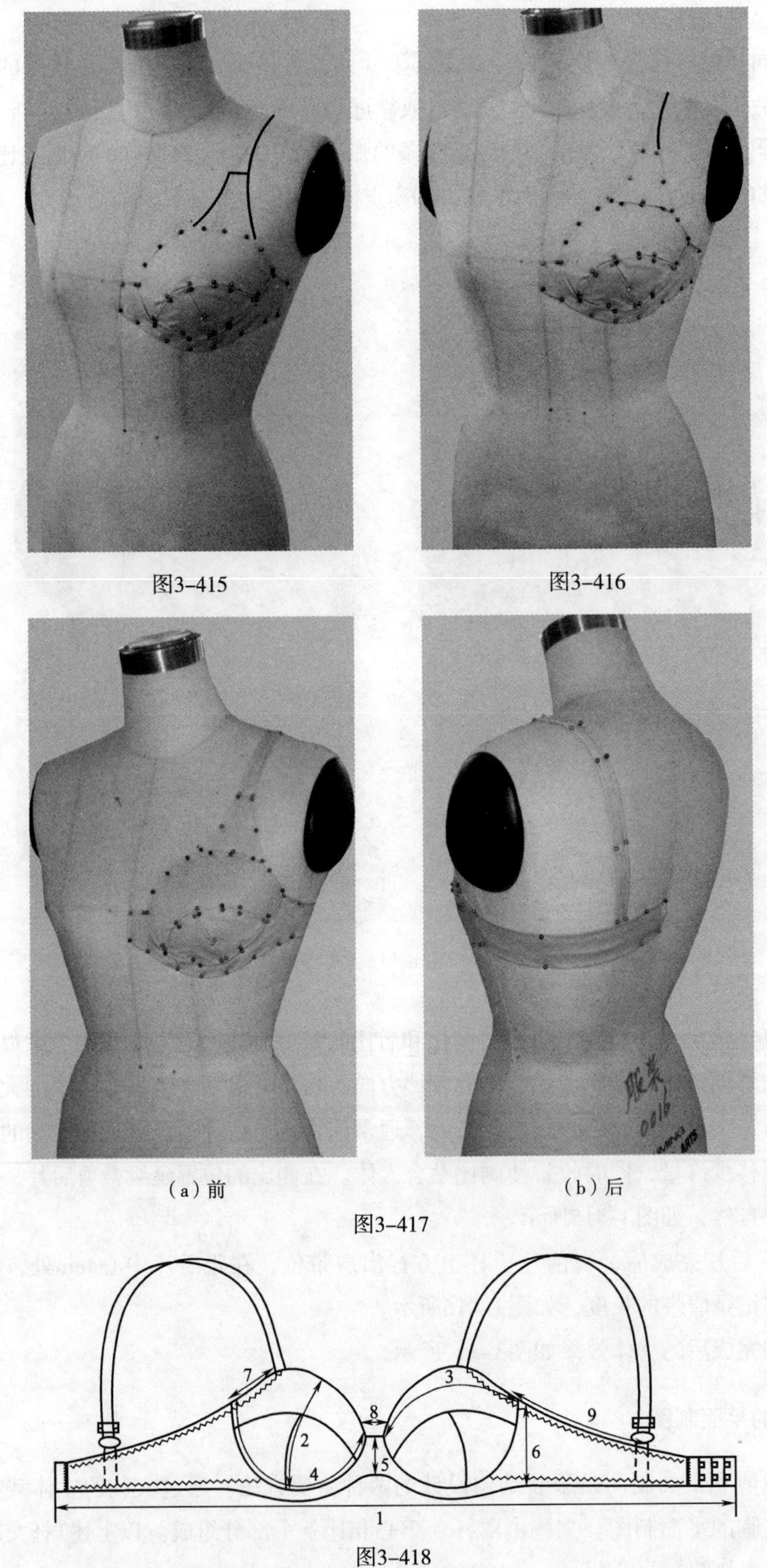

图3-415

图3-416

（a）前

（b）后

图3-417

图3-418

1—下胸围=61cm 2—罩杯高=13.5cm 3—罩杯宽=20cm 4—捆碗=21.8cm 5—鸡心高=5.5cm
6—侧比高=9cm 7—肩夹=6cm 8—鸡心上宽=2cm 9—上比围=17.5cm

为了达到集中胸部的功能，前罩杯宽尺寸小于实际乳房尺寸，而后罩杯宽尺寸则大于实际乳房尺寸。前、后罩杯宽的尺寸可用下式进行调整：

$$前罩杯宽=\frac{罩杯宽}{2}-（0.75\sim1）cm$$

$$后罩杯宽=\frac{罩杯宽}{2}+（0.75\sim1）cm$$

下罩杯高尺寸通常设计8.5~9.5cm（包括捆条宽度），罩杯省的大小可用$\frac{罩杯宽}{2}\pm0.5cm$确定。罩杯平面制图如图3-419所示，鸡心和比的平面制图如图3-420所示。

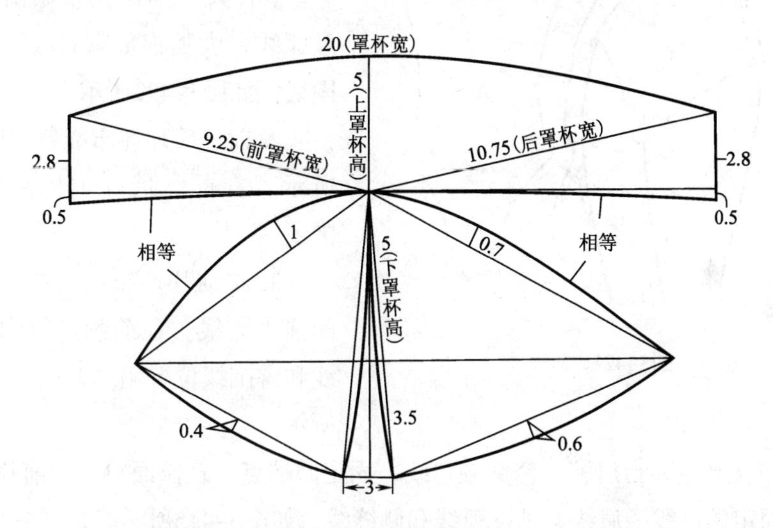

图3-419　罩杯省大小

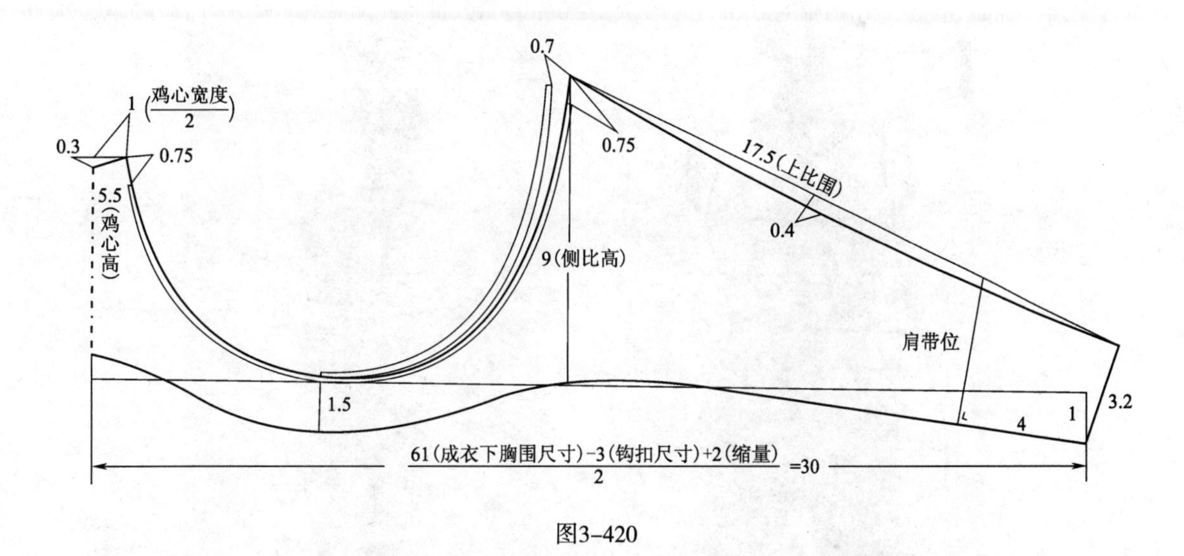

图3-420

二、连身泳装

泳装属于内衣品种，通常采用高弹性的面料制作。泳装的结构主要针对围度零松量或

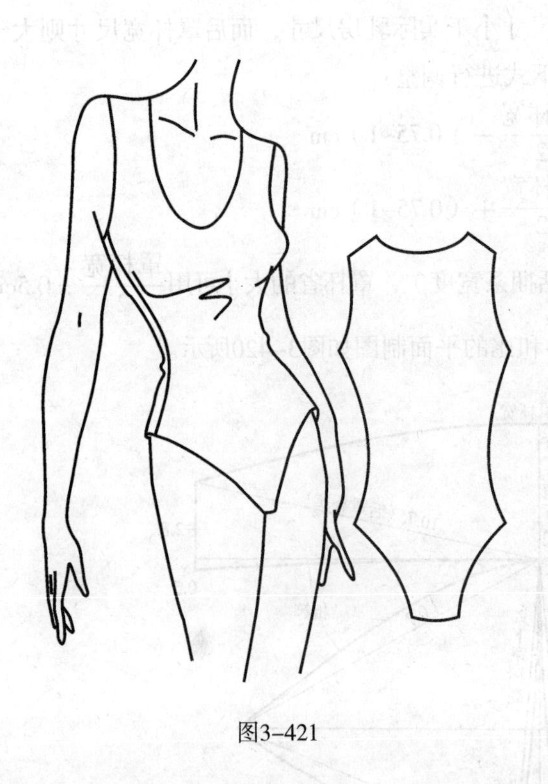

图3–421

负松量的情况，所以在预算泳装立体裁剪坯布时需要根据面料的弹性伸长及弹性回复程度进行围度上的缩减。下面以连身泳装款式为例介绍泳装立体裁剪的主要方法，款式如图3–421所示。

(一) 立体裁剪操作

1.在人台上用胶带贴出领口线、袖窿弧线、大腿根部款式线、胸围线及腰围线，如图3–422所示。

2. 前、后片坯布准备情况如图3–423所示，在前、后片上标出胸围线和臀围线。

3. 将前片坯布的前中心线对准人台的前中心线，在前颈点、胸围线、腰围线和臀围线位置用珠针固定，如图3–424所示。

4. 将坯布抚平过人台肩膀，修剪领口线，固定肩端点，轻拉面料，使前片腰部合体。用珠针依次固定领口线、肩线、袖窿弧线和侧缝线，如图3–425所示。

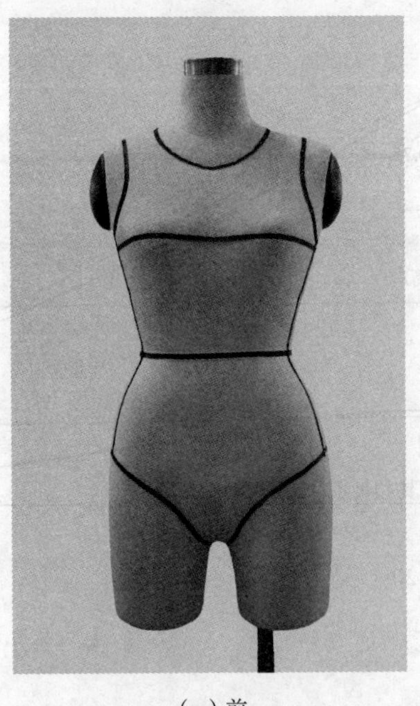

(a) 前

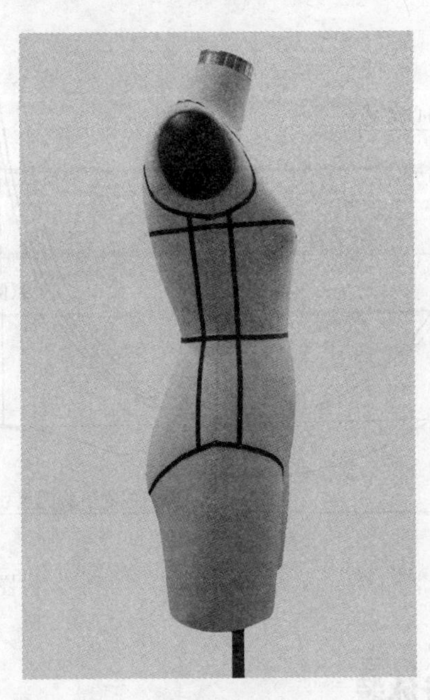

(b) 后

图3–422

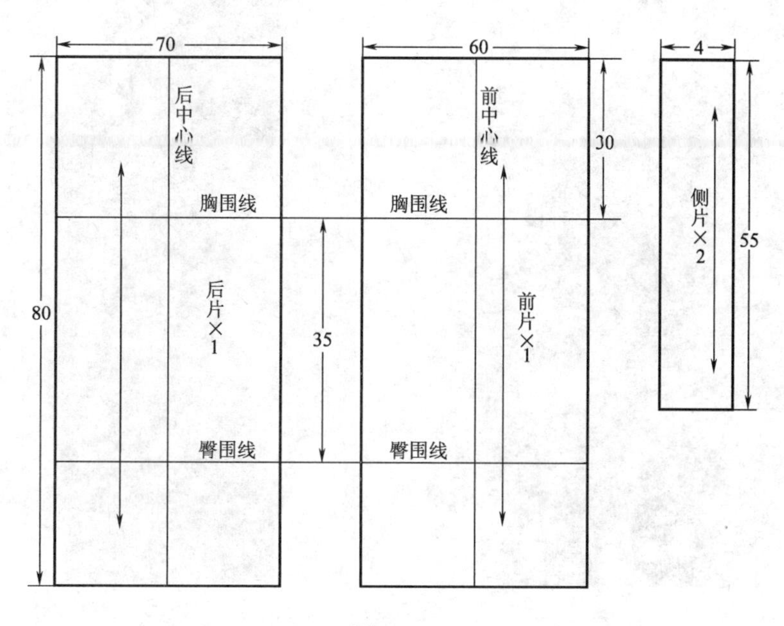

图3-423

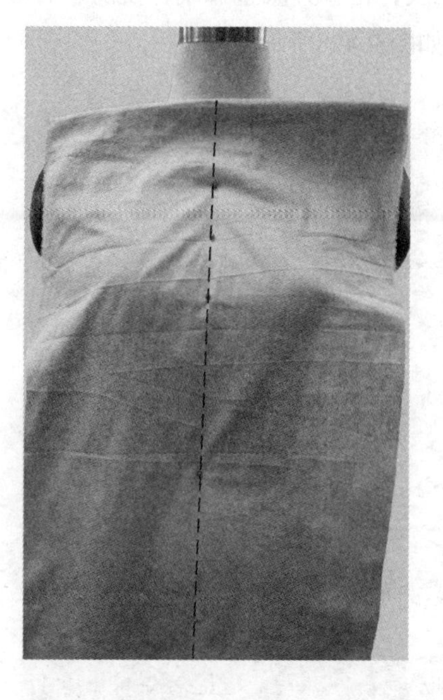

图3-424

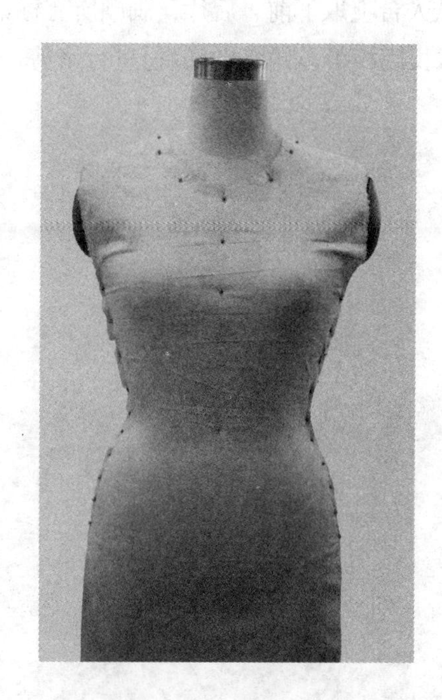

图3-425

5. 后片裁剪方法与前片相同，注意坯布不平服边缘可通过打剪口的方式消除，如图3-426所示。

6. 将侧片面料覆在人台上，与前、后片用珠针固定，注意轻微拉伸面料，拼合缝份并在外端打剪口，如图3-427所示。

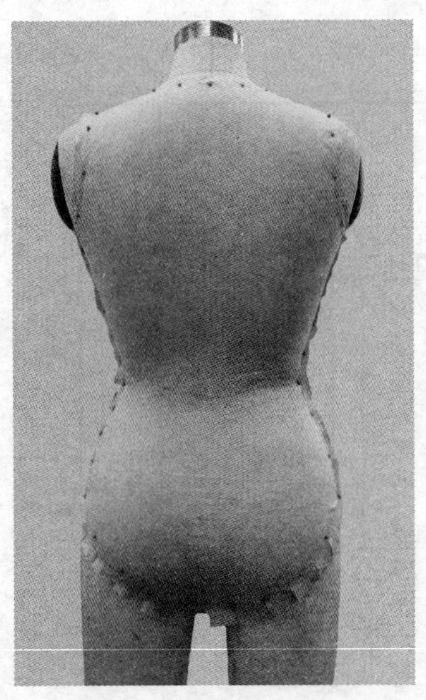

图3-426

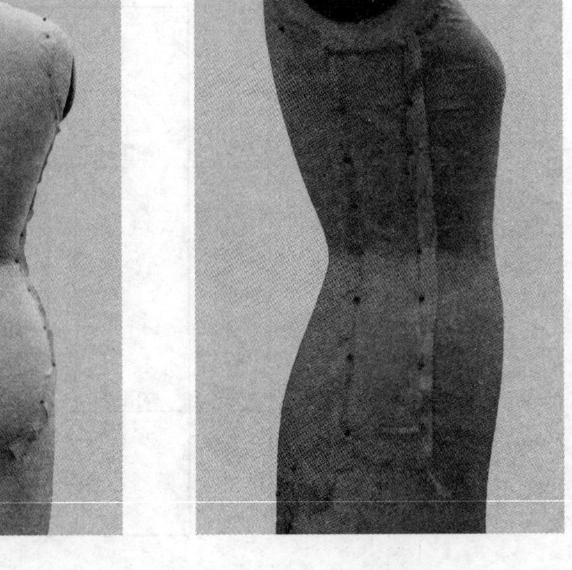

图3-427

7. 从人台上取下前、后片，画顺所有标记线，检查并调整弧线，使前、后肩线及前、后侧缝线长度相等，并留1cm缝份进行修剪，如图3-428所示。

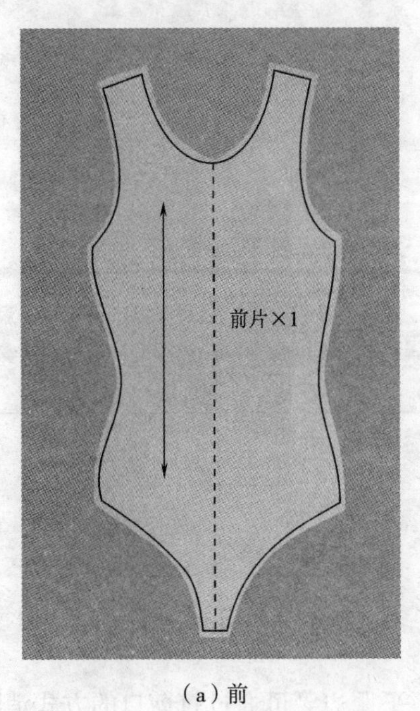

（a）前

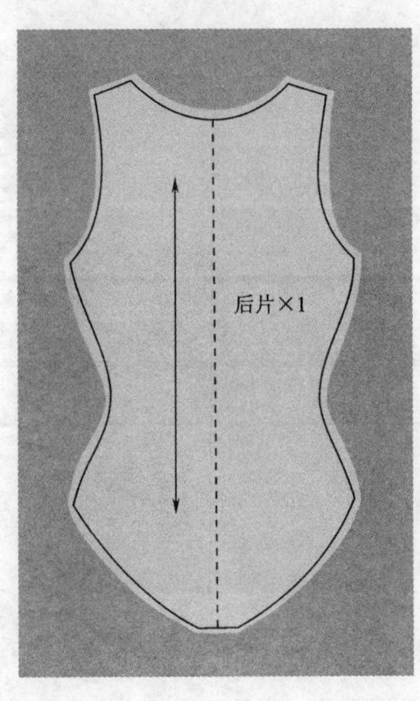

（b）后

图3-428

8. 连身泳装款式整体裁剪效果如图3-429所示。

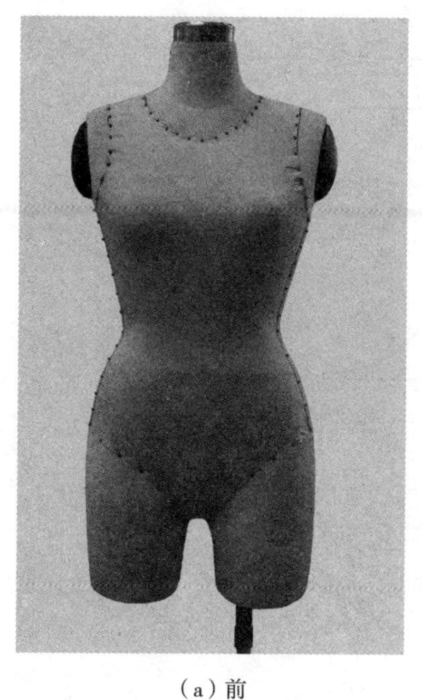

（a）前

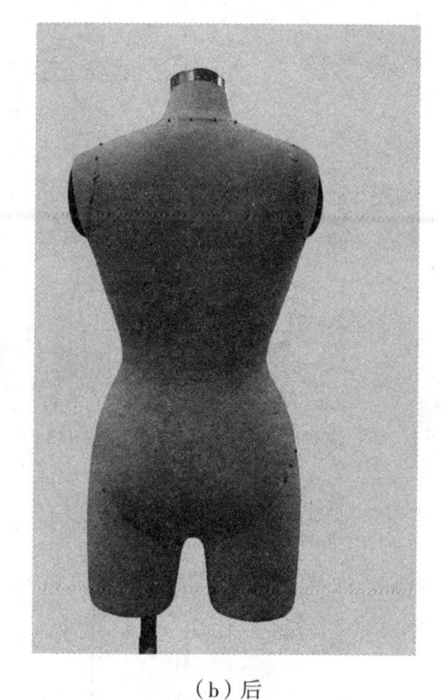

（b）后

图3-429

（二）连身泳装的平面结构制图

泳衣一般是用高弹性面料制作，所以其平面结构设计应从尺寸规格设计入手。连身泳装结构需要的部位尺寸，如图3-430所示。

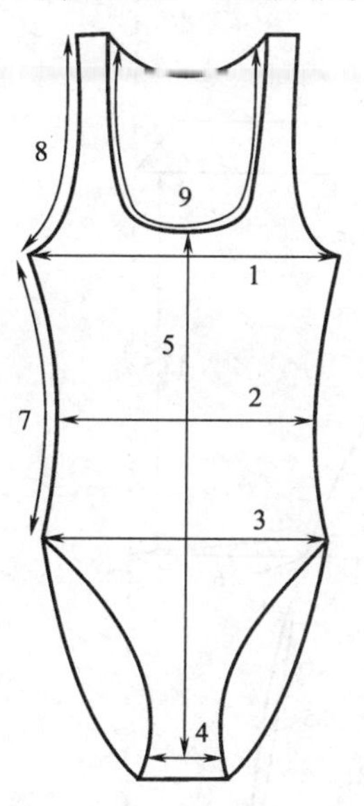

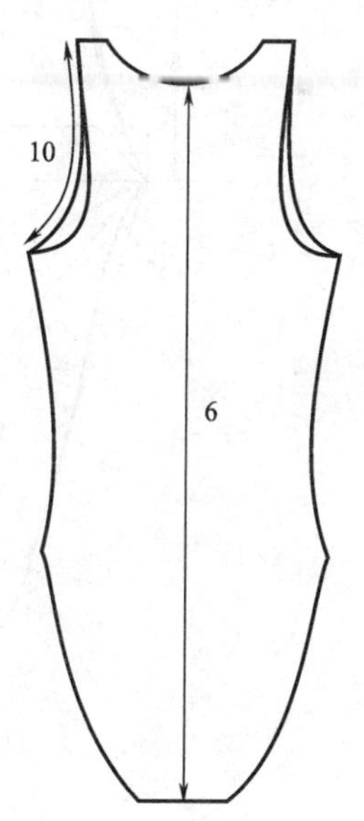

图3-430

1—$\frac{胸围}{2}$=34cm　2—$\frac{腰围}{2}$=30.5cm　3—$\frac{腹围}{2}$=35cm　4—裆宽=8cm　5—前中长=57.5cm

6—后中长=69.5cm　7—侧缝长=26cm　8—前肩夹=24cm　9—前领口线长=44cm　10—后肩夹=24cm

连身泳装的平面制图如图3-431所示。制图时要注意后片结构做内倾处理，防止肩带

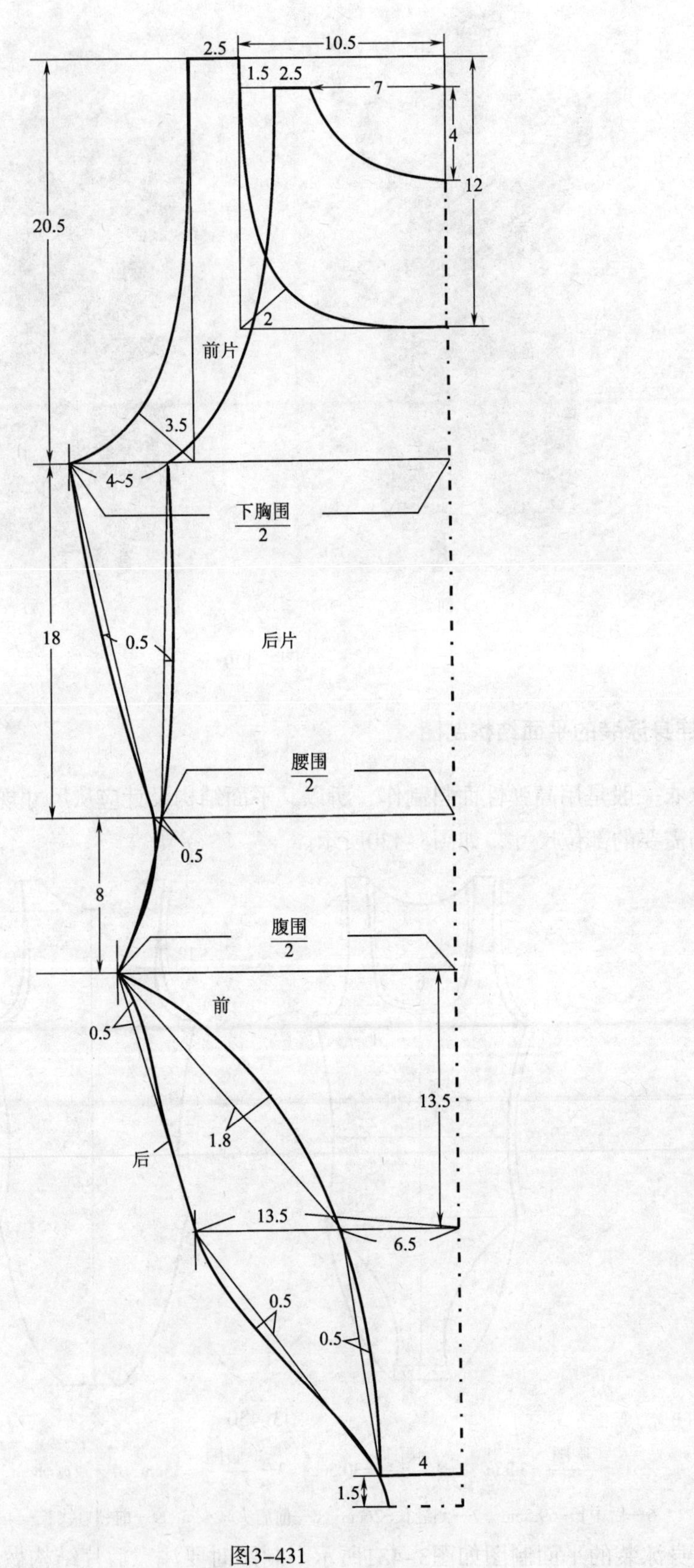
2.5
10.5
1.5
2.5
7
4
12
20.5
2
前片
3.5
4~5
下胸围
2
18
0.5
后片
腰围
2
0.5
8
腹围
2
前
0.5
13.5
1.8
后
13.5
6.5
0.5
0.5
4
1.5

图3-431

下滑。前、后肩夹部位纸样长度比该部位实际完成尺寸设计长0.5cm，前后领口部位纸样长度比该部位实际完成尺寸设计长1cm，然后在工艺上进行缩缝处理，可以缓和面料弹性对人体的束缚压力。

技能作业：

1.设计一款上衣造型，要求设计中包含服装合体三要素。并用正确的别合手法完成成型和描图的过程。

2.设计一款裙子造型，要求用正确的别合手法完成成型和描图的过程。

3.设计一款领子造型，要求用正确的别合手法完成成型和描图的过程。

4.用正确的别合手法完成连衣裙、衬衫的服装造型设计，注意操作中空间的加放量，完成成型和描图的全过程。

专业训练——

造型设计训练篇

课题名称： 造型设计训练篇

课题内容： 1.立体裁剪艺术表现方法：包括褶饰、缝饰、编饰、缀饰和其他一些装饰设计表现技法的实例讲解

2.造型设计训练：以礼服为例讲述造型设计的原则和运用不同材质进行创意造型设计的方法

上课时数： 24课时

教学提示： 本章在教学过程中要将重点放在辅导学生对造型设计创作灵感的引导上。在艺术表现手法局部技能实际操练上要扎扎实实学好。

教学要求： 1.使学生把握服装立体构成的设计方法和技巧。

2.使学生掌握褶饰、缝饰、编饰的制作方法和使用技巧。

3.使学生能够应用不同材质进行创意造型设计。

课前准备： 准备一些现有作品图片，以丰富的图片资源来开启学生造型设计训练的智慧。

第四章　造型设计训练篇

第一节　立体裁剪艺术表现

一、褶饰设计与表现技法

褶饰是利用面料本身的特性，经过人们有意识、有目的地创作加工，使面料产生各种效果的褶纹，以此增添服装的生动感、韵律感和美感。褶饰按照其表现特征划分为叠褶、波浪褶、抽褶、垂坠褶和堆褶等形式。

1.叠褶

叠褶是以点或线为单位起褶，因面料集聚收缩形成丰富、舒展、连续不断的褶裥外观。叠褶能体现服装造型设计“线”的效果。叠褶的方法是将面料有规则或无规则地进行折叠，用珠针固定后，再将折叠部分拉开。叠褶造型的部位可以在胸部、腰部、臀部、肩部和手臂等部位。应用范例如图4–1、图4–2所示。

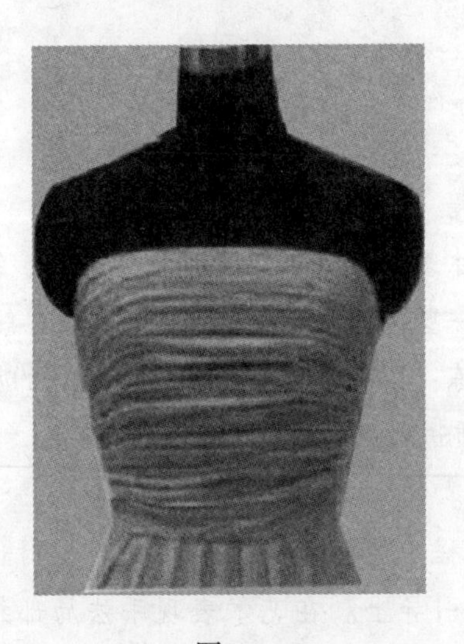
图4–1

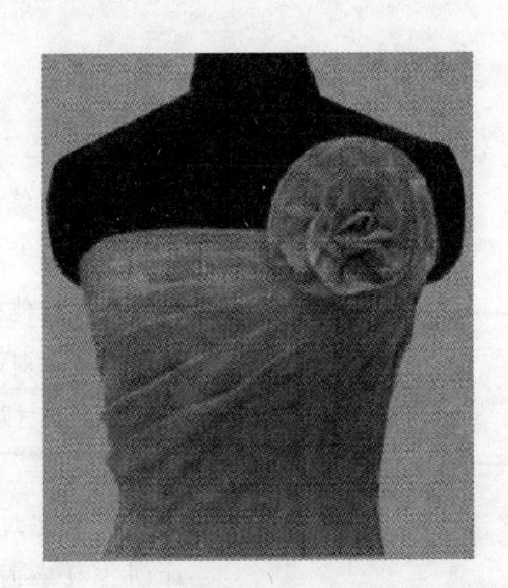
图4–2

叠褶的技术要领为：叠褶形成褶裥时要注意褶裥的自然状态，拉开面料时动作轻盈以免将面料压平而失去了立体感。

2.波浪褶

波浪褶主要利用面料斜纱的特点及内外圈边长差数，外圈长出的布量会悬垂形成波浪式褶纹，其褶纹随着内外圈边长差数的大小而变化，差数越大，褶纹越多。波浪褶呈现的特征是边缘呈波浪起伏、轻盈奔放、自由流动的纹理状态。适用于各部位的饰边及圆形裙。应用范例如图4–3、图4–4所示。

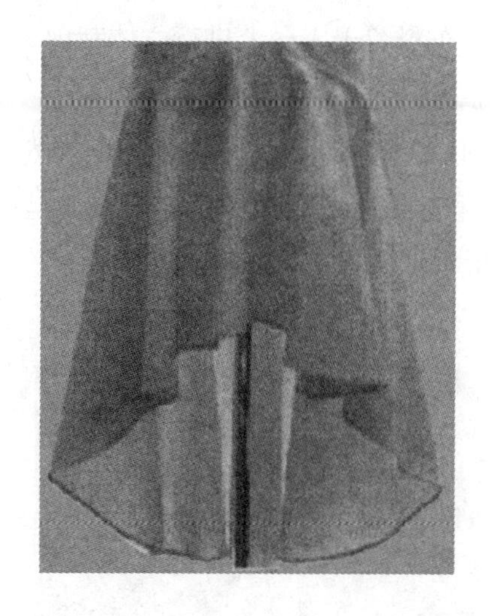

图4–3

图4–4

波浪褶的技术要领为：先取一块布料，从任一边缘向中心或任意位置挖空一内圈，内圈的形状可以是圆形、部分圆形、不规则圆形、还可以是螺旋形曲线。布料的外圈形状可以是圆形、方形、多边形及不规则的几何图形。其内圈边长一般与相结合部位的长度相等，但有时为了强化褶纹也可以长于相结合部位的长度（长出的部位可作褶裥）。外圈的边长远大于内圈的边长，内外圈之间就是波浪褶的宽度。

3.抽褶

抽褶是将布料的一部分用缝线缝合，然后对面料进行抽缩使之形成皱褶，从而产生必要的量感和美观的立体裁剪艺术表现手法。根据造型的需要，抽褶部位一般在布料的中央或两侧部位。抽褶的布料长度一般可定为原长度的2~3倍，缝合的线迹可以是直线或弧线。该法常用的布料以丝绒、天鹅绒、涤纶长丝织物为好，这些织物的折光性好且有厚实感，形成的皱褶立体感强。应用范例如图4–5、图4–6所示。

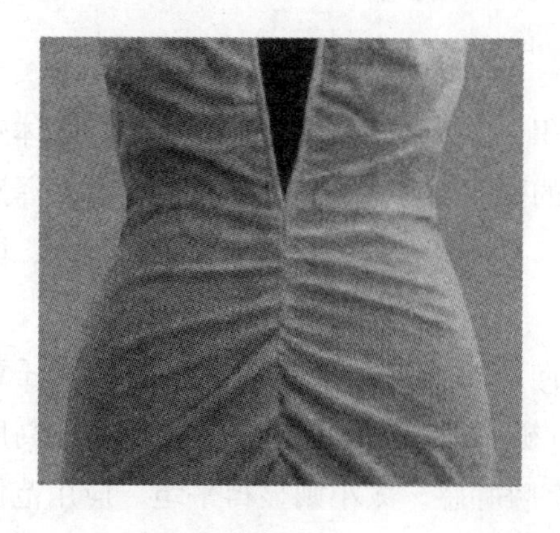

图4–5

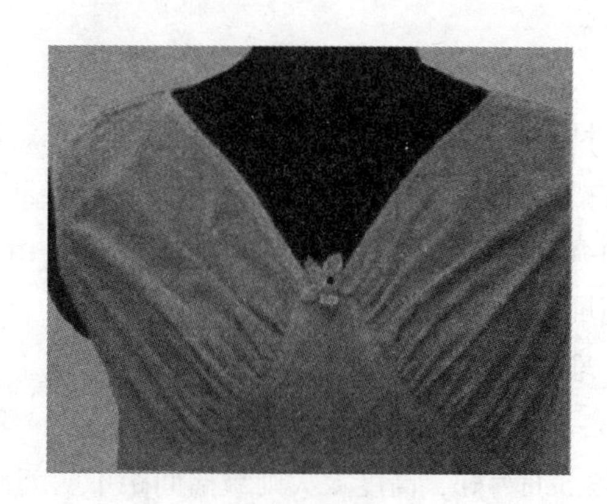

图4–6

抽褶的技术要领为：（1）先在布料上画出要抽缩的线迹，然后按造型抽缩长度×（2~3倍）来计算需抽缩线的轨迹长度。（2）抽缩布料，注意在面料的反面缝合一定密度的缝线，线迹长度应长短一致。（3）将抽缩好的布料覆于人台上进行立体裁剪。

4.垂坠褶

垂坠褶是在两点之间或两线之间形成疏密变化的曲线或曲面褶纹，具有自然垂落、柔和流畅、优雅华丽的纹理状态。适用于肩、胸、腰、腿等部位的设计与装饰，是服装设计与展示设计中应用最多的褶纹之一。应用范例如图4–7、图4–8所示。

图4–7

图4–8

垂坠褶的技术要领为：以面料的一端为基点，在另一侧作宽松的、呈弯曲形的垂坠褶，接着在第一个垂坠褶纹下面接着做第二个垂坠褶纹，成形后具有悬垂弯曲的效果，以同样的方式反复抓褶直到完成造型。垂坠褶的面料可以是斜纱，也可以是横纱。

5.堆褶

堆褶是从多个不同方向对布料进行挤压、堆积，以形成不规则的、自然的、立体感强的皱褶的立体裁剪艺术表现技法，适用于各部位的强调和夸张。该法宜选用富有光泽感的美丽绸、素绉缎、斜纹绸、尼龙纺等织物。由于这类织物皱痕饱满且折光效应强烈，因而采用堆褶形成的造型极富艺术感染力。

堆褶的技术要领为：从三个或三个以上方向挤压布料，使皱褶呈三角形或任意多边形，同时各皱褶之间不能形成平行关系，平行皱褶则会显得呆板单调。皱褶的高度以2.5~3.5cm为好，高度太大则皱褶间距不明朗而有臃肿感，太小则显得平坦。应用范例如图4–9、图4–10所示。

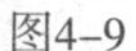
图4-9

图4-10

二、缝饰设计与表现技法

缝饰是以面料本身为主体，在其反面选用某种图案，通过手工（或机械）缩缝，形成各种凹凸起伏、柔软细腻、生动活泼的皱褶效果。其纹理精彩夺目，有很强的视觉冲击力。由于图案大小及连续性的变化，点的组合方式与缝线的手法变换，使其风格各异、韵味不同，但都会产生意想不到的效果和趣味。适用于服装局部与整体的点缀与装饰。缝饰按照制作方法的不同可分为有规律、无规律和嵌线绳缝饰三种形式。

1.有规律缝饰

（1）图案设计：有规律缝饰的图案是按照某种规则设计的，遵循一定的规律，如网格纹由连续的正方形构成，卷花纹由连续的V字型构成，如图4-11、图4-12所示。

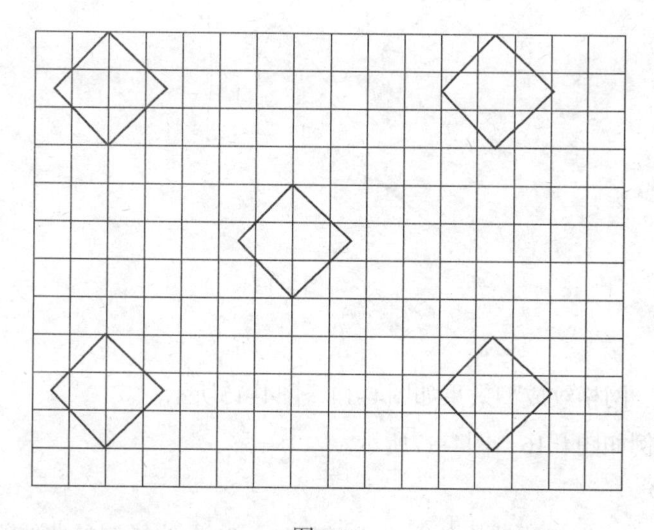

图4-11

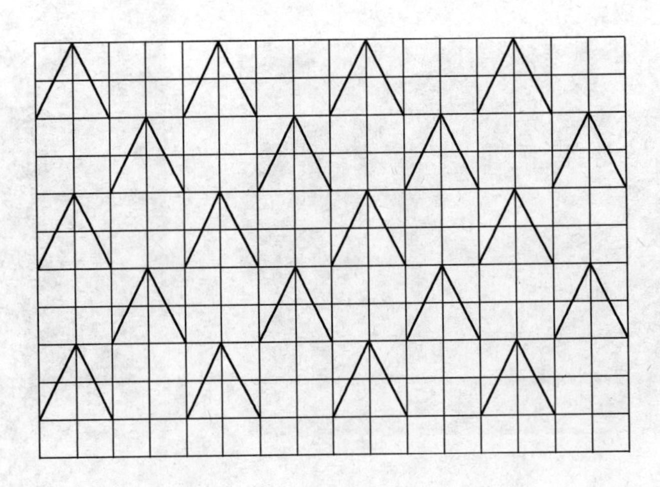

图4-12

（2）制作方法：沿顺序相继挑起各点的布丝，用手针线缝，最后抽紧缝线并打结固定，基本针法如图4-13所示。

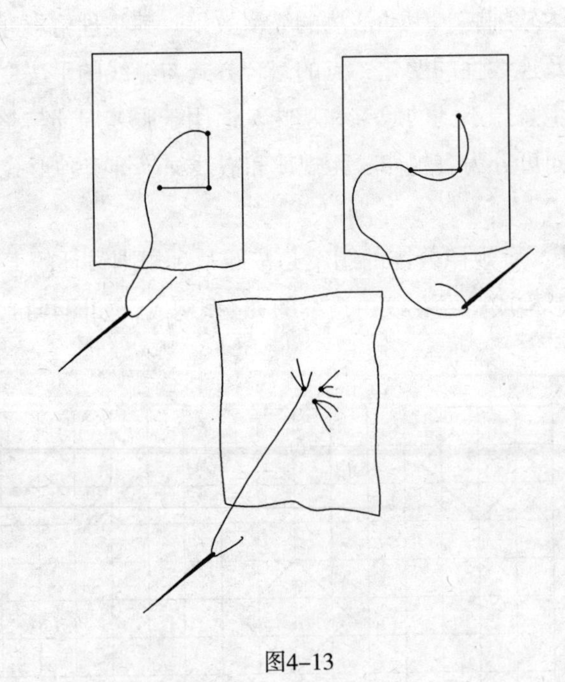

图4-13

（3）卷花纹、网格纹成型效果如图4-14、图4-15所示。

（4）应用范例如图4-16、图4-17所示。

2.无规律缝饰

（1）图案设计：无规律缝饰的图案由随机地、自由地绘制的曲线组成，这些曲线可

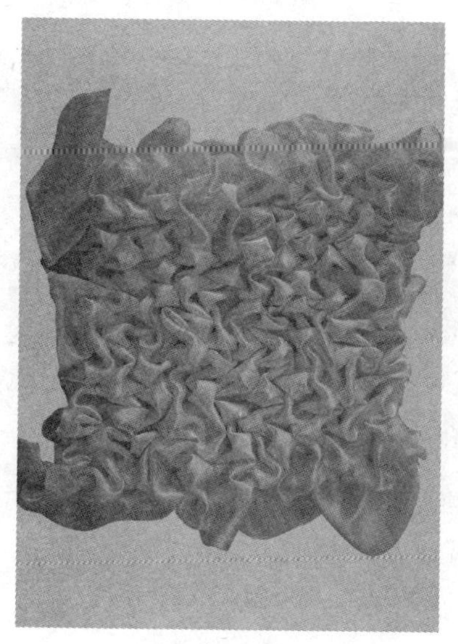

图4-14

图4-15

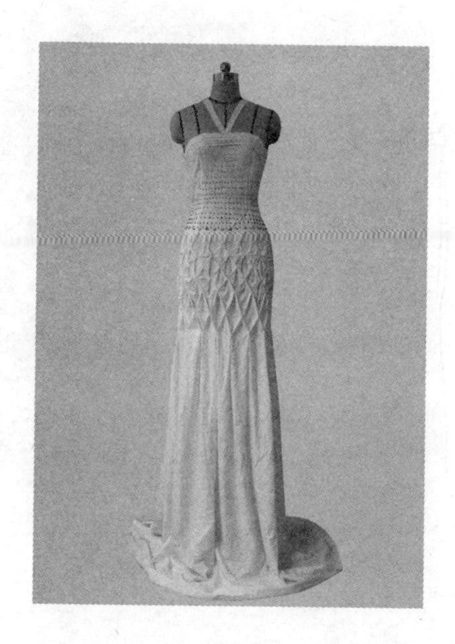

图4-16

图4-17

相互交叉、环绕，向任意方向流动，如图4-18所示。

（2）制作方法：沿图案缉缝，然后抽紧缝线，如图4-19所示。

3.嵌线绳缝饰

（1）图案设计：嵌线绳缝饰以直线或曲线为主，其距离、疏密、角度可自定。

（2）制作方法：嵌线绳缝饰是在布料反面嵌上具有一定粗度的绳索，并用缝线固

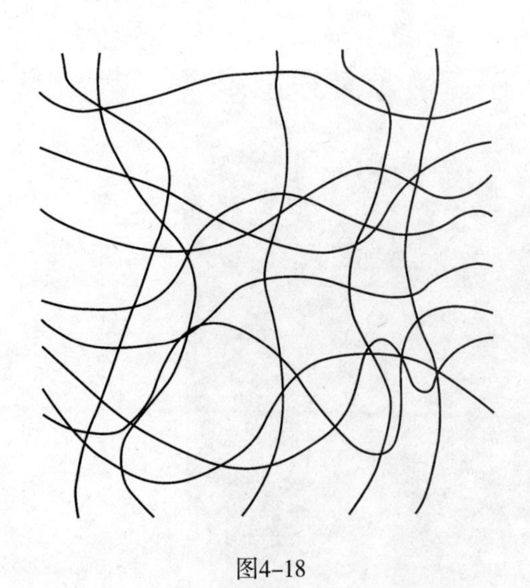

图4-18

图4-19

定，还可以抽紧缝线，形成皱褶外观，如图4-20所示。

（3）应用范例如图4-21所示。

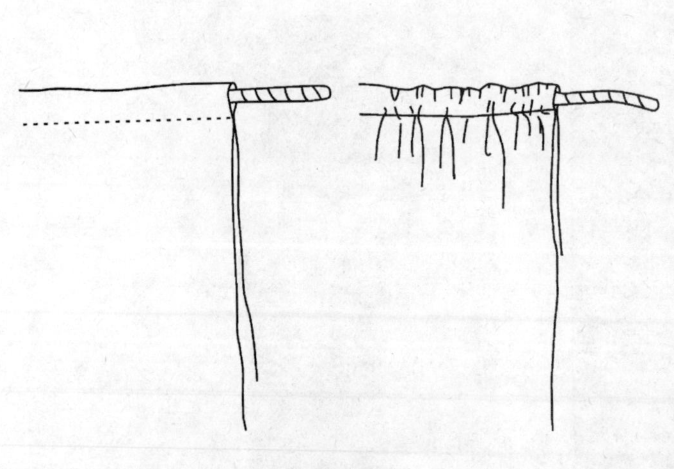

图4-20

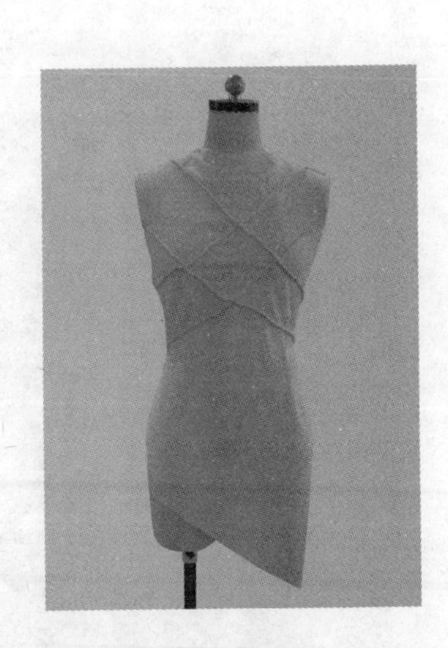

图4-21

三、编饰设计与表现技法

编饰是将不同宽度的绳状物、条状物或带状物通过编织或编结等手法组成不同块面，同时形成疏密、宽窄、凹凸、连续的各种变化。编饰能够表达特殊的形式、质感和细节，是直接获得肌理对比美感的有效方法，它给人以稳定中求变化、质朴中透优雅的感觉，能突出编饰的层次感、韵律感。可使用的材料有皮革、塑料、面料、绳带等。编饰有绳编、结编、带编、流苏等形式。

1.绳状编饰

绳状编饰是用绳子编出各种图案或造型的一种方法。绳子可根据不同宽窄和粗细程度来设计图案或造型。图4–22~图4–25为用绳子编出的图案，设计时可以赋予一定的寓意，用于局部装饰。图4–26、图4–27是用绳子编出的内衣裤造型。

图4–22

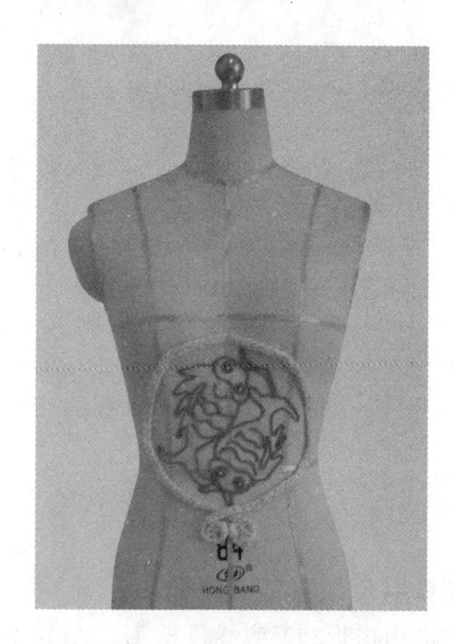

图4–23

图4–24

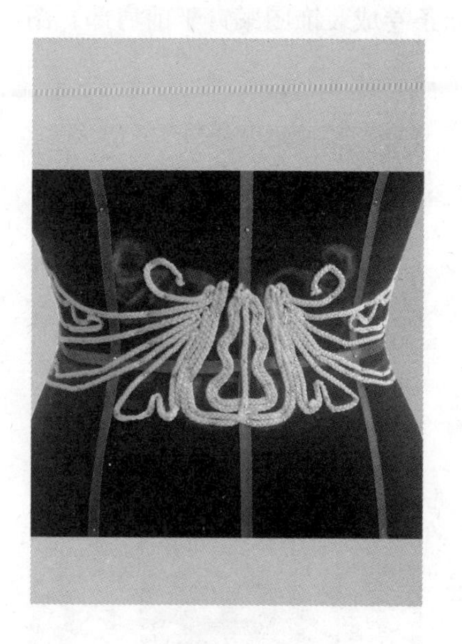

图4–25

2.带状编饰

带状编饰通常要先将布条准备好，然后将布条翻折成为一条条有立体感的带子。布

图4-26

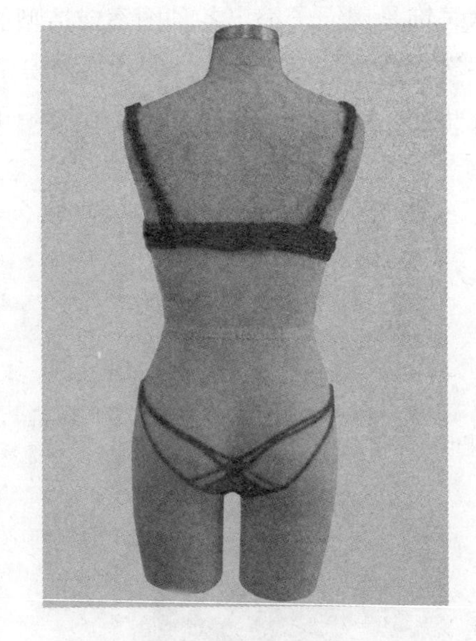

图4-27

条的宽度可以根据造型需求来定。用布条进行编结的方法有很多，图4-28所示为用布条相互交错相搭形成V型线条造型，图4-29所示为将布条进行穿缝相连形成网状镂空外观，图4-30所示有两处布条编饰设计，一处是用布条编出辫子模样装饰于领边，另一处则是将布条卷成装饰图案钉于前肩部，图4-31所示为用布条横纵编织来突出腰部的饱满状态。

图4-28

图4-29

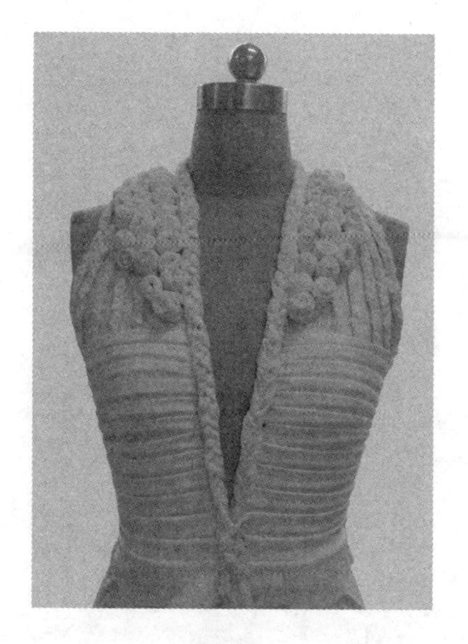

图4-30

图4-31

四、缀饰设计与表现技法

缀饰设计又可称为添加设计，是在现有面料的材质上，通过缝、绣、嵌、粘、热压、挂等方法，添加相同或不同的材料（如皮毛、珠片、人造花、羽毛、蕾丝、缎带、贴花、现成品等），使之呈现凸出衣料平面的特殊美感的设计效果。缀饰设计是产生美、创造美、装饰美的重要手段之一。图4-32所示为在白色上衣上设计了黑色毛线图案，图4-33所示为用珠片进行缀饰，图4-34所示为前中心处缀以珍珠，右腰侧部打蝴蝶结缀饰，图4-35所示为以花边缀饰前胸位，图4-36所示为用珠片以不均匀重叠的方式进行造型设计，而图4-37所示为用玫瑰花缀饰心形造型。

图4-32

图4-33

图4-34

图4-35

图4-36

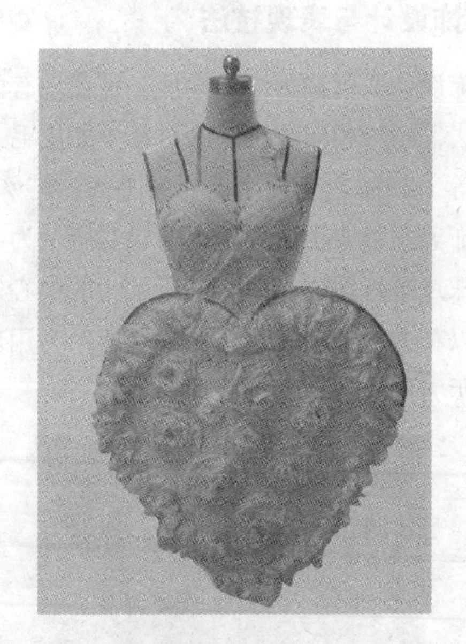
图4-37

五、其他装饰设计与表现技法

1.镂空

在布料上将图案的局部切除，造成局部的断开、挖空或不连续性，或者在整体造型上的空缺局部的设计方法都可以属于镂空。它因破坏成品或半成品布料的表面，因而具有不完整、无规律、残破感的特征。正是由于这种连续与不连续、局部与整体的对比，产生了一种特殊的装饰效果，如图4-38、图4-39所示。

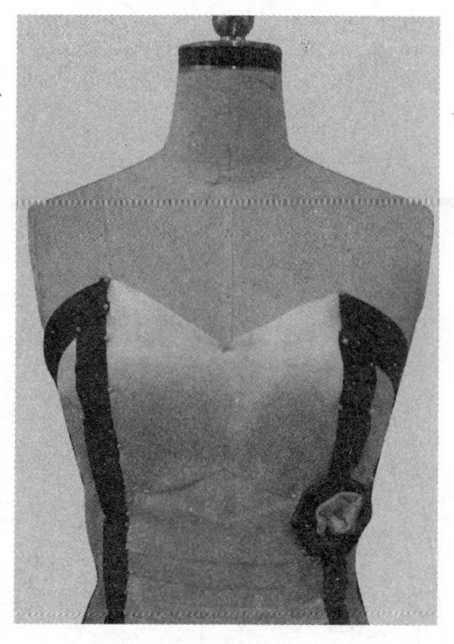

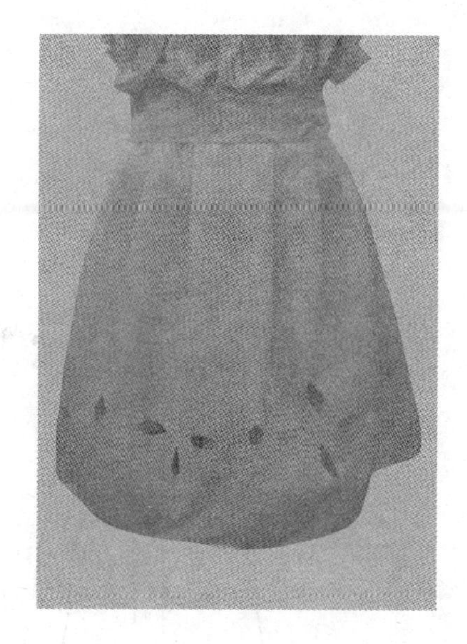

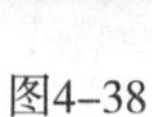
图4-38

图4-39

2.缠绕

缠绕是依靠布料的悬垂性及人体外形的优美曲线进行造型的一种设计方法。将布料无规则地或随机地缠绕、包裹、扎系在人体或人台上，具有自然的、原始的风格，是古老装饰手法与现代设计理念的有效结合。缠绕应注意面料的边缘的折光，及缠绕后形成的布纹呈自然放射状，不能过分生硬，缠绕造型就会显得生动活泼且具有趣味性，如图4-40、图4-41所示。

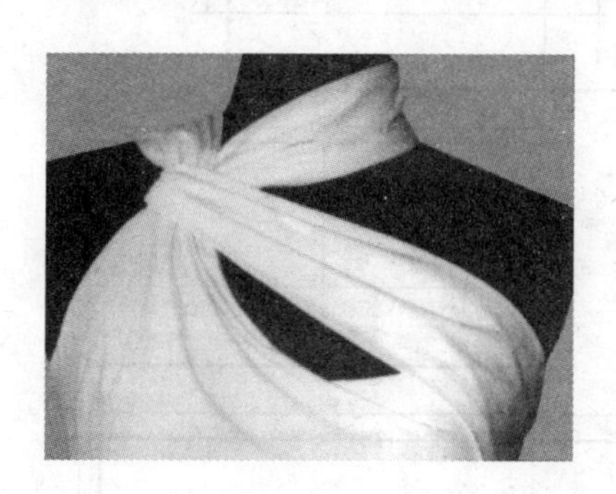

图4-40

图4-41

第二节　造型设计训练

一、连身收腰式礼服

连身收腰式礼服款式如图4-42所示。

图4-42

1. 坯布准备：坯布准备情况如图4-43所示。

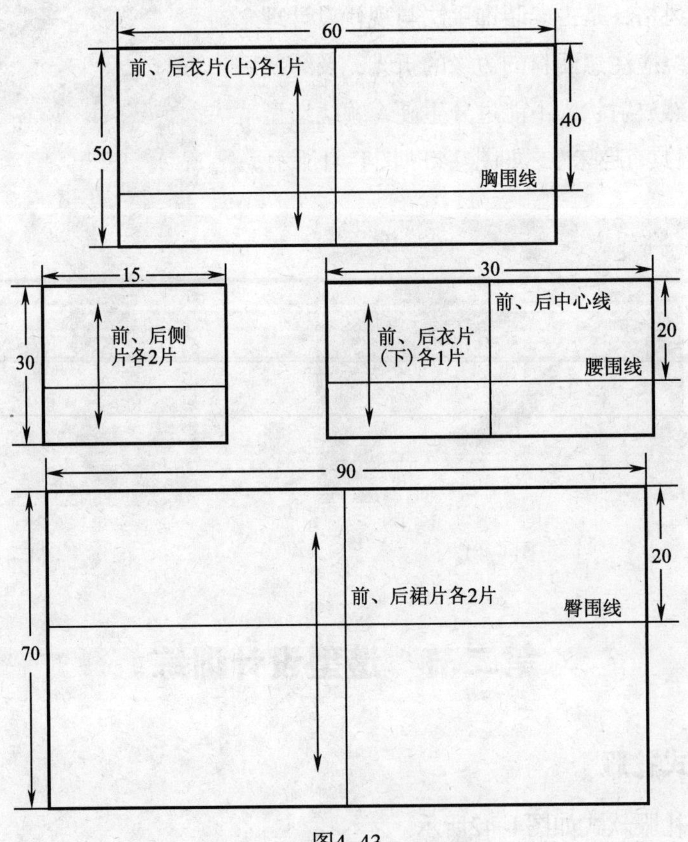

图4-43

2. 将前衣片（下）坯布的前中心线、腰围线与人台的前中心、腰围线重合，并在上端及腰围线处用珠针固定，如图4–44所示。

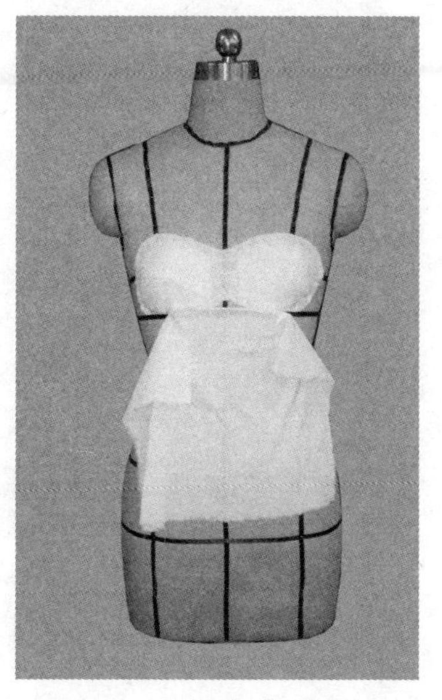

图4–44

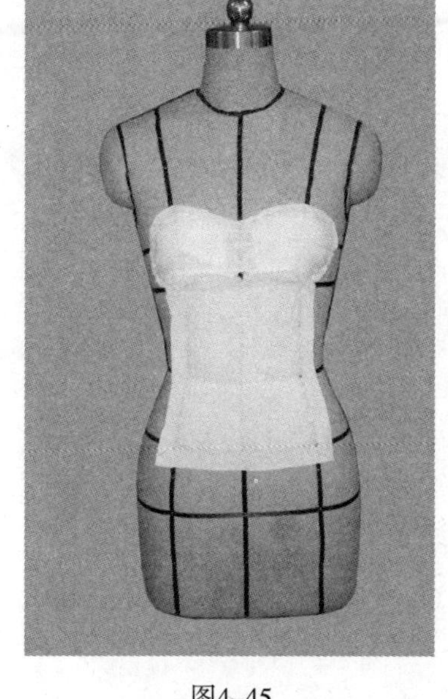

图4–45

3. 珠针固定前衣片（下）公主线位置，如图4–45所示。

4. 将左、右前侧衣片坯布的腰围线与人台的腰围线重合，并用珠针固定，如图4–46所示。

5. 将后衣片（下）坯布的后中心线、腰围线与人台的后中心线、腰围线重合，在衣片上、下端及后腰围线处用珠针固定，如图4–47所示。

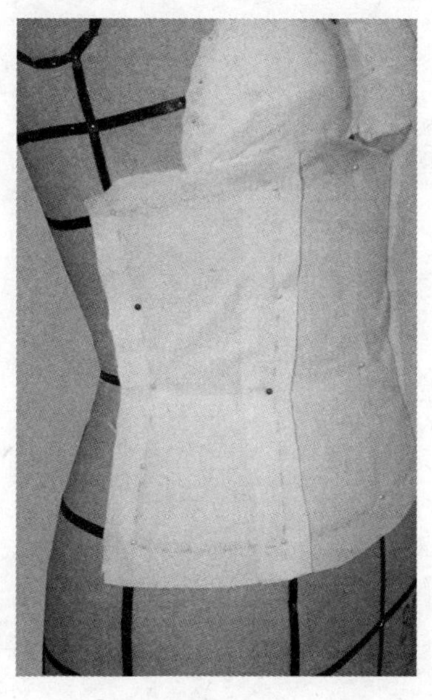

图4–46

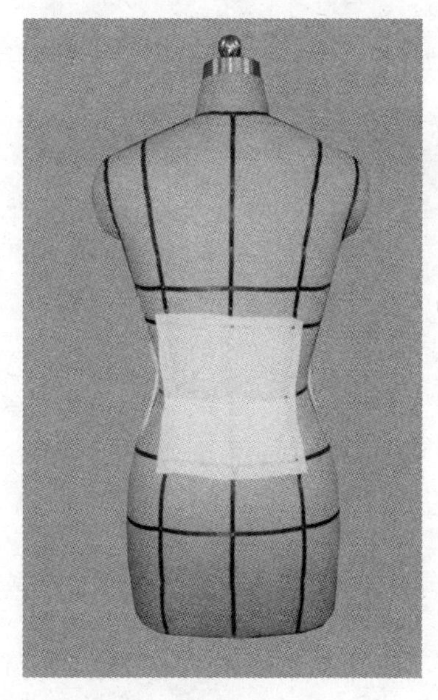

图4–47

6. 珠针固定后衣片（下）公主线位置，如图4–48所示。

7. 将左、右后侧片坯布的腰围线与人台的腰围线重合，并用珠针固定，如图4–49所示。

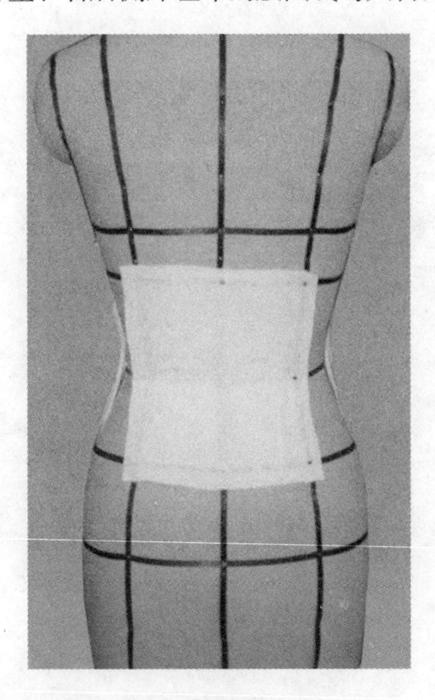

图4–48

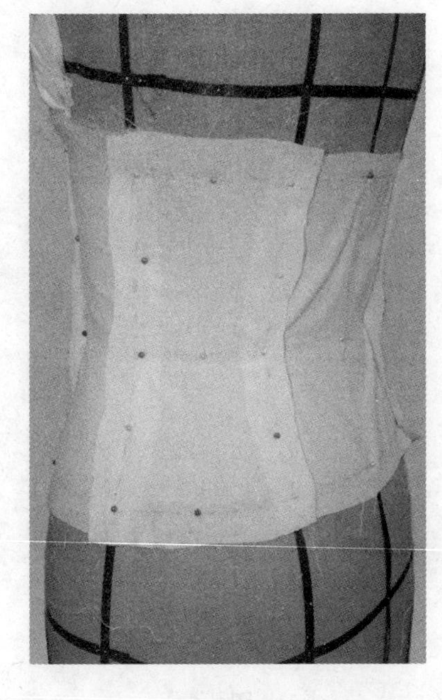

图4–49

8. 将前衣片（上）坯片的前中心线、胸围线与人台的前中心线、胸围线重合，在胸高点及前中心线处用珠针固定，如图4–50所示。

9. 在左、右胸高点下一定位置抽碎褶，如图4–51所示。

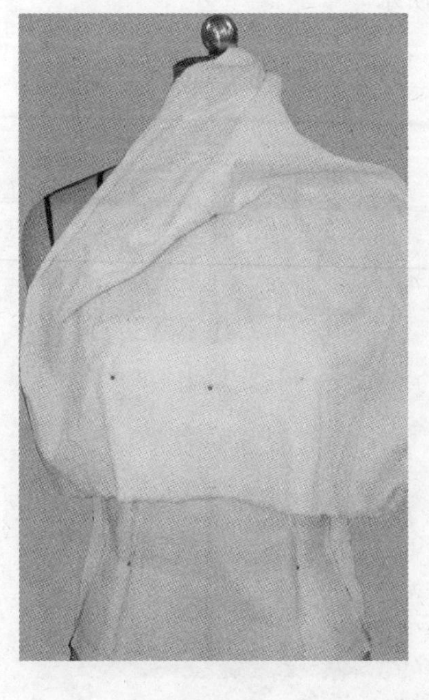

图4–50

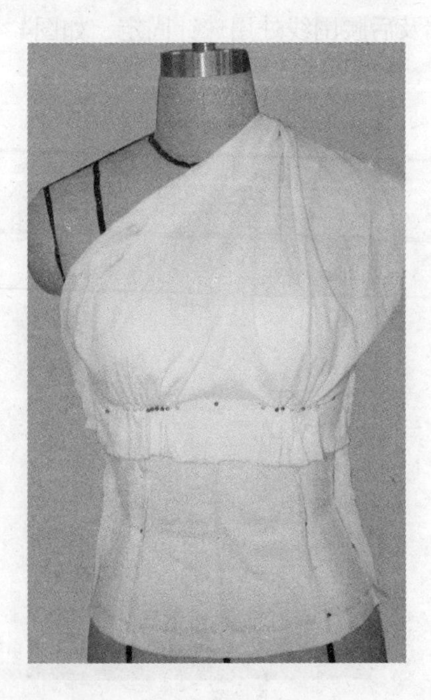

图4–51

10. 剪去斜开襟处多余布料，做出前衣片（上）斜开襟造型，并用珠针固定肩线和袖窿弧线，如图4–52所示。

11. 在肩上做出规律的排褶造型，用珠针固定，如图4–53所示。

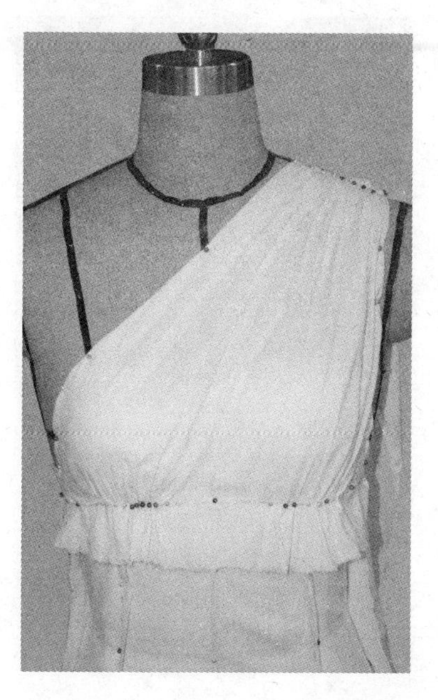

图4–52

图4–53

12. 将后衣片（上）坯布的后中心线、胸围线与人台的后中心线、胸围线重合，用珠针固定，如图4–54所示。

13. 剪出后衣片（上）斜开襟造型，在后衣片上、下相接处用珠针固定，如图4–55所示。

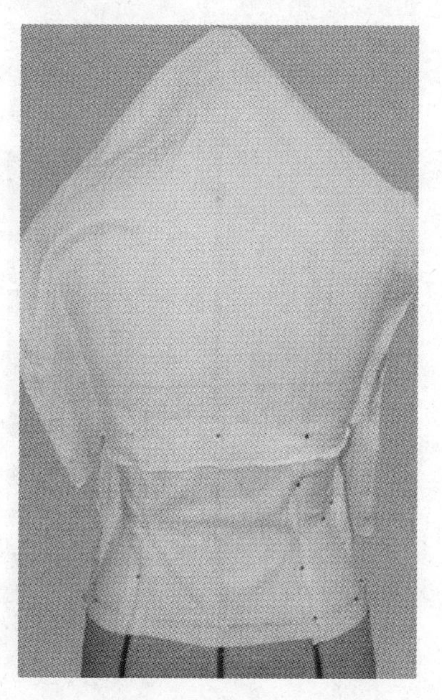

图4–54

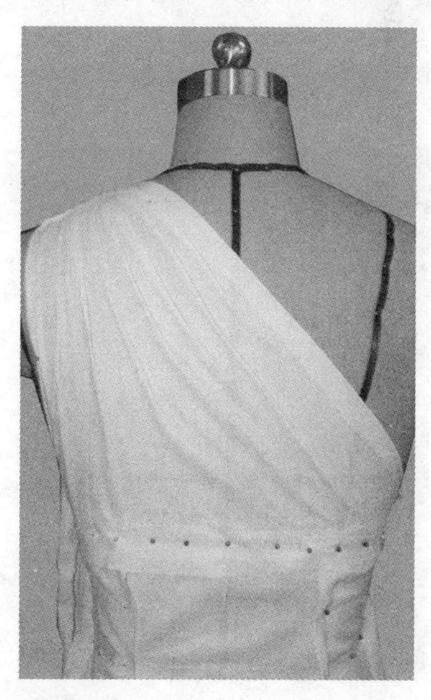

图4–55

14. 固定后袖窿造型，如图4–56所示。

15. 将前裙片坯布的前中心线、臀围线与人台的前中心线、臀围线重合，并在前中心线上端和臀围线处用珠针固定，如图4–57所示。

图4–56

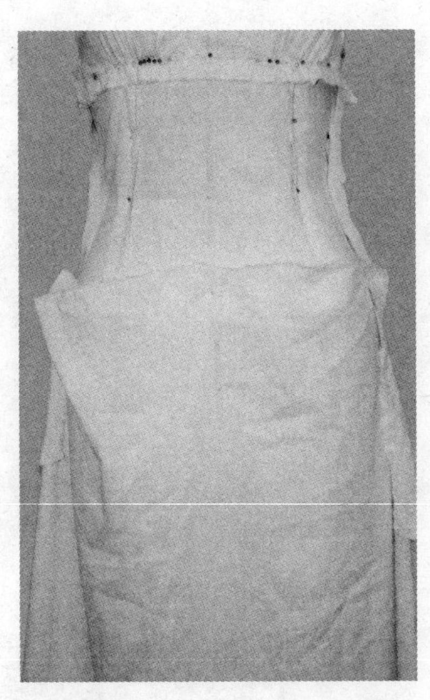

图4–57

16. 将前裙片与衣片相连，并抽碎褶，如图4–58所示。后裙片做法同前裙片。

17. 修剪裙下摆造型，如图4–59所示。

图4–58

图4–59

18. 将坯布从人台上取下，修正裁片，各裁片平面展示如图4–60所示。

19. 整理好连身收腰式礼服整体造型，后在肩部增加花装饰，如图4–61所示。

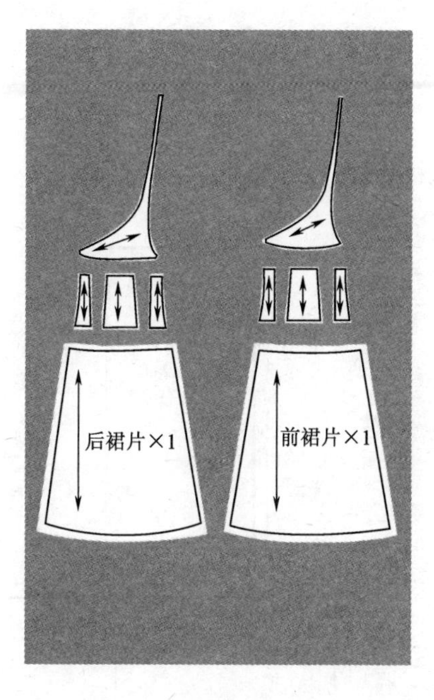

图4–60

图4–61

20. 连身收腰式礼服的立体效果展示如图4–62所示。

（a）前

（b）侧

（c）后

图4–62

二、低胸鱼尾礼服

低胸鱼尾礼服款式如图4-63所示。

1. 坯布准备：坯布准备情况如图4-64所示。

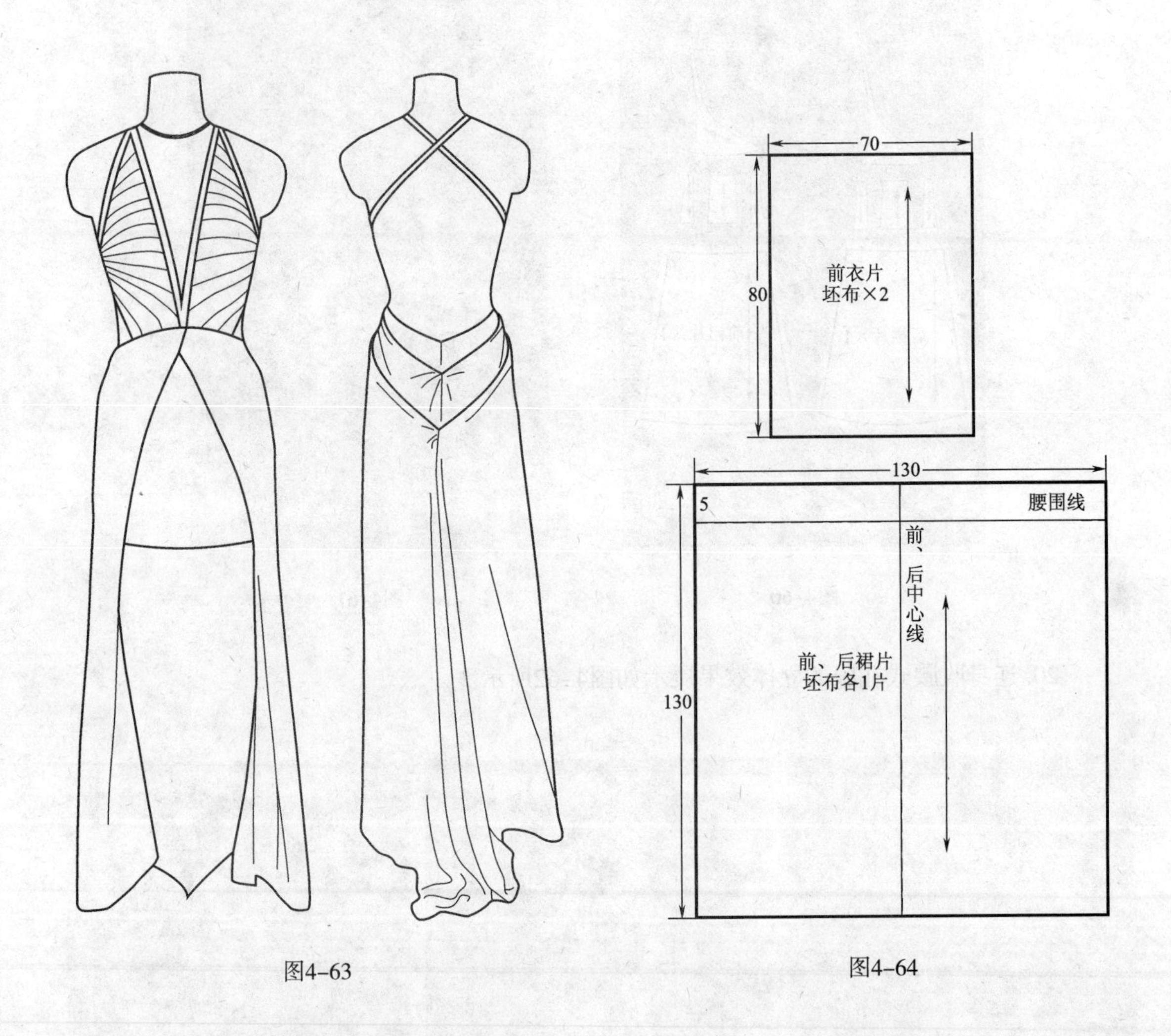

图4-63

图4-64

2. 将前衣片坯布一边沿V字低胸领造型折叠固定，一边在袖窿位置折叠固定，粗略取得低胸造型，如图4-65所示。

3. 腋下袖窿底部褶裥位置以腋下点为中心斜向固定，以保持褶裥的稳定，如图4-66所示。

4. 剪去多余的布料，并整理好前襟边，如图4-67所示。

5. 将前低胸V字领边缘向内折进，固定前片褶裥造型，如图4-68所示。

6. 制作侧缝造型，面料绕至后肩部形成带条，并与前肩相接，如图4-69所示。

7. 将裙片坯布的前、后中心线及腰围线与人台的前、后中心线及腰围线相重合，并用

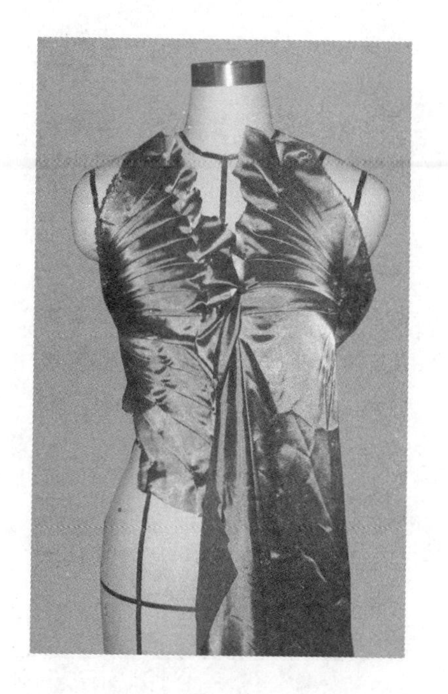

图4-65

图4-66

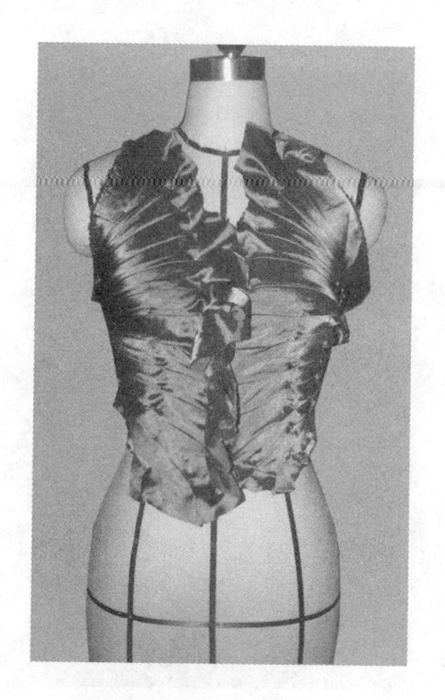

图4-67

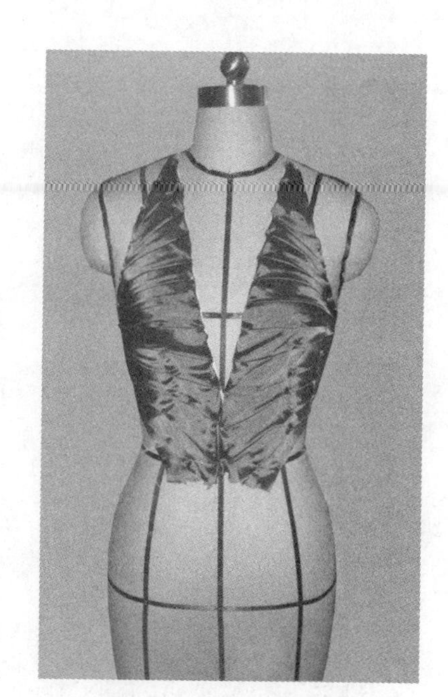

图4-68

珠针固定，如图4-70所示。

8. 剪出前裙片开衩下摆造型，并用珠针处理边位，如图4-71所示。

9. 在腰部打剪口并双针固定，不分开侧缝，将布绕至后面，如图4-72所示。

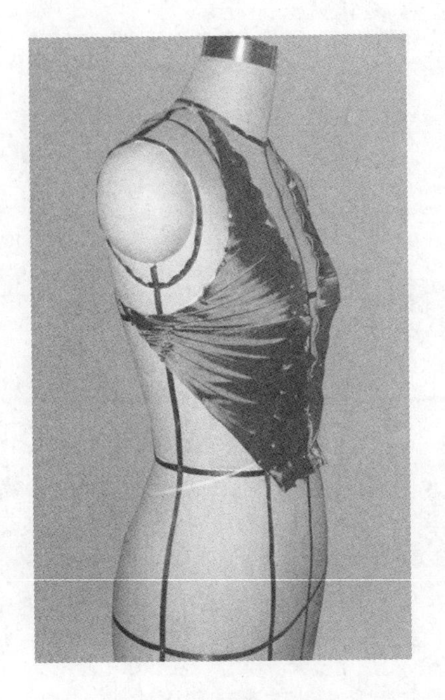

图4-69

图4-70

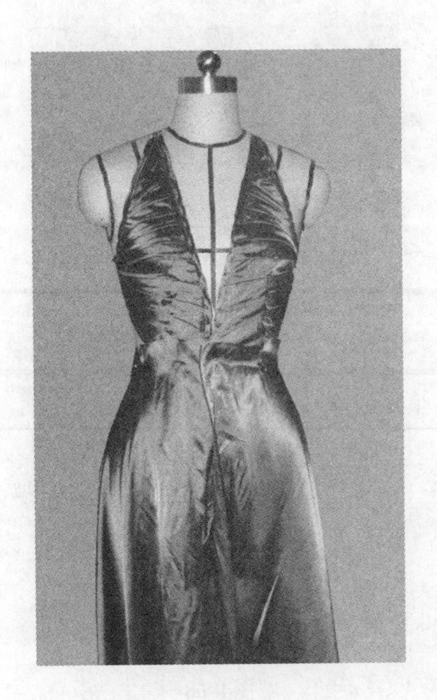

图4-71

图4-72

10. 用一推一拉的方法在裙前片做出下摆波浪造型，如图4-73所示。

11. 同样方法在裙后片做出下摆波浪造型，如图4-74所示。

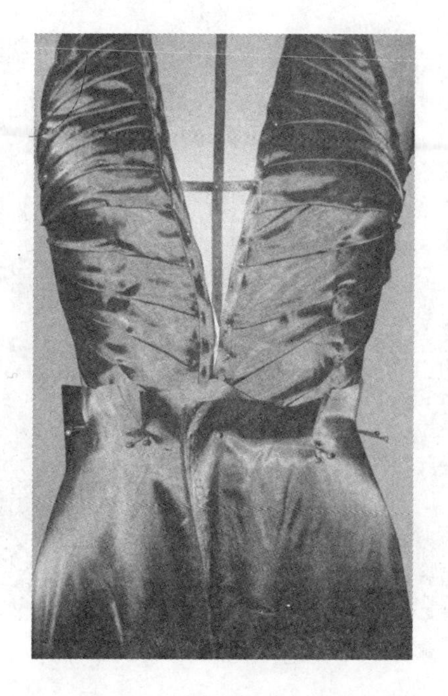

图4–73

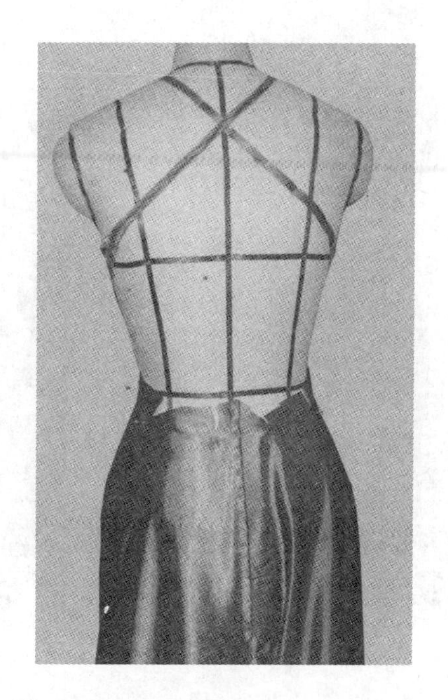

图4–74

12. 缝合后中缝，同时整理好下摆鱼尾造型，如图4–75所示。

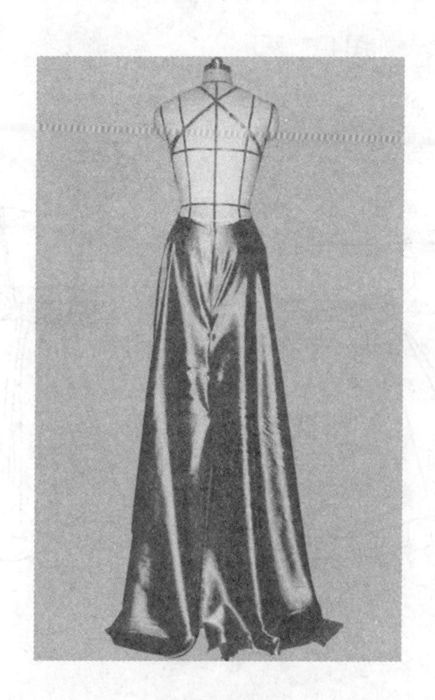

图4–75

13. 低胸鱼尾晚礼服的立体效果展示如图4–76所示。

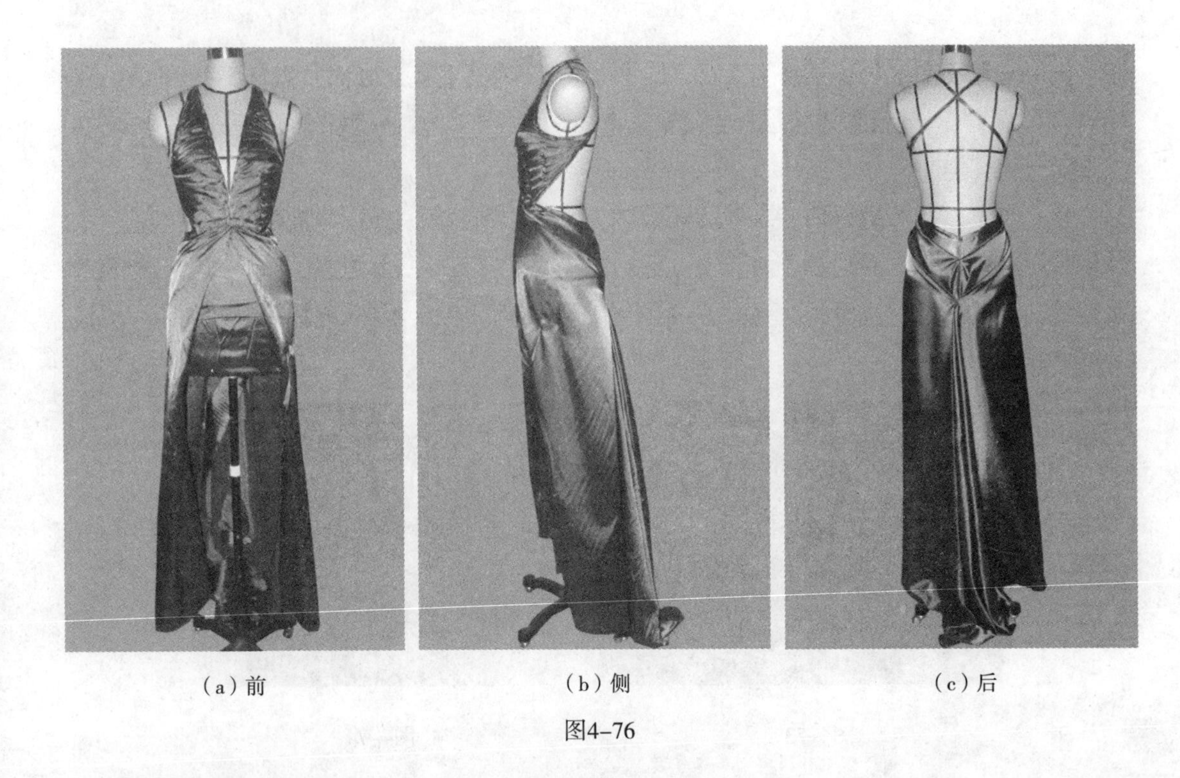

（a）前　　（b）侧　　（c）后

图4-76

三、腰部花饰婚礼服

腰部花饰婚礼服款式，如图4-77所示。

图4-77

1. 坯布准备：坯布准备情况如图4-78所示。

2. 在立体人台上粘上款式标志线，如图4-79所示。注意胸高点上缘款式线的位置应至少离开胸高点5cm以上。

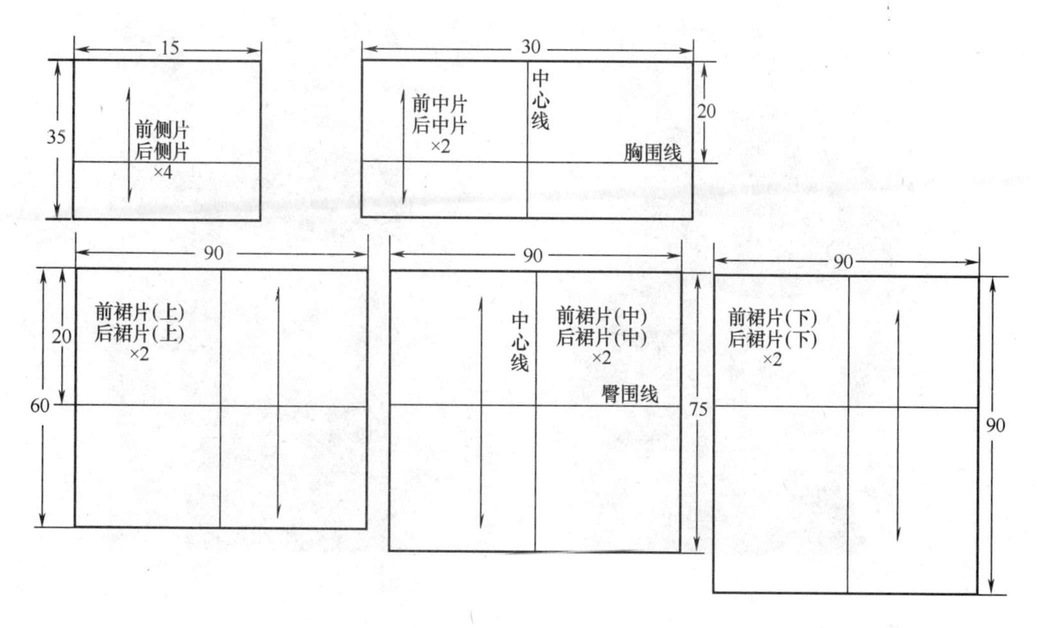

图4-78

3. 将前衣片的前中心线和胸围线与人台上相应实际线相重合，并用珠针固定，后将布料推抚平顺，使前胸处布料没有多余量，裁剪出前中布片，如图4-80所示。

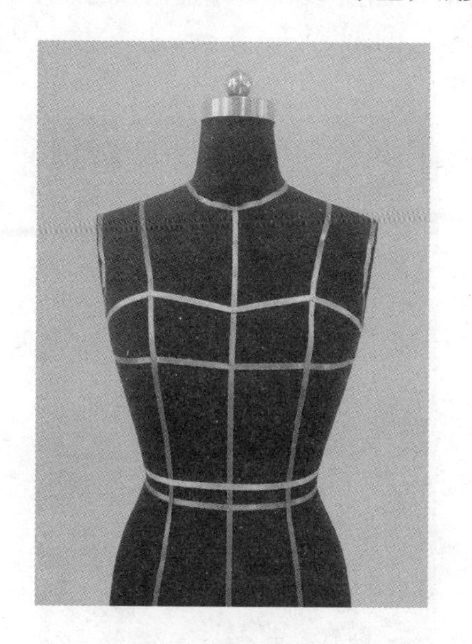

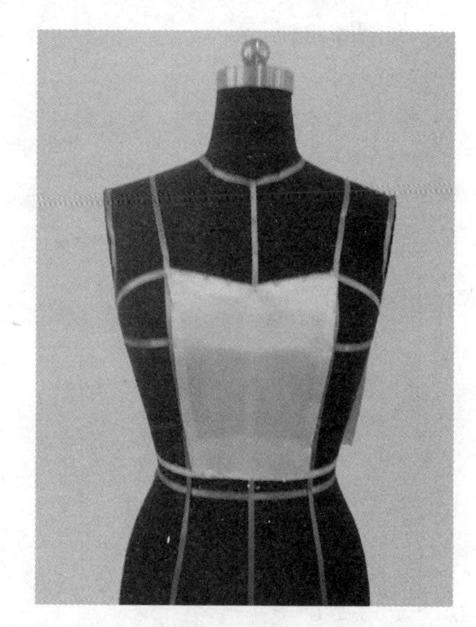

图4-79

图4-80

4. 将前侧片坯布与人台相符合，胸围线对齐，将分割线处的多余量推抚至中心处，这样就可以实现收掉多余量的效果。注意在侧面加放胸围放松量0.5cm，如图4-81所示。

5. 在坯布反面用珠针捏合分割线，并在分割线处嵌蓝色边装饰设计。如遇布料拉扯，可在缝合缝份边缘作剪口，如图4-82所示。

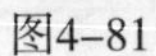
图4-81

图4-82

6. 后衣片的裁剪方法与前衣片一致，注意胸围放松量0.5cm的加放，做好的后片，如图4-83所示。

7. 在腰围线处往下做一个布裙撑，腰部打褶，下摆内缝钢丝增加裙撑的硬度，并调整前后平衡度，如图4-84所示。

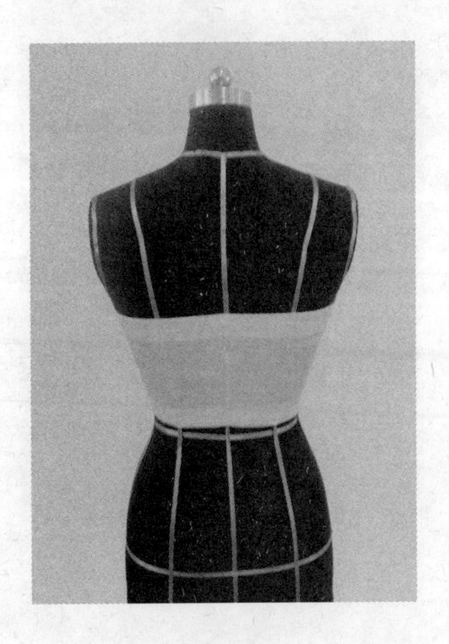

图4-83

图4-84

8. 在裙撑上裁剪第一层前后裙片。将前、后裙片（下）坯布的中心线与臀围线与人台上相应的实际线相重合，腰部通过打褶裥的方式收进余量，裙摆呈自然波浪状，裙子的开口设计在侧缝一端，如图4-85所示。

9. 同样的操作方法裁剪第二层和第三层前后裙片。注意裙摆折边时应保持每一层的高度差很协调。在第二层和第三层裙片中间夹一层蓝色裙片进行装饰，与上衣分割线处所嵌蓝边相呼应，如图4-86所示。

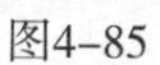

图4-85

图4-86

10. 在完成后的造型上增添腰部花饰设计及肩部花饰设计。花饰做法采用堆褶技法，完成的前后造型款式如图4-87、图4-88所示。

图4-87

图4-88

四、褶饰夜礼服

褶饰夜礼服款式如图4-89所示。

图4-89

1. 坯布准备：坯布准备情况如图4-90所示。

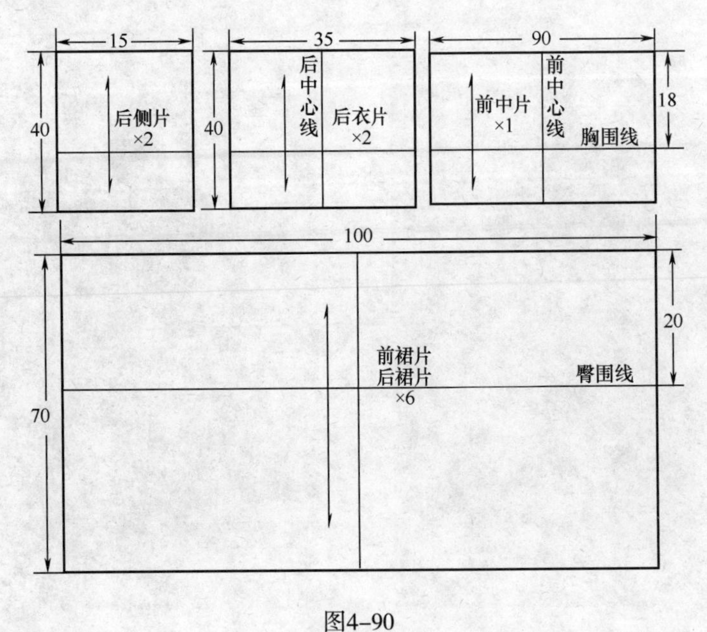

图4-90

2. 在立体人台上粘上款式标志线，如图4-91、图4-92所示。注意胸高点上缘款式线的

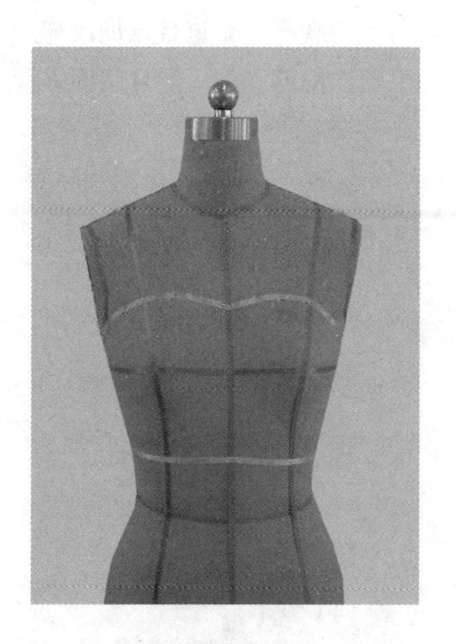

图4-91

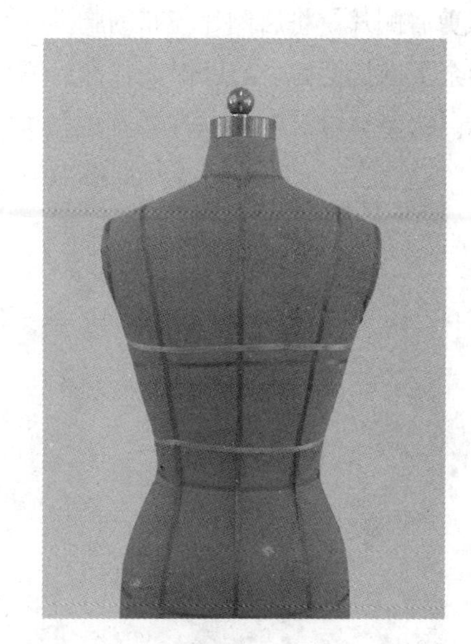

图4-92

位置应至少离开胸高点5cm以上。

3. 将前衣片的前中心线和胸围线与人台上相应的实际线相重合，并用珠针固定，将布料丝缕推抚平顺，注意坯布的上缘可以通过剪口的方式来消除拉扯力，如图4-93所示。

4. 在前胸中心位置通过折叠技法做出前胸缩褶造型，注意褶裥的自然分布，缩褶量不需要规律，应保持缩褶的饱满状态，即把前胸处的多余量都通过缩褶的形式来消除，如图4-94所示。

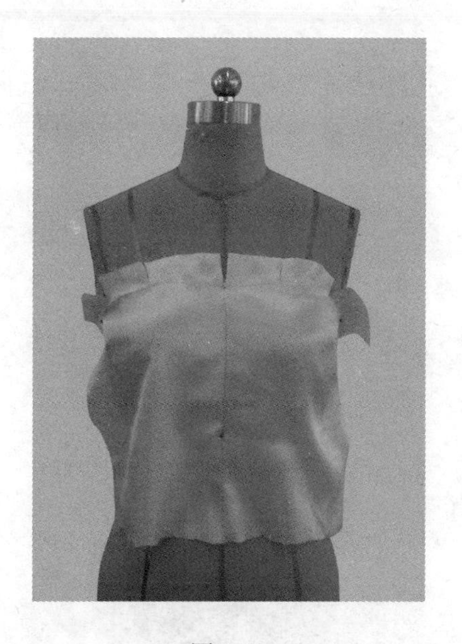

图4-93

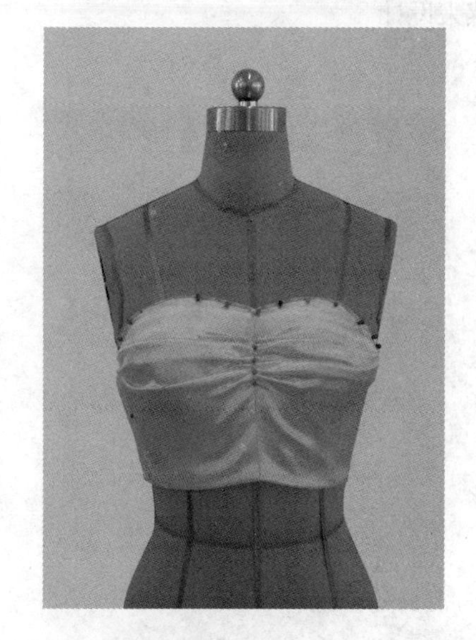

图4-94

5. 裁剪至侧面时加放胸围放松量，再用珠针固定侧缝位置，如图4-95所示。

6. 裁剪后侧片。将后侧片坯布的胸围线与人台上的胸围线相重合，加放胸围放松量，并将布料余量推抚至后中心以保证裁剪后侧片的平顺，裁剪好的后侧片装回人台上，如图4–96所示。

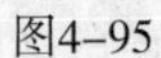
图4–95

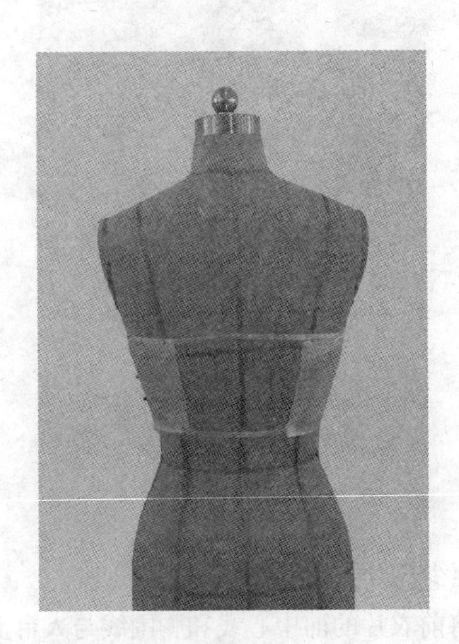

图4–96

7. 裁剪后衣片。将后衣片坯布的后中心线与胸围线与人台相应的实际线相重合，珠针固定。将布料余量推抚至两侧，使得后衣片平整，记录并修剪样后装上人台，如图4–97所示。

8. 在右前肩处连接肩带如图4–98所示。注意肩带采用双层折边设计。肩带宽窄可根据款式灵感来设计。

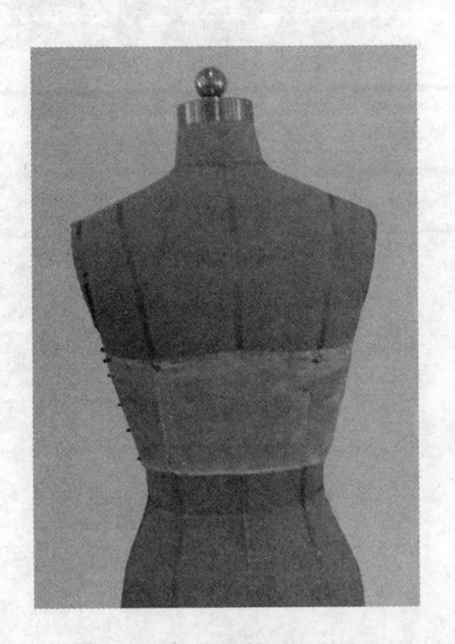

图4–97

图4–98

9. 将肩带绕至后面，形成后肩带造型，如图4–99所示。

10. 将前裙片前中心线、臀围线与人台相应的实际线相重合，珠针固定。在左右腰间做内工字褶，每个工字褶量大约设计为8cm，做好第一层裙子造型，如图4–100所示。

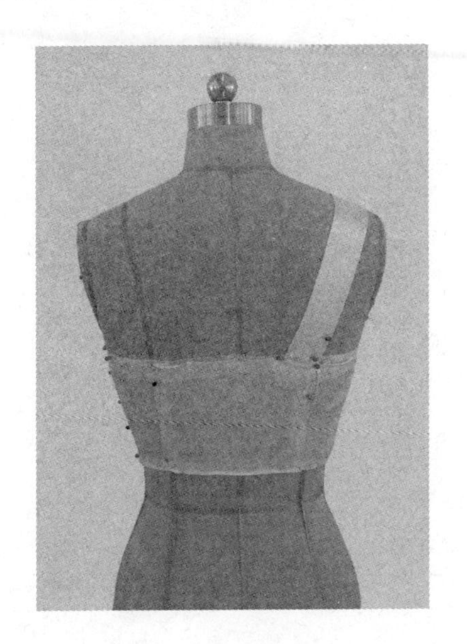

图4–99

图4–100

11. 做第二层裙子造型。做法与第一层一致，最后将裙摆往内翻折形成外圈坠满的造型，为了使造型更加饱满，可适当选几处将第二层裙子与第一层裙子在内层用手针固定，如图4–101所示。

12. 完成后的第二层裙子造型如图4–102所示。

图4–101

图4–102

13. 做第三层裙子造型，方法与第一层和第二层一致。在第二层裙子内端缝合上一个布裙撑，布裙撑的边缘用铁丝做成环形，外面用布覆盖，如图4–103所示。

14. 完成后的前片造型如图4–104所示。

图4–103

图4–104

15. 制作后肩部蝴蝶结。做法是先将布料边缘进行折边，使蝴蝶结的边都呈不散边的状态。后在布料中间折出一排活褶，并用带条缠住，蝴蝶结形状就完成了，如图4–105所示。

16. 完成的后片造型如图4–106所示。

图4–105

图4–106

第三节 立体裁剪作品赏析

合体的A型晚礼服，前胸不规律褶裥，显现胸部丰满造型。

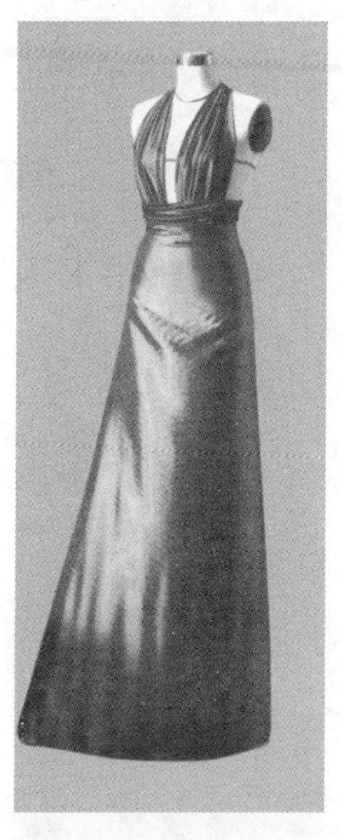

前胸规律活褶裥，裙片侧向细褶痕，胸部贴花装饰。

露背缀褶式晚礼服，逐一由上而下竖向缀大褶，“开”与“合”的组合使衣领和裙的腰部层层缀褶与裙的垂挂形成富有节奏和韵律的美感。

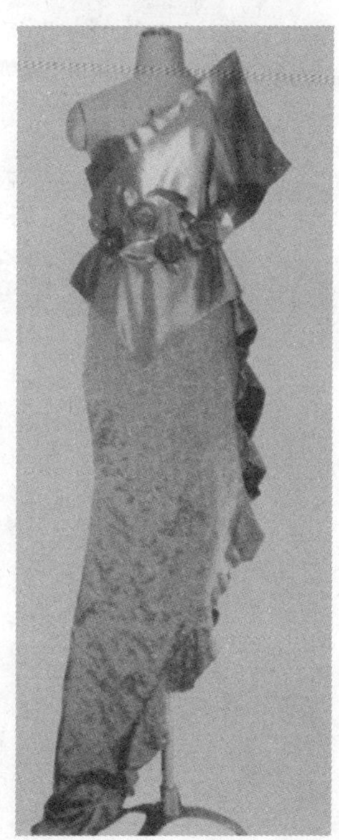

右肩加硬骨形成旗杆造型，腰际系小花缀，斜向下裙摆，边呈波浪状。

感受面料的同时展开想象，用不同面料组合，加珠绣拼色，设计多层裙。

前胸部褶裥折叠，并向后堆积，形成前裙垂褶外观。

折叠技法缠绕肩部、腰部及臀部，增加面料的厚重感。

丝光面料正反搭配组合，形成不同色感，面料外表呈“S”珠片小花装饰。

不规则下摆形成抽象造型，前胸半开扇形归宿其中。

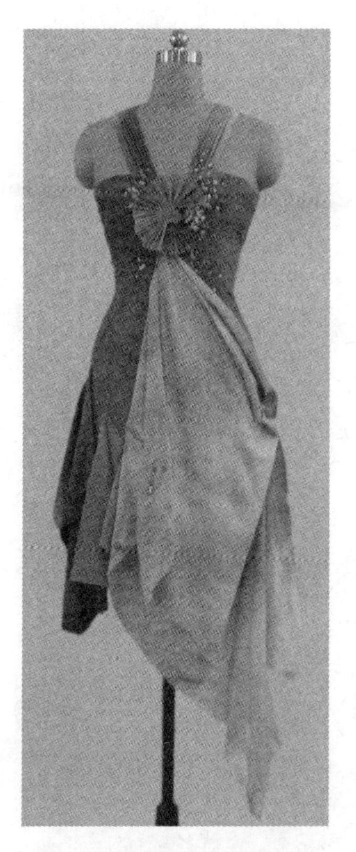

修身礼服上巧妙的弧线型分割及镂空，并在分割线上做花边装饰，以人体黄金比例接缝轻盈的褶裥下摆，既显女性的性感美，又不失含蓄美。

带条缠绕法应用，并加以手工艺术扎染。

波浪的叠加和夸张的大皱褶领，与裙波浪边相互呼应。

连身领和连身袖设计突出肩部造型，斜向长至下摆花边装饰，产生视觉分离效果。

简单的吊带裙，上半身斜丝缕布条拼叠。

上身斜向褶裥至后，裙面料堆积后用线缝合，形成稳定的堆积效果。

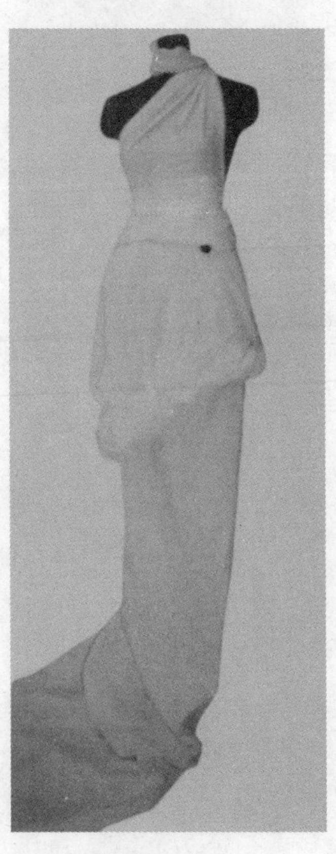

颈部侧向缠绕，下摆拖尾造型。

波浪技法在斜向边位置重复使用，形成连续的S造型。

腰腹部菱形以线缝合，改变了面料的普通外观，配以圆台裙设计。

层层花瓣式堆积形成蓬松造型。双层花瓣，花瓣粘衬可增加硬挺度，裙长加长内翻形成中空造型。

装饰性极强的衣褶造型，双层布操作，衣褶边为直丝缕的折叠光边，以保证稳定视态。

上身公主线及育克分割合体造型，下身腰部褶裥，波浪下摆，前领缀花装饰。

技能作业：

1. 做几款面料再造练习。
2. 运用所学知识进行一款礼服造型设计。

参考文献

[1] 日本文化服装学院.立体裁剪基础篇 [M]. 上海：东华大学出版社，2004.

[2] 徐春景，夏国防. 立体裁剪 [M]. 南京：东南大学出版社，2005.

[3] 刘咏梅. 服装立体裁剪技术 [M]. 北京：金盾出版社，2001.

[4] 张文斌，等. 服装立体裁剪 [M]. 北京：中国纺织出版社，1999.

[5] 张祖芳. 服装立体裁剪 [M]. 上海：上海人民美术出版社，2007.

[6] 邓鹏举，王雪菲. 服装立体裁剪. [M]. 北京：化学工业出版社，2007.

[7] 魏静. 立体裁剪与制板 [M]. 北京：高等教育出版社，2007.